木材树种及缺陷检测的研究

赵 鹏 著

科 学 出 版 社

北 京

内 容 简 介

在木材工业中，木材质量检测具有重要的实用意义，它是木材分级和木材定价的重要参考依据。在木材质量检测的诸多指标中，木材树种和木材缺陷是两项重要的检测指标。近20多年来，伴随着计算机硬件软件的快速发展，传统的人工主观检测已经被基于图像处理、模式识别、光谱分析等新兴的无损检测所取代。无损检测具有检测精度高、自动化程度高、重复性好等优点。本书共分10章，系统地介绍了木材树种和缺陷无损检测的传统经典方法和近年的主流方法，同时也总结了作者10年来的相关研究成果。

本书可供从事木材质量检测的科研人员参考，也可供高等学校林业工程相关学科和专业的教师及研究生参考阅读。

图书在版编目(CIP)数据

木材树种及缺陷检测的研究 / 赵鹏著. —北京：科学出版社，2020.4

ISBN 978-7-03-064750-4

Ⅰ. ①木… Ⅱ. ①赵… Ⅲ. ①木材-树种-研究 ②缺陷(木材)-检测-研究 Ⅳ. ①S781

中国版本图书馆CIP数据核字(2020)第052372号

责任编辑：张会格 孙 青 / 责任校对：严 娜
责任印制：吴兆东 / 封面设计：刘新新

科 学 出 版 社 出版
北京东黄城根北街16号
邮政编码: 100717
http://www.sciencep.com

北京虎彩文化传播有限公司 印刷
科学出版社发行 各地新华书店经销
*
2020年4月第 一 版 开本：720 × 1000 1/16
2020年4月第一次印刷 印张：15 1/2
字数：312 000

定价：128.00 元

(如有印装质量问题，我社负责调换)

前　　言

在木材工业生产和木材贸易活动中，木材质量检测的两项重要内容是木材树种识别及木材缺陷定性和定量检测，这对于木材质量等级的划分和规范木材贸易市场，保护各方面利益，具有较强的实用价值和十分重要的意义。本书系统介绍了近 20 年来国内外在木材树种分类识别和木材缺陷定性定量检测两个领域中的最新研究成果，它们反映了近年来木材树种及缺陷检测的一些最新发展动向和热点领域。

本书从学科交叉融合的角度，介绍了近年来木材树种及缺陷检测出现的一些最新的理论和技术，如图像分析法、光谱分析法、音频处理法和数据融合法等，论述了该研究领域的最新发展动向和研究成果。因此，本书的内容具有较高的理论深度和科研价值，也具有较好的新颖性和创新性。

第 1 章首先介绍了木材树种分类识别和木材缺陷定性定量检测的研究内容和实际意义，综述了国内外现有的主流研究方法和研究成果。第 2 章论述了木材树种微观细胞结构分类识别方法，重点介绍了作者的课题组编程开发的板材树种分类识别系统。第 3 章论述了采用木材表面颜色特征进行树种分类识别。第 4 章讨论了采用木材表面的纹理特征进行树种分类识别的问题。第 5 章论述了木材树种光谱特征的分类识别，重点介绍了作者本人独立开发的木材树种分类识别系统，它使用木材表面的光谱反射率特征进行特征选择，该系统经过大约 10 万组测试，正确识别率在 98%以上。第 6 章论述了采用多特征融合方法进行木材树种的分类识别，重点介绍了作者提出的采用木材表面颜色、纹理及光谱特征进行木材树种分类识别。第 7 章介绍了新型的显微高光谱成像技术在木材树种分类识别中的应用。第 8 章介绍了采用声波方法进行木材树种分类处理。第 9 章介绍了木材表面缺陷种类的定性检测问题，论述了图像法、光谱分析法、超声波法等主流方法。第 10 章讨论了木材表面缺陷的定量检测问题，主要包括各种缺陷的表面积、体积、深度及所占比例等信息的定量计算方法。

此外，作者近年来在这些领域进行了比较深入系统的研究，取得了一些重要研究成果。在相应的章节中，作者对这些研究成果都做了详细论述。因此，和木材质量检测的同类书籍比较，本书具有较好的新颖性、先进性和实用性。这些研究得到了作者主持的科研项目的资助，具体包括国家自然科学基金面上项目（批准号 31670717）和黑龙江省自然科学基金面上项目（批准号 C2016011）的资助，作者对批准这些研究基金和研究计划的相关行政部门表示真诚的感谢。

在本书编写过程中，作者撰写了本书的绝大部分章节，参考了国内外大量的较新颖的主流参考文献。博士生王承琨撰写了第 7 章的 7.2 节和 7.3 节，还对全书做了出版校对工作，在此表示感谢。由于作者研究水平有限，经验不足，疏漏之处敬请读者批评指正。

作　者

2019 年 11 月 10 日于深圳

目　录

第1章 引 论

1.1 木材质量检测的意义

随着世界各国经济的发展及生活水平的提高，人们对于各种实木材料的需求不断增加。例如，我国 2014 年木材进口总量达到 7684 万 m^3，比上一年增加了 11.22%。伴随着木材进口价格的上涨及木材主要出口国的政策变化，我国近年来进口木材所付出的经济代价越来越大。

随着全球性木材资源的逐渐短缺，如何高效率地利用现有木材资源自然就具有十分重要的意义。实际上，我国目前的木材资源综合利用率远远低于发达国家的平均水平，而有些国家，如瑞典、芬兰等国的木材综合利用率已经达到了 90% 左右。因此，现阶段我国木材生产加工企业为了提高木材综合利用率，必须开展木材质量的高效率高精度检测，实现各类木材资源的有效分级、合理定价及高效利用。这对于提高木材综合利用率，规范木材贸易市场，保护各方面利益，具有较强的实用价值和十分重要的意义。

在木材工业生产和木材贸易活动中，木材质量检测的两项重要内容是木材树种识别及木材缺陷定性和定量检测。实际上，这两项指标在很大程度上决定了木材产品的物理性能(有关参数包括密度、强度等)、价格及用途。例如，在实木木材加工生产中，所需要的胶合剂含量与木材树种类别密切相关(Radovan et al.，2001)。又如，在造纸工业中，木材树种类别影响着造纸中纤维素的含量，从而间接决定了造纸质量(Furumoto，2002)。再如，我国实木地板的加工标准 GB/T 15036.1—2009 中规定，根据实木地板表面的活节、死节和虫眼这 3 类缺陷的大小和数量来确定地板的分级，将其分为优等品、一等品及合格品 3 个类别(胡峻峰，2015)。

1.2 木材树种及常见缺陷的定义说明

当前，我国使用的木材树种种类繁多，有几种大类分类方法，如可以分为针叶材和阔叶材两大类；另外，按照产地可以将木材分类为国内的常见树种以及国外进口树种(东南亚热带木材、非洲热带木材、拉丁美洲热带木材和俄罗斯木材等)；还可以将木材分类为常规木材树种和稀有珍贵树种红木。对于木材树种的自动化分类识别一般鉴定到种或者亚种。

值得说明的是，根据国家标准 GB/T 18107—2000，红木可以分成 5 属 8 类 33 种，其中的 5 属分别是紫檀属、黄檀属、柿树属、崖豆藤属、铁刀木属；8 类分别是紫檀木类、花梨木类、香枝木类、黑酸枝木类、红酸枝木类、乌木类、条纹乌木类和鸡翅木类(程汉婷等，2014)。

木材缺陷是指木材表面或者内部降低其使用价值和经济价值的各种异常部分，常见缺陷包括节子、裂纹、虫眼、腐朽、变色等，其中的节子又分为活节和死节两种。节子是指包含在树干或者主枝木质部的枝条部分，它是树木生长过程中的正常生理现象，它破坏木材构造的均匀性和完整性，降低木材的某些物理强度指标，不利于木材的高效率利用。节子对于木材综合利用效率的降低主要取决于节子的性质、分布位置、尺寸大小、密集程度、木材用途等因素。其中，死节由树木的死枝条形成，它和周围木材大部分或者全部脱离，质地或软或硬；活节由树木的活枝条形成，它和周围木材紧密联生，质地坚硬构造正常。

节子缺陷是木材缺陷的最主要的一种，它是在树木生长时期形成的缺陷，它和树木的生长活动有着密切联系。其他的大部分缺陷是由病理原因引起的，即树木生长过程中遭受到菌害和虫害等形成的，这类缺陷包括裂纹、虫眼、腐朽、变色、伤疤等。

1.3 木材树种及缺陷检测的研究发展概述

21 世纪以来，先进的自动化检测技术开始应用于木材质量检测的各个领域。在木材树种分类识别中，主要有微观的木材切片细胞处理法和宏观的木材表面特征处理法，微观方法主要利用光学显微镜采集木材切片细胞图像，利用图像处理技术进行细胞种类识别(任洪娥和徐海涛，2007；Donaldson and Lausberg，1998)。提取的细胞特征包括木材细胞分布特征、几何量形态量特征及纹理特征等几类特征。宏观表面特征包括颜色特征、纹理特征和光谱特征(Piuri and Scotti，2010；Brunner et al.，2007；于海鹏，2005；Lavine et al.，2001)。例如，中国林业科学研究院的杨忠等(2012a，2012b)使用了近红外光谱分析技术研究了杉木和桉树的分类识别以及国内八大类红木的分类处理，取得了较好的效果。

探测木材缺陷的方法有核磁共振法、激光扫描法、光谱分析法、声学法等(Gao et al.，2014；Longuetaud et al.，2012；Lebow et al.，2007；Funck et al.，2003)。其中，激光扫描法和光谱分析法适用于木材表面的缺陷检测，而核磁共振法和声学法更适用于木材内部缺陷的探测。在木材表面的外部缺陷检测中，光谱分析法主要是分类识别缺陷的种类(如节子、虫眼、腐蚀和裂纹等)；激光扫描法通过扫描木材表面获取表面的 3D 形状信息，可用于木材表面粗糙度测量等。

参考文献

程汉婷，刘书伟，黎明. 2014. 名贵硬木树种及木材识别. 北京：中国农业科学技术出版社.

胡峻峰. 2015. 基于机器视觉的实木地板分选技术研究. 哈尔滨：东北林业大学博士学位论文.

任洪娥，徐海涛. 2007. 细胞特征参数计算机的提取理论. 林业科学, 43(9): 68-73.

杨忠，江泽慧，吕斌. 2012a. 红木的近红外光谱分析. 光谱学与光谱分析, 32(9): 2405-2408.

杨忠，吕斌，黄安民，等. 2012b. 近红外光谱技术快速识别针叶材和阔叶材的研究. 光谱学与光谱分析，32(7): 1785-1789.

于海鹏. 2005. 基于数字图像处理学的木材纹理定量化研究. 哈尔滨：东北林业大学博士学位论文.

Brunner C C, Shaw G B, Butler D A. 2007. Using color in machine vision systems for wood processing. Wood and Fiber Science, 22(4): 413-428.

Donaldson L A, Lausberg M J F. 1998. Comparison of conventional transmitted light and confocal microscopy for measuring wood cell dimensions by image analysis. Iawa Journal, 19(3): 321-336.

Funck J W, Zhong Y, Butler D A, et al. 2003. Image segmentation algorithms applied to wood defect detection. Computers and Electronics in Agriculture, 41(1-3): 157-179.

Furumoto H. 2002. Method and device for process control in cellulose and paper manufacture：U.S. Patent No. 6,398,914.

Gao S, Wang N, Wang L, et al. 2014. Application of an ultrasonic wave propagation field in the quantitative identification of cavity defect of log disc. Computers and Electronics in Agriculture, 108: 123-129.

Lavine B K, Davidson C E, Moores A J, et al. 2001. Raman spectroscopy and genetic algorithms for the classification of wood types. Applied Spectroscopy, 55(8): 960-966.

Lebow P K, Brunner C C, Maristany A G, et al. 2007. Classification of wood surface features by spectral reflectance. Wood and Fiber Science, 28(1): 74-90.

Longuetaud F, Mothe F, Kerautret B, et al. 2012. Automatic knot detection and measurements from X-ray CT images of wood: a review and validation of an improved algorithm on softwood samples. Computers and Electronics in Agriculture, 85: 77-89.

Piuri V, Scotti F. 2010. Design of an automatic wood types classification system by using fluorescence spectra. IEEE Transactions on Systems, Man, and Cybernetics, Part C (Applications and Reviews), 40(3): 358-366.

Radovan S, George P, Panagiotis M, et al. 2001. An approach for automated inspection of wood boards. IEEE International Conference on Image Processing, 1(1): 798-801.

第2章　板材树种显微细胞图像分类识别

2.1　概　　述

机器视觉处理技术的发展为木材工业的发展和研究提供了新的测试和分析方法，现已应用到木材工业中的材性研究、加工质量评定、制浆造纸、木材微观构造结构研究、人造板生产和木材防腐等领域，其中尤以木材微观构造结构研究领域中的应用更为广泛。机器视觉处理在木材微观构造结构研究中的应用主要包括以下几个方面：①木材细胞解剖形态分析；②木材细胞数目分布密度的统计分析；③木材生长轮的晚材率测量；④木材生长速度测量；⑤木材解剖分子的特征量提取；⑥木材细胞解剖形态的识别。这为从微观领域对木材材种识别技术进行研究奠定了基础。已有许多学者进行了这方面的研究(任洪娥和徐海涛，2007；王金满和刘一星，1994)。

2.1.1　国内研究概述

我国在木材材种识别领域的研究起步较晚，国内木材材种识别技术，已由传统的人工检测方法升级为微机图像识别法。1990 年，中国林业科学研究院杨家驹和程放研究员，完成了第一个由计算机辅助的国产木材识别系统，后来又研制成功了具有特色的 WIP-89 木材检测识别系统，开创了我国微机图像识别的先河。1998 年 3 月，由广西大学林学院、广西国有东门林场、广西林业标准化技术委员会联合攻关研究完成了达到国际先进水平的《中国及东南亚商用木材 1000 种构造图像查询系统》，通过了广西壮族自治区教委组织科技成果鉴定，成为我国第一张木材识别的计算机光盘。在木材微观结构理论的研究方面，1994 年东北林业大学王金满和刘一星进行了木材解剖特征计算机视觉分析方法的研究，提出了木材构造的图像处理表征参数，初步解决了木材分子图像处理的量化测量问题，并于 1998 年对傅里叶图像处理方法在木材解剖特征上的应用进行了研究，列举了快速傅里叶变换(fast Fourier transform, FFT)图像处理研究木材解剖构造的一般方法。曹军和张冬妍(2004)进行了木材横纹压缩过程解剖特征计算机视觉分析理论的研究，提取早/晚材细胞的径/弦向直径、管胞长度、面积、密质度及边缘角、凹凸性等形态特征，针对不同压缩率的木材构造学特征进行了定量分析。曲艳杰(2000)用 FFT 方法进行了木材细胞排列的图像分析研究。孙丽萍和李净(2000)采用计算机图像处理技术分析了木材横纹压缩过程中构造学形态特征的动态变化，定量化描述了横纹压缩后木材的构造参数。东北林业大学马岩教授 2002 年提出了通过对细胞建立数学模型来识别木材材种的全新思路，并在此理论的基础上与东北林业大学任洪娥教授共同提出了基于细胞数字特征的木材材种识别方法。

2.1.2　国外研究概述

在国外，20 世纪 80 年代初，发达国家就开始应用计算机图像处理技术测量和分析木材细胞。早在 1982 年，McMillin 就利用图像处理和分析技术测量了木材细胞率、纤维长度、细胞腔面积和径向细胞腔直径以及纤维板剪切过程中的木材破损率。1983 年，Ilic 和 Hillis 开发了一种当时造价比较低廉的图像处理分析系统，对细胞管腔面积以及不同细胞类型所占面积比例等特征实现了量化。1991 年，岩切一树采用累积图像处理方法测量了细胞壁厚度，解决了细胞壁厚度计算机图像处理计算中的难点问题。1990 年，日本京都大学农学部的藤田稔等也应用图像处理技术对木材构造进行了研究，开发了一种基于傅里叶变换的图像处理方法来定量测量细胞壁厚度，并对二维空间进行了评定。同时他还采用图像处理技术分析木材横切面细胞形状并用细胞排列的自相关函数图形技术进行特征提取，根据提取到的特征参数(如细胞几何形状)，可以重新对木材的细胞进行识别，从而确定表征木材分子占木材中分子的比率，简单地实现了以往用显微镜很难进行的工作。1998 年，Jordan 用一种简单图像处理方法测量了纤维的壁厚。1999 年，Ona 等利用傅里叶变换拉曼波谱，以桉树为例研究了细胞纤维、射线软组织、导管、轴向软组织所占的比例，验证了利用傅里叶波谱方法来进行细胞类型比例快速分类的可行性。2001 年，Sarén 等利用数字图像处理系统研究了挪威云杉茎干生长过程中早材细胞直径、细胞内腔形状、管胞长度、细胞壁厚的变化趋势。

应用数字图像处理技术测量和分析木材解剖构造具有以下优点：①对于木材构造特征成分提取和细胞排列方式以及需要进行统计分析的研究表现出明显的优势，可以完成复杂的木材构造的细胞形态特征成分的提取，使构造参数数量化；②由于其通过计算机处理的是图像信息的数字化结果，所以测量速度较快；③精度高；④结合计算机测量和分析图像，自动化程度高。

2.1.3　板材材种分类识别

1. 人工经验识别法

利用人工经验识别木材材种是传统的木材材种识别方法，主要是通过对木材横断面进行人工目测的方式完成木材材种的识别。这种方法的识别速度慢、费时费力，且分析结果很难再现，在对大量木材进行识别时的工作强度大。另外受检测人员的责任心、经验等主观因素的影响，其误判率高，每年由于对木材材种的错误识别而造成的经济损失巨大。因此，在社会经济高速发展的今天，此方法越来越不能满足木材工业发展的需要。

2. 计算机图像识别法

随着计算机技术和图像处理技术的发展，人们把目光投向了对木材材种的自动识别上。因此计算机图像木材材种识别继人工经验识别法之后逐渐发展起来。该方法将计算机图像处理技术应用到了木材材种识别领域，极大地提高了识别精度。其具体过程是：首先对木材试件进行切片，用专用的生物显微镜将木材切片图像摄入计算机中，然后将传入计算机内的图像转换为有256个灰度级的灰度图像，再运用图像处理技术对灰度图像进行去噪声、图像增强以及二值化等操作，计算出图像中的每个像素点的灰度值，找出灰度变化规律，从而判定该幅图像属于何种木材种类，达到对木材进行识别的目的(杨家驹等，2001)。

计算机图像识别法与人工经验识别法相比具有速度快、误差小、适时性强以及不受人为主观因素干扰等优点。这种计算机识别系统，主要是通过对木材横切面图像进行比对的方式完成材种的识别，确切地说其应该是计算机木材材种检索系统。但是对图像中的像素进行逐个处理，要求处理的图像数据量庞大，这就对计算机硬件设施要求较高，不利于推广应用(徐海涛等，2005)。

3. 细胞微观识别法

人工经验识别和计算机图像识别法只能在宏观领域粗略地对木材材种进行识别，对一些相近材种的识别无法达到令人满意的效果，如果要进一步提高木材材种的识别精度，从根本上解释木材的宏观特性，只有以细胞为基本研究对象更深入地对木材的微观构造特征进行研究。因此，出现了细胞微观木材材种识别法。该方法是通过分析木材细胞各项特征参数的方式来完成材种识别的。木材的经济利用价值，多与木材性质有关，而木材性质的好坏，则与木材的微观构造密切联系。细胞是构成树木的基本单元，不同树种的细胞密度、细胞形状等特征均不相同，从而导致其木材的材种均不一样。所以利用计算机图像处理技术，通过木材断面图像找出细胞结构尺寸、细胞壁腔比等细胞参数的微观构造差异，能够实现对木材材种的准确识别，其识别过程同计算机图像识别相似。细胞微观识别法打破了以往人工经验识别和计算机图像识别法仅从宏观领域对木材进行研究的制约，把对木材的研究引领到了微观领域，大大提高了材种识别的准确性，对木材材种识别技术的发展具有重要意义。

本章将具体介绍作者参加的任洪娥教授课题组研究完成的板材材种细胞微观识别系统这个典型应用实例，并且对其关键技术进行说明。本项目研究内容是黑龙江省科技攻关项目《板材材种识别数控设备与工艺研究》中的一个重要部分，主要是利用先进的图像处理技术对细胞实体图像进行预处理，对木材细胞的特征参数进行测定和分析。根据木材细胞特征参数的差异实现对木材材种的判别，初步建立基于细胞数字特征的木材材种识别程序。

2.2　系统硬件及软件构成

基于细胞微观构造数字化特征的木材材种识别系统主要依据显微观察原理，直接把显微镜与 CCD 摄像机相连，采集细胞数字图像，将其传入计算机中，并对图像进行处理，提取细胞特征参数，从而实现对木材材种的识别。系统分为硬件(数据采集)和软件(数据处理)两部分，下面分别对这两部分作简要介绍。

2.2.1　系统硬件组成与配置

木材细胞实体检测图像的采集系统由计算机主机、图像输入设备(图像采集装置：显微镜和摄像机)、图像输出设备和大容量外存储器 4 部分组成，如图 2-1 所示。

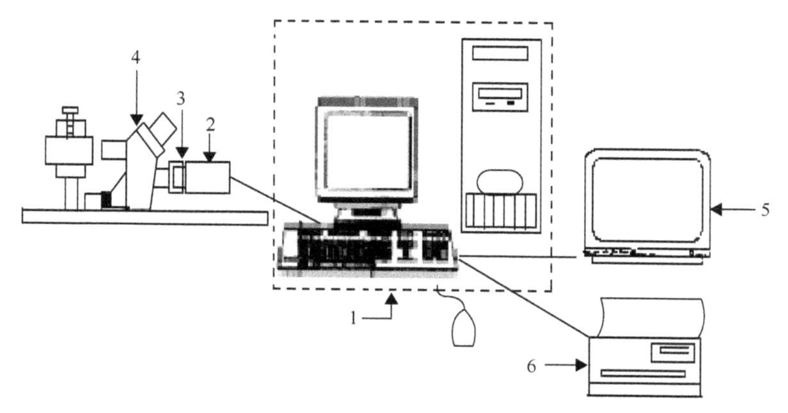

图 2-1　木材材种识别系统的硬件组成图

1. 计算机；2. 摄像机；3. 套接装置；4. 显微镜；5. 显示器；6. 打印机

图像的输入设备用于图像的获取，是将图像数据数字化，并将其输入计算机进行处理的设备，是图像采集系统的主要组成部分。基于细胞微观构造数字化特征的木材材种识别软件系统的图像采集装置主要由实体显微镜和 CCD 摄像机构成。CCD 摄像机将光信号转换成电信号，再经过图像采集卡将显微视场中的一块区域转化成一幅数字图像，发送给计算机处理。CCD 摄像机是整个系统的传感器，其性能好坏直接影响测量的精度，因此CCD分辨率越高，测量精度越高。本系统采用SONY公司的WV-CP240EXCH彩色摄像头，有效像素44万，保证了高质量地将光学图像转化为视频图像信号。

为了确保系统可靠性，图像输入设备采用了DH-CG400图像采集卡。DH-CG400图像采集卡是中国大恒(集团)有限公司生产的彩色/黑白视频图像采集卡。它具有使用灵活、集成度高、功耗低等特点。DH-CG400卡具有逐行输出功能，输入的彩色视频信号经数字解码器、模/数转换器、比例缩放、裁剪、色空变换等处理，通过PCI总线传到VGA卡实时显示或传到计算机内存实时存储。数据的传送过程是由图像卡控制的，无须CPU参与，瞬间传输速度可达132MB/s。此外，其还支持六路复合视频输入，三路S-VIDEO(Y/C)输入，PAL、NTSC彩色/黑白视频输入，可编程亮度、对比度、饱和度。图像数据范围，亮度：0～255或16～235可选；色度：0～255或16～240可选，支持YUV422、RGB8888、RGB888、RGB565、RGB555及Y8模式，支持单场、单帧、连续场、连续帧的采集方式。

为了通过非切片方式获得木材细胞的实体检测图像，本系统选择XYH-3A型宽视长距连续变倍体视显微镜用于细胞图像的放大、观察，如图2-1中的4所示。

XYH-3A型宽视长距连续变倍体视显微镜是一种用双目观察的，将细微物体放大的，具有高分辨率、高清晰度和强立体感的连续变倍体视显微镜。其显微镜调节范围为43mm，立杆调节范围为80mm，物镜变倍比为1∶7，采用了环状独特光源最大限度地降低了对拍摄现场光环境的要求，具有较长的工作距离、宽阔的视场、良好的成像质量等特点。XYH-3A型为三目连续变倍体视显微镜，其明显见长之处在于，它可以在不影响双目观察的同时使用CCD数码摄像装置。

为了实现对木材样本的直接采集，本系统对XYH-3A型宽视长距连续变倍体视显微镜进行了必要的改装，将立式显微镜改装成为卧式，并特制了套接装置连接实体显微镜与WV-CP240EXCH彩色闭路监控摄像机，如图2-1中的3所示。使用WV-CP240EXCH摄像机对通过显微镜观察到的细胞图像进行拍摄输入计算机，直接对图像进行处理。

2.2.2　系统软件设计

软件启动时，启动界面自下而上循环滚动显示软件名称、版本、用户名、研制单位等信息文字，在用户按任意键或单击鼠标键后，立即结束演示进入程序主操作界面。本文在VC++中通过添加Splash Screen组件，然后扩展CSplashWnd类的方法实现了这一功能，如图2-2所示。

图 2-2　启动界面图

为了便于编程、管理及系统的进一步改善和功能扩展，基于细胞微观构造数字化特征的木材材种识别系统采用了模块化设计方法，主要分为以下几个模块：图像预处理模块、图像分割模块、细胞定型模块和基准细胞模拟模块。以 Windows XP 为操作平台，使用 Visual C++ 6.0 开发语言，实现对细胞图像的分析及木材材种识别等功能。系统主界面如图 2-3 所示。软件系统的总体框图如图 2-4 所示。

图 2-3　系统主界面图

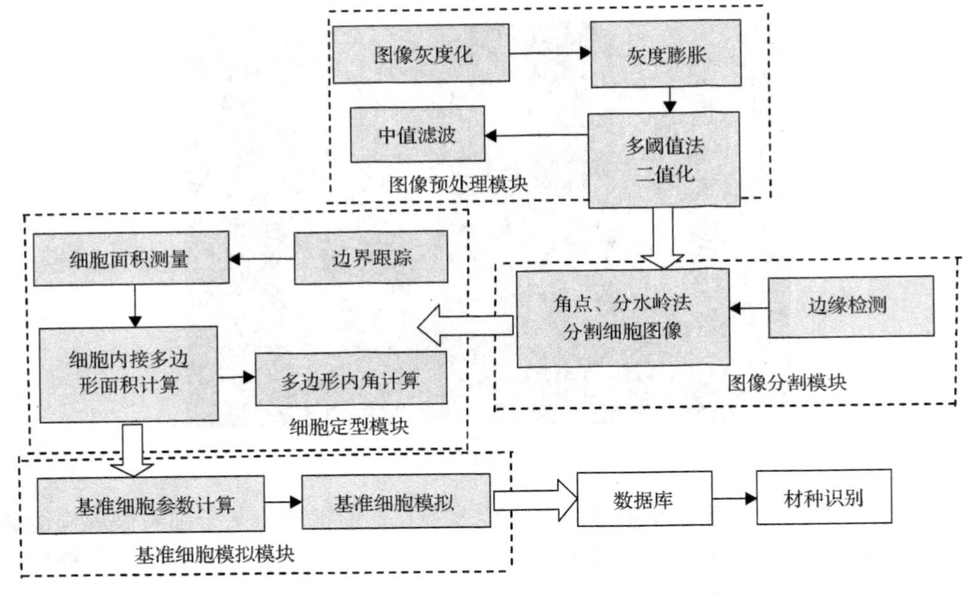

图 2-4　软件系统总体框图

其中，图像预处理模块对原始图像消除本底干扰，进行彩色空间转换、去噪、锐化、对比度增强一系列的预处理，提高图像的质量。图像分割模块的主要功能是将细胞从背景中逐一分离出来，该模块使用动态阈值分割算法二值化图像，再利用分水岭等算法进行粘连细胞的分割，消除细胞粘连。细胞定型模块对各个细胞进行特征参数提取及数理统计，并根据统计数据确定细胞外形。基准细胞模拟模块根据图像中各个细胞各项特征参数的统计结果，计算出基准细胞的特征参数值及其外形，建立模型，进行基准细胞的模拟。数据库模块存储不同材种基准细胞的特征参数，根据这些参数实现木材材种识别。

2.3　板材细胞形状特征提取与分类识别

2.3.1　细胞图像预处理

图像预处理是指在图像分析中，对输入的图像进行特征抽取、匹配和识别前所进行的灰度化、去噪、边界增强、滤波等处理。其主要目的是消除图像中无关的信息，恢复有用的真实信息，增强有关信息的可检测性，最大限度地简化数据，从而改进特征抽取、匹配和识别的可靠性。由于本课题是通过体视显微镜和 CCD 摄像机对木材样本直接进行拍摄的方式来采集木材细胞图像，这导致图像的对比度较低。另外，受照明条件(白天、黑夜)及运动失真和模糊等因素的影响，获取图像的质量较差。这些不足给后续的细胞特征参数的提取和最终的材种识别带来了极大困难，所以在进行图像分析之前，有必要对采集到的细胞图像进行预处理操作。木材细胞实体图像的预处理主要是将采集到的低质量细胞实体图像依据一定的算法和处理过程使其结构清晰化，尽量突出和保留固有的特征信息，为下一步的图像分析及参数提取做好准备。它是木材材种自动识别过程中的第一步，其处理质量的好坏直接影响着木材材种识别系统的效果。本节介绍了木材细胞实体检测图像的预处理技术，目的是进一步提高图像质量，突出细胞各种特征信息。

1. 图像灰度化

在对木材细胞实体图像进行预处理的过程中，经常将彩色图像转变为灰度图像，以加快处理速度。由彩色转换为灰度的过程叫做灰度化处理。

2. 数学形态学腐蚀与膨胀

本课题通过实体显微镜和 CCD 摄像机采集到的木材细胞实体检测图像，受多种因素的影响，质量较差，图像不清晰，不利于计算机自动处理。因此，为了改善图像质量，突出图像中细胞影像，便于后续的细胞图像分割，本文对细胞实体检测图像进行了灰度膨胀处理。灰度膨胀操作扩展了对象的大小，增强了目标对象与背景的对比度，使得图像质量有了较大改善，为下一步的细胞特征参数的提取及对图像的分析奠定了基础。处理后的图像如图 2-5 所示，其中(a)和(b)是细胞灰度图像，(c)和(d)是与其对应的灰度膨胀后的图像。

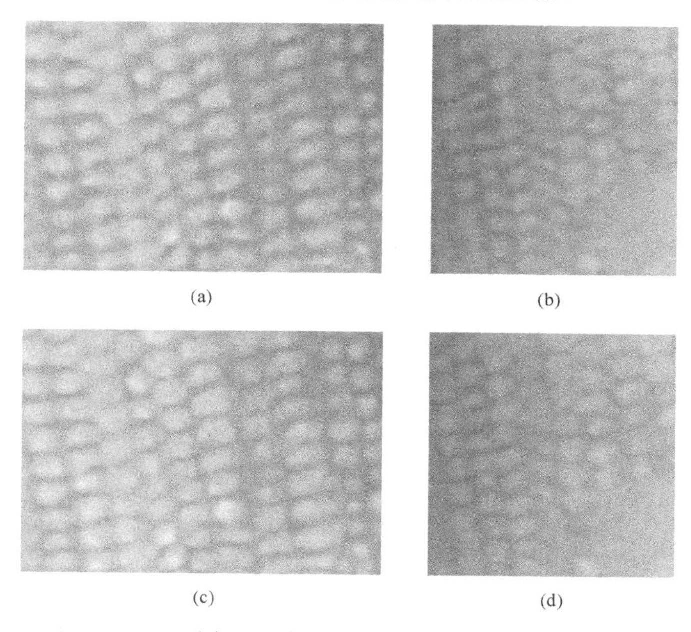

(a)　(b)　(c)　(d)

图 2-5　灰度膨胀前后的图像

3. 噪声消除

在使用实体显微镜和 CCD 摄像机采集木材细胞实体图像的过程中，由于受电子、光照条件以及天气条件的影响，图像的噪声干扰较大。此外，在一定的光照条件下，木材细胞图像中某些背景和细胞区域有着相同的灰度，二值化后，这些区域也会成为严重干扰图像信息的噪声。这些噪声会破坏组织点的形态，使图像的边界轮廓、线条等细节变得模糊不清，降低图像质量，影响对图像分析和识别的准确度，给图像的细化、识别等过程带来极大的困难，因此必须将它们滤除。这个去除噪声的过程就是平滑处理。

对噪声的平滑处理方法主要的要求是：既能有效地减少噪声，又不致引起边缘轮廓的模糊，同时还要求运算速度快。一般的图像平滑化方法，虽然可以有效去除噪声，但同时也使图像变得模糊，所以如何既能平滑掉图像中的噪声，又尽量保持图像细节，即少付出一些细节模糊代价是图像平滑处理的关键。中值滤波方法具有抑制图像噪声并保持轮廓清晰的特点，因此，本文采用了中值滤波方法进行图像噪声的消除。

木材细胞实体图像的质量往往较差，存在较多的噪声，去噪环节的计算量大，消耗的时间较多。因此，采用有效的中值滤波算子在保证去噪质量的基础上，减少计算量，加快处理速度变得尤为重要。针对此情况，作者采用自定义模板对细胞实体图像进行中值滤波。考虑到木材细胞实体检测图像的特点，用模板(1,1,1,1,1)进行水平方向滤波，再用模板$(1,1,1,1,1)^T$进行垂直方向滤波。对图 2-6(a)中值滤波的结果如图 2-6(b)所示。采用该滤波器，除掉了图像中的大部分干扰，尤其是细胞粘连区域、细胞间隙区域等难以去除的大量离散点。

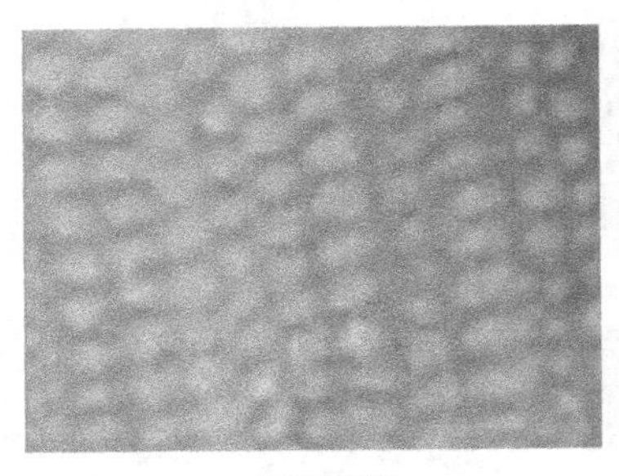

(a) 原始图像

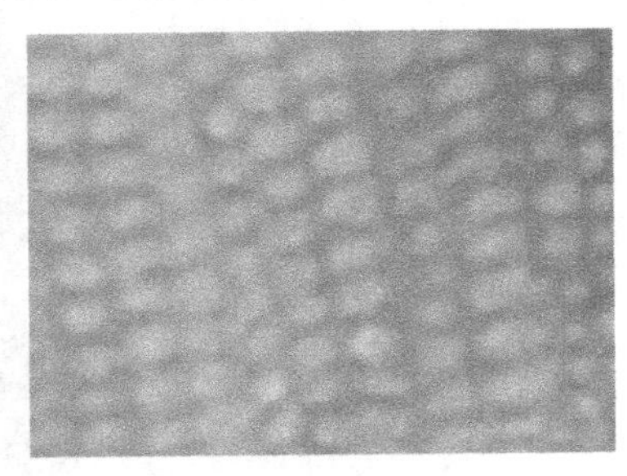

(b) 中值滤波结果图像

图 2-6　细胞图像中值滤波

4. 图像锐化

锐化(sharpening)和平滑恰恰相反，它是通过增强高频分量来减少图像中的模糊，因此又称为高通滤波(high pass filter)。锐化处理在增强图像边缘的同时增加了图像的噪声。常用的锐化模板是拉普拉斯(Laplacian)模板，如下面公式所示。

$$\begin{bmatrix} -1 & -1 & -1 \\ -1 & 9 & -1 \\ -1 & -1 & -1 \end{bmatrix} \tag{2-1}$$

由于拉普拉斯运算是偏导数运算的线性组合，而细胞图像的边缘点又恰恰对应邻域内灰度不连续，即偏导数取极值的点，所以本文采用拉普拉斯运算对图像进行锐化，突出细胞边缘，实现细胞的提取。经过拉普拉斯变换前后的图像如图 2-7 所示。

(a) 细胞原始图像

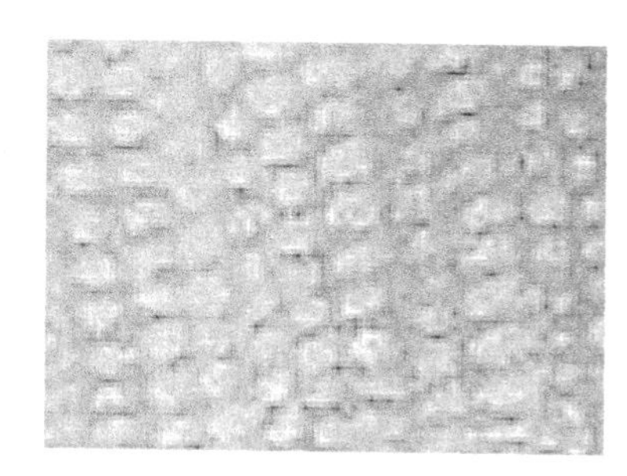

(b) 经拉普拉斯变换后图像

图 2-7　图像锐化实例

要注意的是，运算后如果出现了大于 255 或者小于 0 的点，称为溢出，溢出点的处理通常是截断，即大于 255 时，令其等于 255；小于 0 时，取其绝对值。

5. 亮度调节

在采集木材细胞实体图像的过程中，由于光学上的原因，造成了木材细胞实体图像的亮度较暗，这会影响人的视觉对其的辨别，也使得从背景中提取木材细胞变得困难，针对木材细胞图像的这一特点，本文对细胞图像的亮度进行了调节，使图像亮度适中。

对图像进行逐点扫描，由于颜色从黑逐渐变白，对应着像素值为 0～255，因此，每一个像素点乘以一个相同大小的为正值的亮度系数，可以提高图像整体亮度。最后，对每一个像素点乘以亮度系数后的数值还要进行界限判断，如果修正后的像素值超过 255，则将修正值设置为 255，否则，把修正值写回原图像。亮度调节处理结果如图 2-8 所示。

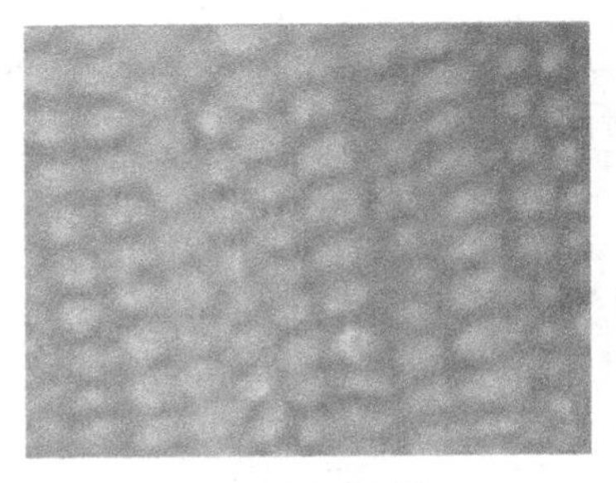

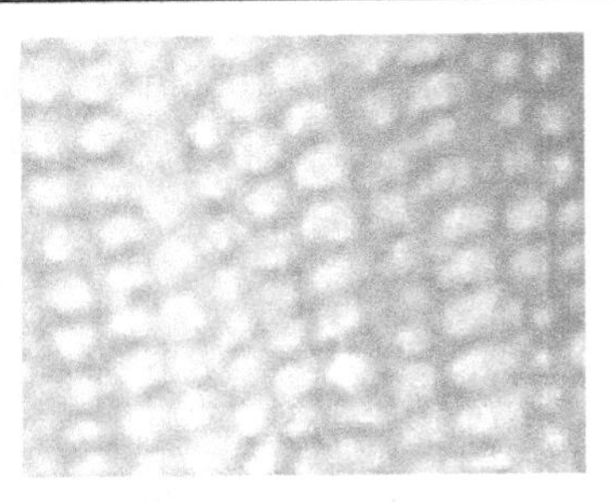

(a) 灰度化细胞图像　　(b) 亮度系数为1.6的细胞图像

图 2-8　图像亮度调节实例

6. 对比度调节

对比度是图像最暗和最亮调之间的范围差。对比度过高会使图像失去很多灰度层次，过低又会使图像看上去过于暗淡。虽然在上一节对细胞图像进行了亮度调节，但调节后图像的目标区域和背景区域的灰度值均得到了提高，实际的灰度值范围分布仍未得到改善，所以要得到较好的图像效果，便于后续的图像分析工作，还需对图像进行对比度调节。本系统通过建立对比度系数对话框，获取对比度输入系数完成木材细胞实体检测图像的对比度调节。

2.3.2　板材细胞图像分割

1. 动态阈值分割法

细胞图像的分割是木材材种自动识别系统的重要组成部分，细胞分割的好坏直接影响到木材材种识别的准确率。常用的分割方法不能实现对细胞的有效分离，针对这种情况本节利用动态阈值分割算法完成对木材细胞实体检测图像的初步分离，在此基础上，又通过角点法、分水岭算法对粘连细胞进行了再次分割，达到了理想的效果。

所谓动态阈值分割方法，是指将图像分成互不相交的若干子图像，采用一定的阈值算法对每一块子图像进行阈值分割，从而完成对整幅图像的分割处理。这种图像分割方法充分考虑了图像的局部特性，能够有效地减少光照不均的影响，使得每个子图像的阈值选取不受其他区域的亮度干扰，对于目标与背景反差较小及前景、背景对比度较低的图像具有很好的分割效果。但动态阈值也有其缺点：对子图像的大小没有较好的确定方法。如果子图像选取过小，子块中参与运算的像素数目就会很少，从而失去统计意义，导致局部阈值的选取不准确，进而影响整个图像的分割；如果子图像选取过大，又不能有效地去除非均匀光场的影响（刘秀兰和马丹，1999）。

对细胞实体检测图像进行准确的特征提取，要求在分割图像的过程中较好地保存细胞的外形，不丢掉有用的形状信息，不产生额外的空缺。但本课题所采集到的细胞图像对比度较低，有些目标区域灰度值低于背景灰度，这给图像的分割带来了极大的困难。针对细胞图像的这种特点，本课题采用动态阈值法对细胞实体检测图像进行分割。采用动态阈值法分割木材细胞图像，首先要确定图像分割块数(即确定子图像的大小)。对于图像分割块数，本课题经过大量试验后确定为 10×10 块，每个子块的大小确定为细胞大小的 1.5～2 倍。

实验证明动态阈值分割法与其他分割方法相比，能够较准确地分割本课题的细胞图像，取得了良好的分割效果。不同分割方法进行图像分割的效果如图 2-9 所示，其中(a)为细胞灰度图，(b)为最佳阈值分割图，(c)为迭代算法分割图，(d)为大律法分割图，(e)为阈值为 140 时的分割图，(f)为动态阈值分割图。

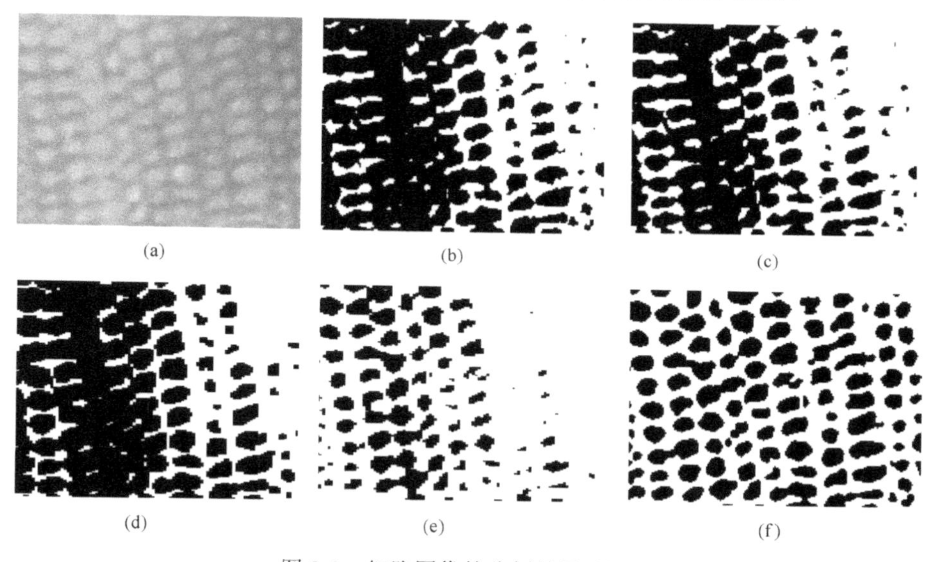

图 2-9　细胞图像的分割效果对比图

2. 粘连细胞分割

在图像二值化的过程中，尽管应用动态阈值法能够较好地将细胞从图像背景中提取出来，但图像中仍然出现细胞重叠和粘连的现象，如图 2-9(f)所示。这种由多个细胞聚堆而形成的细胞群给后续的细胞个数统计和特征参数的提取造成了困难。因此将粘连细胞图像分割为一个个的细胞图像，对后续分析统计能否有效进行极为重要。

细胞分割是图像分割的一个具体应用。目前，图像分割并无通用的理论框架，都是针对具体的应用背景提出相应的分割算法，主要是利用区域、边缘、直方图等信息来实现图像的自动分割。在图像分割时，应充分利用“特征”的先验知识，对于细胞图像来说，这些特征包括细胞形状、尺寸和相对于背景的灰度分布等。本文针对木材细胞实体图像的特点，以细胞形状为特征，应用链码技术对粘连细胞进行了分割，取得了较好的效果。

木材细胞通常状态下都呈近圆形，其外形为凸多边形。因此，当细胞发生粘连时，其粘连部位通常呈现为凹点(角点)，如图 2-10 所示。这为粘连细胞的分割提供了必要条件，因此，这里应用了角点分割法进行粘连细胞分割。

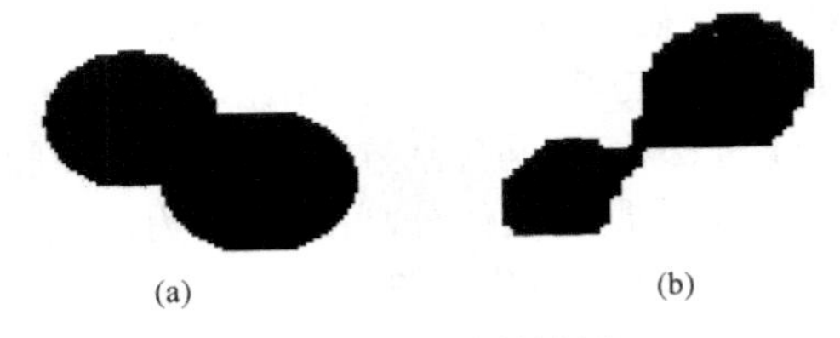

图 2-10　细胞粘连图

细胞出现粘连情况时，其角点出现在细胞的最外层轮廓上，因此，如果想找到角点的准确位置，需要先找到细胞的外层轮廓，本文采用链码法跟踪细胞轮廓。链码(又称 Freeman 码)是用曲线起始点的坐标和边界点方向代码描述曲线或边界的方法。其特点是利用一系列具有特定长度和方向的、相连的直线段来表示目标的边界。由于在显示器中，目标区域的边界就是由一系列依次相邻的像素点组成的，因此链码技术常被用来在图像处理、计算机图形学、模式识别等领域中表示曲线和区域边界。常用的链码按照中心像素点邻接方向个数的不同分为 4 连通链码和 8 连通链码。

应用链码法表示目标物体边界，还需要遵循一定的方向规则，本课题采用“右手法则”。“右手法则”是指如果当前像素点有多个相邻点为黑色，就按先左邻接点，再上邻接点、右邻接点，最后下邻接点的逆时针顺序查找第一个为黑色的点，将找到的黑色点作为下一个遍历点。利用链码法边界跟踪的具体过程：首先，开始扫描图像，把扫描到的第一个黑色像素点作为目标物体遍历的起始点，进行边界跟踪。接着，判断当前点的 8 个邻接方向的像素点，按“右手法则”找到下一个为黑色的像素点后，将当前点设为访问过状态或直接设置为白色，在链码数组中记录新找到的像素点的链码值。最后把新找到的点设置为当前点，重复上述操作，直到当前点周围 8 个方向均无黑像素点为止，这时得到的就是目标物体的边界(曹军和张冬研，2004)。

下面以图 2-11 为例说明采用“右手法则”遍历图像边界的过程。以 A 点为起始点，应用“右手法则”可以得到下一个边界点为 B，方向码值为 2，再将 B 作为起始点找到它的下一个边界点为 C，方向码值为 3，同理，边界点 D 相对于 C 点的方向码值为 4，重复上述过程，直到当前边界点的下一个满足条件的边界点为起始点 A 时结束，这样就得到了区域的边界，如图 2-12 所示，图 2-11 的链码为：234576712(唐振军和张显全，2005)。由此可知，知道了 A、B、C、D、E、F、G、H、I 中任意一点的坐标及其余各点的链码值，就能够准确地描绘出区域的边界，再利用各邻接点与中心点的相对坐标，还能计算出各边界点屏幕坐标，其流程图如图 2-13 所示。

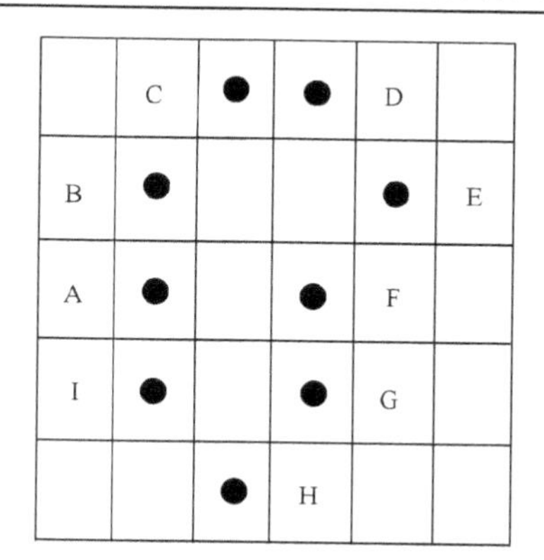

图 2-11　图像边界

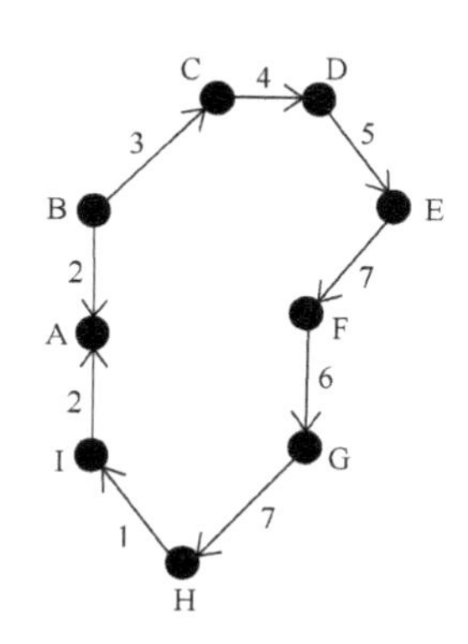

图 2-12　连通链码

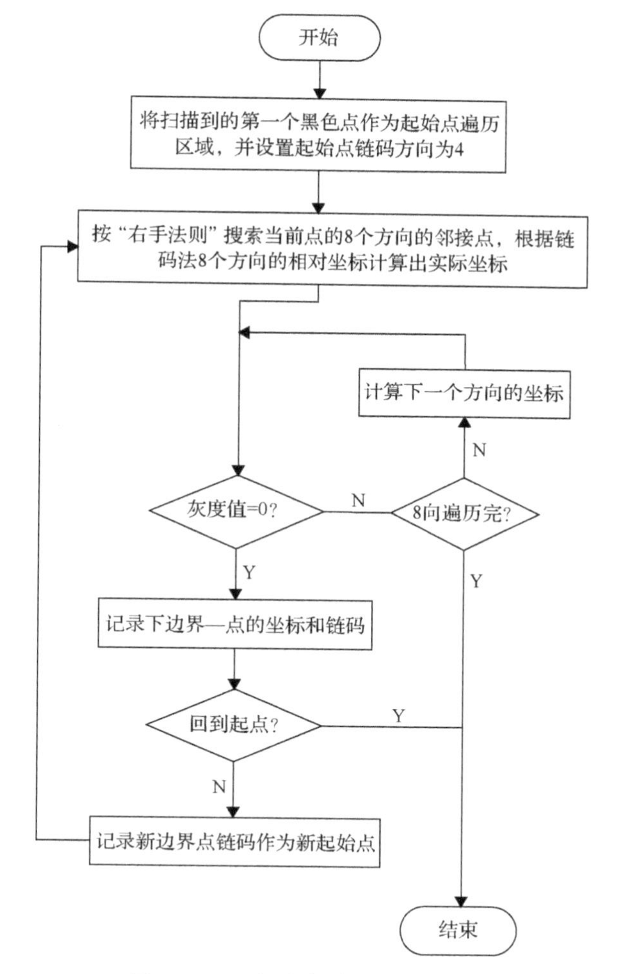

图 2-13　“右手法则”跟踪流程图

目标信息的准确获取是特征统计分析和细胞识别的必要条件，也是实现微观构造变异观测的重要前提。因此，本文采用 Freeman 链码技术，对木材细胞边缘轮廓进行检测，从而实现形态特征提取和定量分析。

链码具有表示简单、便于计算、能准确跟踪目标物体边界的特点，所以角点的定义，本文应用链码来描述。本文中的角点，可以定义为在利用“右手法则”跟踪细胞轮廓的情况下，对于第 i 个轮廓点，如果其后一个轮廓点的链码 C_{i+1} 相对于当前点的链码 C_i 逆时针方向旋转了 45°～135°，则当前点为角点，如图 2-14 的 B 点(Magne，1995)。

木材细胞实体检测图像中的木材细胞由于各种原因，其形状不规则，可能表现出各种外形形状，有时图像中虽然存在角点，但却不是由于细胞相互粘连导致的，如图 2-15 中的 A 点。因此，找到图像中的角点后，还需要对角点进行判断，只在发生细胞粘连的情况下，对细胞进行分割。

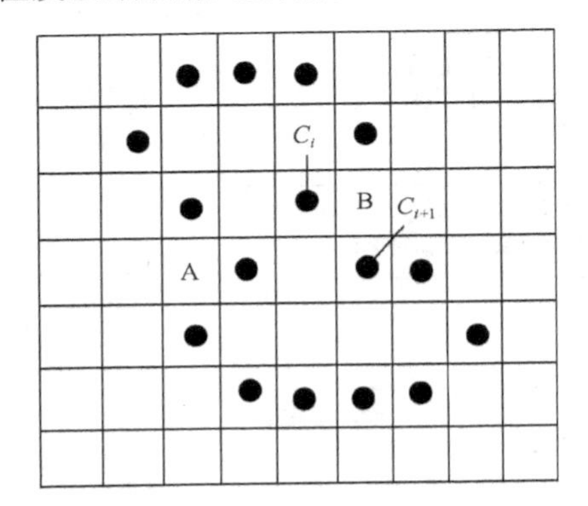

图 2-14　粘连细胞图像

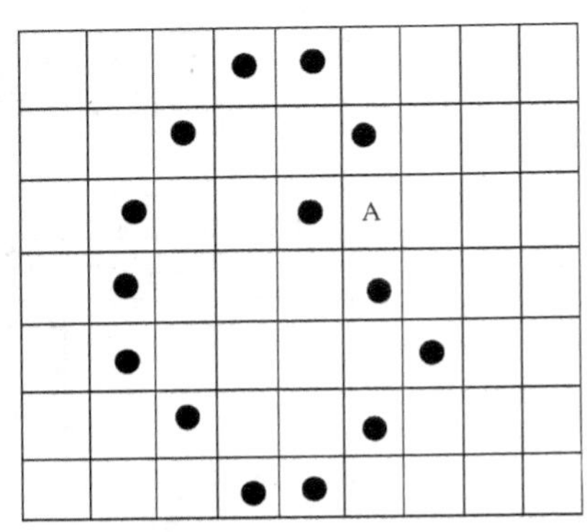

图 2-15　非粘连细胞图像

通过比较图 2-14 和图 2-15 发现，在出现细胞粘连情况时，粘连细胞轮廓上以两个角点(如图 2-14 中的 A、B)为端点，构成的直线通常就是细胞分割线，一般情况下这样的两个角点间的直连线段长度为局部最小值，这里就将其作为判断粘连细胞的一个条件。

在细胞粘连的情况下，两角点(粘连点)之间的连线构成了一条弦，在细胞边界上的两点之间的轮廓点则构成了一条弧。经观察发现，在细胞发生粘连时，通常粘连点构成的弧的长度与它们构成的弦的比值较大(图 2-14)。因此可以将两粘连点间的弧长比作为判断细胞是否发生粘连的另外一个条件。所谓弧长比就是指边界上两点之间弧长与它们之间的距离的比值。满足以上两个条件就可以确定细胞出现了粘连的情况，此时，只需要连接相应的两个角点就可以完成粘连细胞的分割。

木材细胞图像分割效果实例如图 2-16 所示，其中(a)、(b)为细胞原图，(c)、(d)为相应的角点法分割图。图像分割的度量准则不是唯一的，它与应用的场景图像及应用目的有关，用于图像分割的场景图像特征信息有亮度、色彩、纹理、结构、形状、位置、梯度等。本文将形状和位置作为细胞分割的量度。

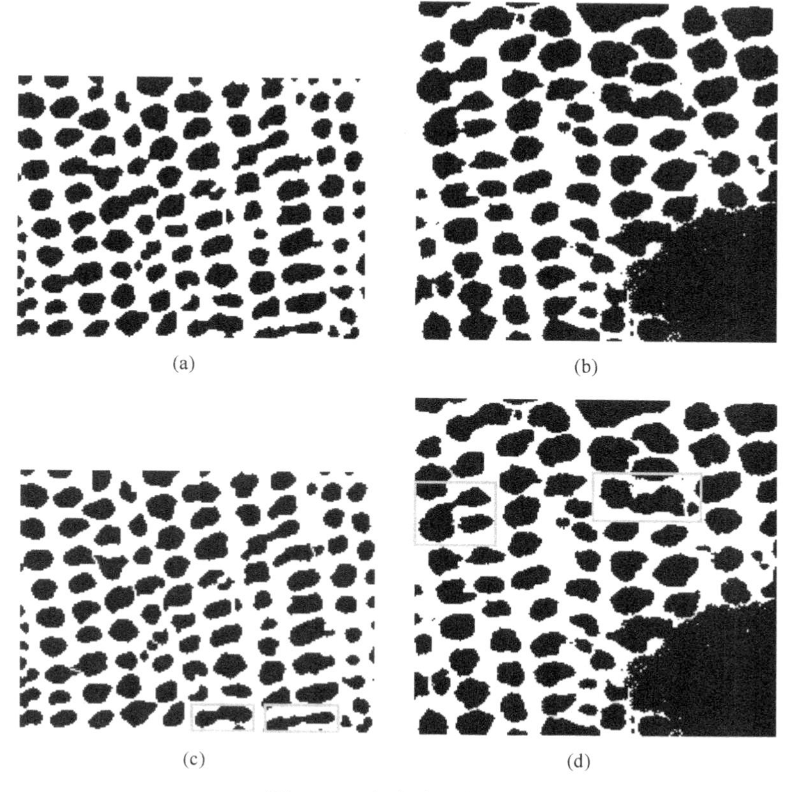

(a)　(b)

(c)　(d)

图 2-16　角点法分割细胞

从图 2-16 中可以看出，利用角点法分割图(a)，分割率达到 77.7%，对(b)的分割率达到 70%，分割出了大部分的粘连细胞。但从分割图中可以看出，在两个以上的细胞发生粘连时，利用角点分割法分割图像，会出现分割不充分的情况，如(c)、(d)中矩形区域内包含的细胞。这给后续的细胞计数等工作带来了困难。

应用角点法分割细胞图像虽然能够分割出大部分的粘连细胞，但其分割判断条件通常需要根据实际情况反复进行实验，人为地进行设定，这大大降低了系统的自动化识别水平。另外，当图像中有多个细胞发生粘连时，角点分割法不能有效地完成对细胞的充分分割，如图 2-16 中(c)、(d)矩形所标示的细胞。为了克服以上缺陷，本课题对分水岭算法进行研究，利用其实现粘连细胞的准确分割。分水岭算法又称流域算法，是一种基于区域的图像分割方法。它借用地形学知识识别图像，将图像看作是地形学上被水覆盖的自然地貌，图像中的每一像素值表示该点的海拔，其每一个局部极小值及其影响区域称为集水盆，集水盆的边缘称为分水岭。后来，先进先出(FIFO)结构的快速流域算法，使分水岭算法得到了快速发展，大量用于图像分割(崔屹，2002)。通常分水岭变换有以下两种方法：一种是“浸水法”，即首先在极小区域刺穿一个小孔，让水从小孔流出，随着水位的上升，极小区域周围被慢慢淹没，当水面即将漫过山顶时，需要建立一个堤坝，这个堤坝就成为分开各个集水盆地的分水岭；另一种方法是“雨滴法”，即当雨滴落到山地模型表面时，必将沿着山坡流入不同的局部海拔最低区域，那些汇集到同一个极小区域的雨滴轨迹就形成了一个连通区域，那么各极小区域波及的范围，即是相应的积水盆。不论是哪种方法，不同区域的水流相遇时的临界点就是期望得到的分水岭。由于分水岭变换把输入图像的对象与极小点标记相关联，其中的山顶线对应于图像的边界，因此对图像进行分水岭变换可以把图像分割成对象区域。

实验证明，利用分水岭算法可以实现对多个粘连细胞的准确分割。分割效果如图 2-17 所示，其中(a)、(b)为细胞原图，(c)、(d)为相应的分水岭算法分割图。图 2-17 中(b)图的右下角有大量干扰信息，因此在距离变换前通过设定面积阈值的方法予以去除，然后再进行分水岭分割处理，得到分割图(d)。从图 2-17 中可以看出分水岭算法可以对各种情况的粘连细胞进行准确的分割，具有较为理想的分割效果，为细胞的准确计数及后续的图像分析提供了条件。

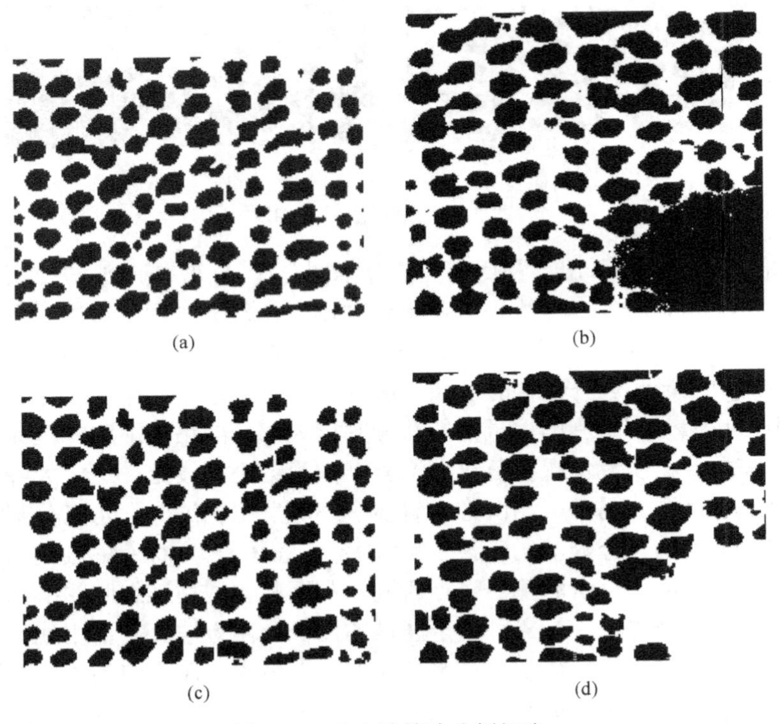

图 2-17　分水岭算法分割细胞

2.3.3　细胞外轮廓定型

本课题提出的木材材种识别方法就是以细胞为研究对象，通过不同树种基准细胞的特征参数的差别来达到准确识别木材材种的目的。因此本课题木材材种识别的关键在于如何准确提取各树种细胞的面积、重心等各项特征参数，建立基准细胞模型。本文各类材种基准细胞各项特征参数的确定方法是通过测量每个种类木材试件上的 2000 个细胞的面积，确定其细胞外形，在细胞形状确定后，将每个细胞的边长、内角相加，各自取平均值的方法完成的，数学理论证明，通过 2000 多个样本进行数理统计得到的基准样本是唯一的。

要建立基准细胞模型，首先要确定基准细胞的轮廓外形及各边长和夹角，本课题的基准细胞模型建立过程如下。细胞形状理论上讲应该是规则的六棱形，但在实际情况中，生物体的不同细胞具有不同的形态特征，其大小、形状和密度等形态参数均因细胞而异，同一种细胞，由于受不同的生理和外界因素的影响，其形态特征也有可能发生变化。因此，实际的木材细胞也有可能呈现出三角形、四边形、五边形等多种情况（Grunwald et al.，2001），如图 2-18 所示。这就要求在构建基准细胞的时候，需要找出木材细胞实体检测图像中大部分细胞的外形轮廓，将其作为基准细胞的形状。具体方法如下：首先，计算出细胞实体检测图像中每个细胞的实际面积，再分别构建出每个细胞的最大内接三角形、四边形、五边形、六边形，并把得到的四类内接多边形的最大面积同细胞实际面积进行比较，将与细胞面积最接近的那类多边形定为该细胞的外形轮廓。其次，按四类不同的细胞外形轮廓，统计每一个类别中细胞的个数，将细胞个数最多的那类细胞的外形轮廓作为该树种基准细胞的外形，这样就较为科学地确定了基准细胞的外形轮廓。最后，统计图像中与基准细胞外形相同的细胞的各个内角角度及边长，累加求其平均值，将得到的数值作为该树种基准细胞模型各内角及边长的值，从而构建出该树种的基准细胞。

图 2-18　木材细胞图像

1. 细胞轮廓提取

细胞的形态能够较为直接地反映出细胞的各项特征参数(如方向、阶跃性、形状等)，从而为准确、客观地分析细胞的特性，进而归纳、预测出木材的材性和材质的优劣提供必要的条件(Grindl et al.，2004)，对于特征描述、识别和理解等高层次的处理有着重大的影响。然而，由于各种原因，细胞的周长、面积等特征参数具有形态不确定的特点，这使得对细胞的分析变得困难。如果只是简单地利用细胞呈现出六棱形的规则，将所有细胞都看作六棱形处理，使用特定的多边形周长、面积、内角公式计算细胞的特征参数误差非常大，不符合实际情况。因此，如果想精确地计算细胞面积等特征参数，就要严格地按照细胞真实的形态(细胞的外轮廓)进行统计。这就要求必须准确地找出细胞的轮廓边界，最后利用统计数学求出木材细胞具有统计意义的精确结果(Kino et al.，2004)。

要描绘出细胞的边缘轮廓，可以使用轮廓提取方法。图像的轮廓提取原理如下：假设目标物体内部为黑色，图像的背景为白色。首先遍历图像。如果扫描到的像素点为黑色，并且它的 8 个相邻点均为黑色，则说明该点是目标物体的内部点，删除该点；否则为边界点，要保留。最后整幅图像遍历完成后得到的就是目标物体的轮廓。常用的轮廓提取算法有差影法、模板法和链码法，但链码法与其他两种方法相比，具有表示简单、节省存储空间、便于计算等特点，这为计算细胞的多种特征参数提供了方便条件。因此，对于细胞轮廓以及特征参数的提取，本课题同样采用了链码法，采用链码法提取细胞轮廓的处理结果如图 2-19 所示。

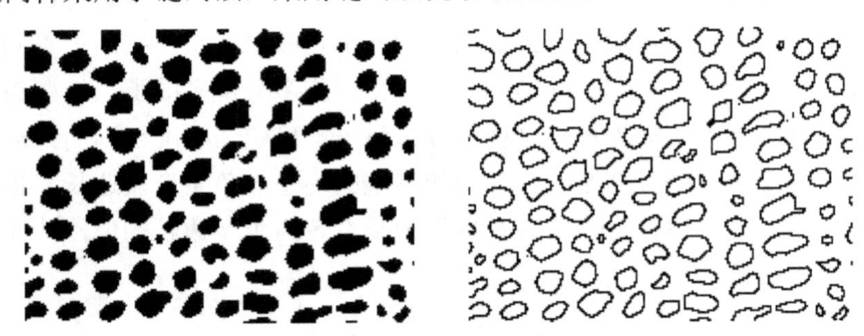

图 2-19　链码法细胞轮廓提取

2. 细胞面积测量

常用的面积测量方法有像素计数法，在计算机中目标物体的面积测量方法是统计边界内部(也包括边界上)的像素的数目。二值图像中，封闭区域是由相互连接在一起的多个黑像素的集合构成的一个黑色区域，所以在这个封闭区域内的像素点的个数即构成了封闭区域的面积(以像素点为单位)。在这里可以把细胞看作封闭区域，计算细胞的面积。计算公式为：

$$A=\sum_{x=1}^{N}\sum_{y=1}^{M}f(x,y) \tag{2-2}$$

式中，M 和 N 为封闭区域的长与宽；A 为细胞面积；$f(x,y)$ 为横坐标为 x、纵坐标为 y 的像素点的灰度值，若用 0 表示物体，用 255 表示背景，细胞面积就是统计 $f(x,y)=0$ 的像素个数。在像素计数面积法中最常用的是线段表法。

另一种方法是使用边界坐标计算面积，Green（格林）定理表明，在 x-y 平面中的一个封闭曲线包围的面积可以由其轮廓积分给定，即

$$A=\frac{1}{2}\oint(x\mathrm{d}y-y\mathrm{d}x) \tag{2-3}$$

其中，积分沿着该闭合曲线边界进行。数字图像中，应用格林公式计算封闭区域面积，首先要进行离散化，如式（2-4）所示。

$$A=\frac{1}{2}\sum_{i=1}^{N_b}[x_i(y_{i+1}-y_i)-y_i(x_{i+1}-x_i)]=\frac{1}{2}\sum_{i=1}^{N_b}[x_iy_{i+1}-x_{i+1}y_i] \tag{2-4}$$

式中，N_b 为边界点的数目；x_i、y_i 为直线的端点坐标。

以上面积测量方法虽然可以测量目标物体的面积，但都存在各自的缺陷，其中线段表面积测量方法在测量面积时，要针对不同形状的物体考虑多种边界情况。如图 2-20 中 A 点，线段仅有一个像素点的情况；线段 BC 中，多点位于图像外的情况，使得算法比较复杂。边界坐标法，虽然原理简单，不需要考虑以上特殊边界情况，但其计算量较大，算法速度较慢。而本课题的木材细胞实体检测图像中含有大量的木材细胞，对每一个细胞进行面积测量，计算量较大，消耗的时间较多。因此，采用有效的面积测量方法在保证测量精度的基础上，减少计算量，加快处理速度变得尤为重要。

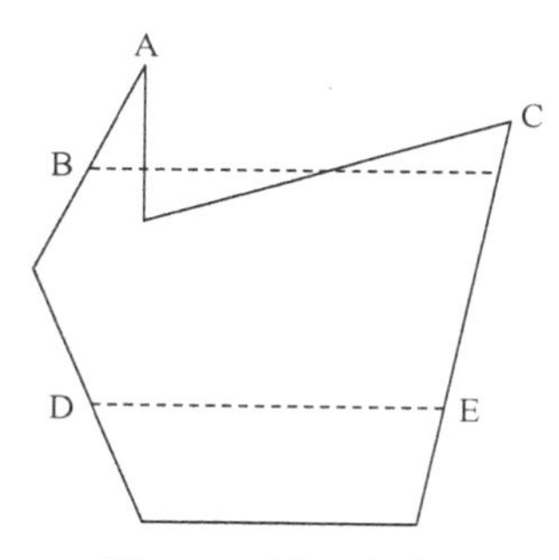

图 2-20　边界点类型

针对上述情况，本课题在像素计数面积法的基础上，提出了一种基于链码技术的目标物体面积统计方法。距离图是图像中各像素点与该像素到一个目标像素的距离成比例的图，类似于地理学上的等高线图。考虑一幅如图 2-21 所示的包含目标和背景的二值图，将较大的值赋予接近目标的像素（与距离成正比）就可得到一幅距离图，如图 2-22 所示。根据距离图的概念，可以将任意目标区域看成由多条等高线组成的距离图。它改变了图像二值化后，简单地用黑白像素表示图像信

息的方式，在保存二值图像原有信息的同时，将“势”的概念引入到图像中，如图 2-22 所示，为从新角度分析图像提供了条件。

图 2-21　原图

图 2-22　距离图

木材细胞面积可以看作是细胞体内所包含的像素点个数。而在跟踪细胞边界轮廓时，链码表中记录了细胞体各边界点与前一边界点的链码值，所以通过链码表不但可以准确描绘出细胞体的边界情况，还可以计算出细胞体边界的像素点的个数(即链码表长度)，利用链码的这种特殊性质可以完成对细胞面积的统计。将细胞体内部设置为黑色，图像背景设置为白色，如图 2-23 所示。把细胞图像看成是由一层一层紧密相邻的“等高线”构成的距离图，如图 2-24 所示。

图 2-23　细胞二值图像

图 2-24　细胞图像距离图

将细胞图像(图 2-23)看成是距离图(图 2-24)后，自外向内逐层进行边界跟踪，对细胞体内的各条“等高线”上的像素点进行遍历。在遍历时，不对细胞体内的黑像素点进行处理，只将遍历过的外层“等高线”上的像素点设置为白色或访问过状态，直至细胞内没有黑像素点为止。此时将每一层链码表的长度值相加，它们的累加和即为该封闭区域的面积值。

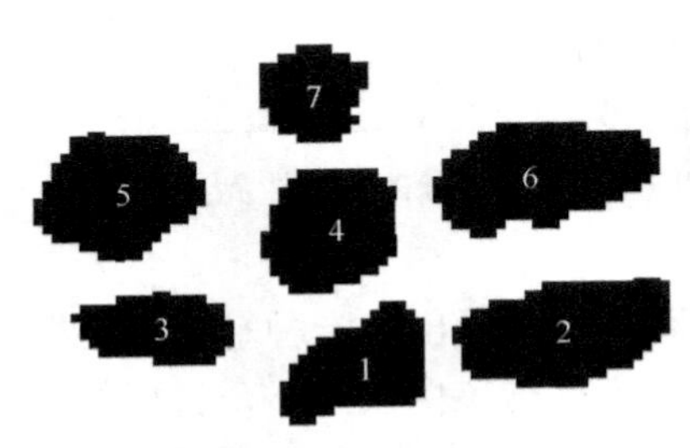

图 2-25　木材细胞实体图像

图 2-25 是木材细胞实体图像。表 2-1 给出了使用新方法和线段表法对图 2-25 所示细胞图像中各细胞面积测量的比较。实验过程：首先，利用现有的、使用较多的线段表法，测量图 2-25 中 7 个目标物体的面积并记录；其次，使用基于距离图思想的面积统计新方法测量物体面积并记录；最后，将由两种方法求得的相应细胞体的面积值进行比对及分析，比较结果见表 2-1。实验证明，新方法设计简单，速度较快，可以准确统计细胞面积，而且对于粘连细胞的面积测量也具有很好的鲁棒性，见图 2-26。

表 2-1　细胞面积测量比较

编号	线段表法求得面积/像素	新方法求得面积/像素
1	600	600
2	912	912
3	464	464
4	692	692
5	798	798
6	924	922
7	408	408

图 2-26　粘连细胞面积测量过程

当一幅图像中存在多个细胞时，利用上述方法测量各个细胞面积，还要加限定条件。因为计算机对图像进行扫描是按从左向右从下至上的方式进行的。在遍历完外层边界点(图 2-27 中的虚线)，回到起始点 A 后，如不加任何条件，计算机会寻找与起始点在同一行，横坐标逐渐增大的下一个黑像素点，并将其作为新的起始点(图 2-27 中的 C 点)，开始遍历下一个细胞区域的边界。这时就无法应用上述的求面积方法。针对这种情况，在图像中存在多个细胞的情况下，要对面积测量新方法做相应改进，其过程如下所述。

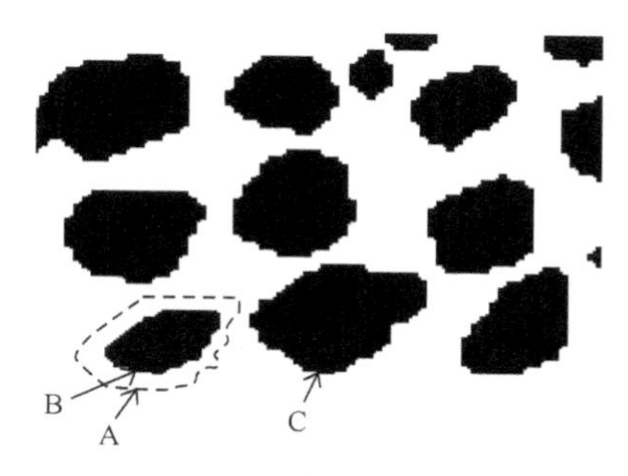

图 2-27　多细胞图像

(1) 在开始遍历细胞边界时，记录遍历起始点的坐标，并将所有遍历过的边界点设置为访问过状态。

(2) 本层边界遍历结束时，判断其起始点是否存在其他方向的、未经遍历的邻接点。

如果存在，以新检测到的未经遍历的邻接点作为细胞内层边界遍历的起始点，继续遍历细胞，转(2)。如果没有，转至(3)。

(3)将(1)记录下的细胞最外边界遍历的起始点坐标返回，从其下一点[纵坐标相同，横坐标加(1)]开始扫描图像。经过以上改进，在图像中存在多个细胞时，仍可以运用新方法求封闭区域面积。

基于距离图思想的面积测量新方法，设计思想简单，易于编程实现。经实验证明，该算法能够准确地统计出木材显微图像中的细胞面积。

3. 细胞定型

木材细胞受各种原因的影响，外形表现为各种形状，因此在构建基准细胞时，首先要确定绝大多数细胞所具有的外形。本章开始时，讨论知道细胞通常表现为三角形、四边形、五边形、六边形四类形状，因此可以通过这一条件确定细胞的外形。其过程如下：细胞的边界轮廓确定后，其轮廓上任意的、不在同一直线上的N个边界点均可能构成一个N边形，即细胞轮廓上的边界点可构成多个多边形。因此，细胞的最大内接多边形的确定要通过在细胞的边界轮廓上取出任意N点作为多边形的N个顶点，构建N边形，比较各N边形的面积，找出面积最大的N边形来实现。下面以三角形为例，介绍一下求最大多边形的过程。

(1)将最先扫描到的细胞轮廓边界点A设置为三角形的一个顶点，然后将以该点为起点顺次找到的细胞外轮廓上的两个后继像素点B、C作为三角形的另外两个顶点，计算出由这3个点构成的三角形的面积，将其赋值给变量max。

(2)保持A、B两点不动，将细胞外轮廓上的后继像素点依次作为三角形的第3个顶点计算其面积，将面积值与max比较，如果大于max，将新得到的三角形面积赋值给max，并记录此时3个顶点的坐标。 继续依次循环，对每一个C点作同样处理，直至细胞外轮廓遍历完毕。

(3)保持A点不动，除C点采用(2)中的方式移动外，B点也同(2)中的C点一样移动。然后将得到的面积值与max比较，如果大于max，将新得到的三角形面积赋值给max，并记录此时3个顶点的坐标。继续依次循环，直至B点取完细胞外轮廓上所有像素点为止。

(4)A点同(3)中的B、C两点一样，顺次取细胞外轮廓上各边界点，将新得到的三角形面积赋值给max，并记录此时3个顶点的坐标。继续依次循环，直至A点取完细胞外轮廓上所有像素点为止。

(5)将最后得到的max值作为细胞外轮廓，记录其相应的各个顶点的坐标。

其流程图如图2-28所示。

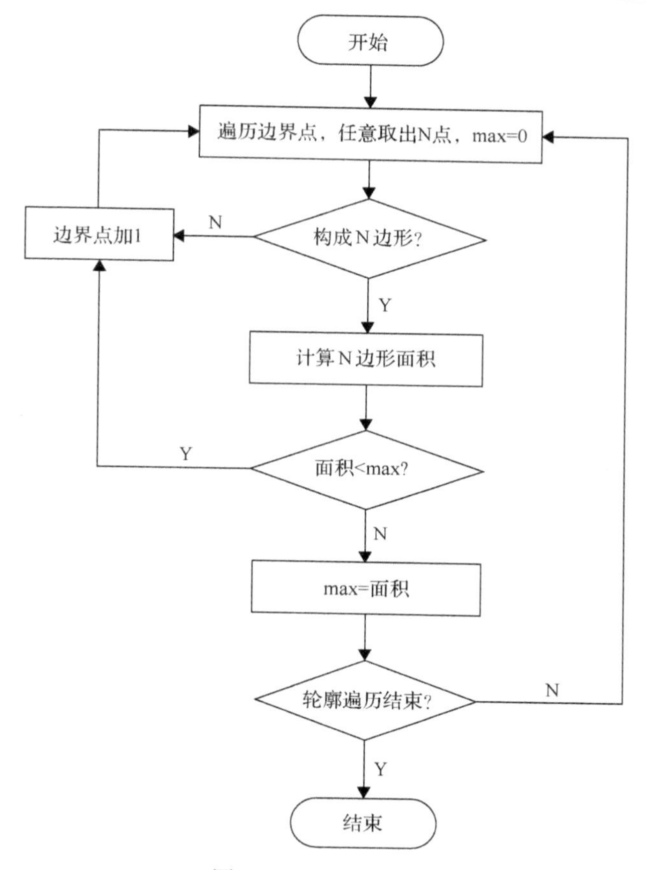

图 2-28　程序流程图

细胞内接最大四边形、五边形、六边形的求法与最大内接三角形求法相同。计算出四类多边形各自的最大面积值后，将其与细胞的实际面积值进行比较，哪类多边形的最大面积值与细胞实际面积相差最小，就将该类多边形看作细胞的外形。

由于是在细胞的轮廓边界上依次取像素点作为内接多边形的顶点，因此构成的多边形形状各种各样，很不规则，难于进行面积计算。但实验证明细胞内接多边形绝大多数为凸多边形。根据这一特点，本文将木材细胞看作为凸多边形，采用以下的方法求多边形面积。

(1) 假设原点在凸多边形内部，M_1，M_2，…，M_n 为按照逆时针顺序排列的顶点，那么显然对于任意的$\triangle OM_iM_{i+1}$ 而言，根据以上算法求出的各个三角形的面积都是正值，而所有三角形面积的和正是整个多边形的面积，如图 2-29 所示。

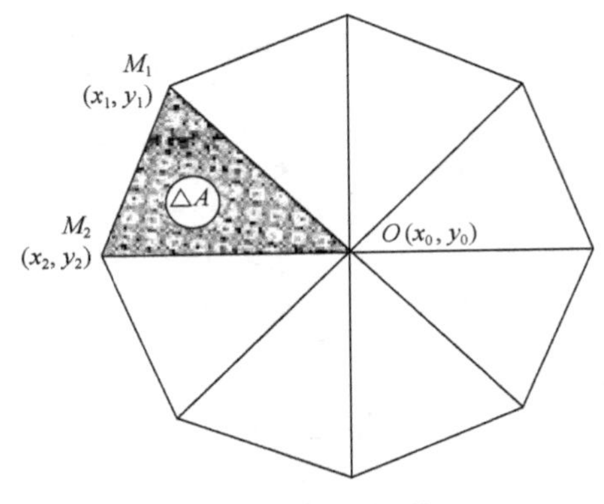

图 2-29　示例图像

(2)假设原点在凸多边形外部，必然存在两个顶点 M_i 和 $M_j(j>i)$ 使得顶点 M_{i+1} 到 M_{j-1} 都在凸多边形 $OM_jM_{j+1}\cdots M_1M_2\cdots M_i$ 之内，于是从 M_i 到 M_j 的顶点和原点 O 构成的三角形按照上述的面积公式求出的结果都是负值，整个多边形的面积恰恰是外边的多边形 $OM_jM_{j+1}\cdots M_1M_2\cdots M_i$ 的面积减去这些三角形的面积，所以公式仍然是成立的。

4.多边形内角计算

在细胞定型的过程中，已经确定并记录了细胞内接最大多边形的各个顶点坐标，根据内接多边形各个顶点坐标可以计算出相邻两个顶点构成的边的斜率，这给多边形各内角的计算创造了条件。得到了两边的斜率后，可以运用方向角公式根据两边斜率计算出多边形各个内角的角度。

假设细胞内接多边形相邻三顶点组成的两直线为 l_1、l_2。则 l_1 到 l_2 的角，是指把直线 l_1 按逆时针方向旋转到与 l_2 重合时所转的角，记作 θ_1，l_2 到 l_1 的角记作 θ_2，与 θ_1 不是同一个角，而是互补的角，即 $\theta_1+\theta_2=180°$，故 θ_1，$\theta_2\in[0，\pi]$。当 l_1 与 l_2 的斜率都存在时，θ_1 的正切值可以求出。设 k_1 为直线 l_1 的斜率，k_2 为直线 l_2 的斜率，l_1、l_2 的倾斜角分别是 α_1 和 α_2，如图 2-30 所示。由图 2-30 得到夹角公式(2-5)，利用公式可求出多边形内角的正切值。

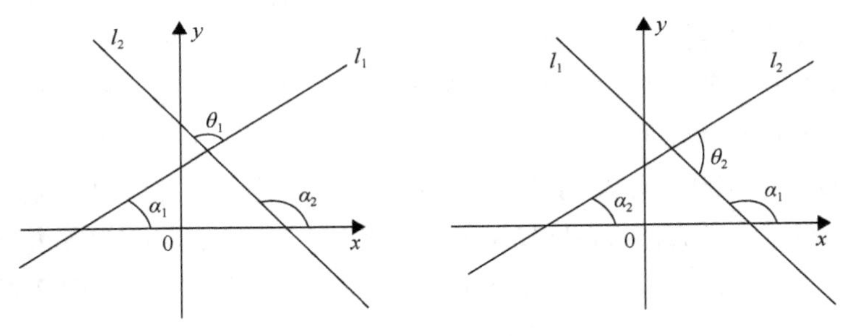

图 2-30　夹角示意图

$$\mathrm{tg}\theta_1=\frac{k_2-k_1}{1+k_1\cdot k_2}\qquad (k_1\cdot k_2\neq -1)\text{，且 }\theta_1\in[0,\ \pi] \tag{2-5}$$

在式(2-5)中，如果 $\mathrm{tg}\theta_1$ 不存在，则 θ=90°。以图 2-31 为例：设 AB 斜率为 k_A，BC 斜率为 k_B，AB、BC 所夹内角为 θ，则内角的正切值为：

$$\mathrm{tg}\theta=\frac{k_\mathrm{B}-k_\mathrm{A}}{1+k_\mathrm{A}\cdot k_\mathrm{B}} \tag{2-6}$$

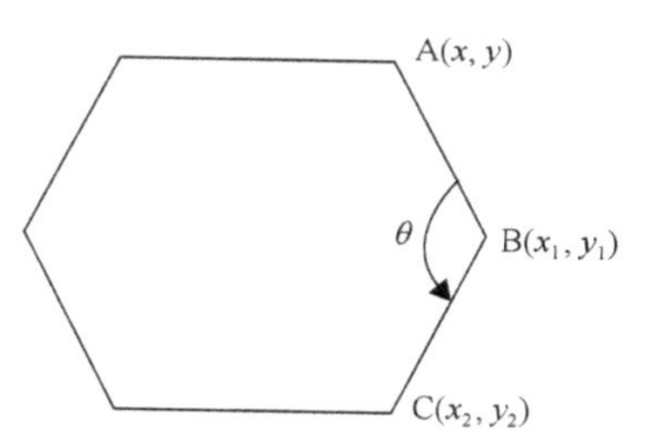

图 2-31　内角示例图

注意：两直线 l_1、l_2 斜率的先后顺序，θ 角一定要是逆时针方向旋转得到的角。在利用式(2-5)求出多边形每相邻两条边夹角的正切值后，利用 VC 中反正切函数能够计算出两边夹角，但所求得的夹角单位为弧度，所以还需要将弧度转换成对应角度，从而完成多边形内角角度的计算，角度弧度转换公式如式(2-7)所示。

$$\theta=\omega*\frac{180^\circ}{\pi} \tag{2-7}$$

由于在角度计算时进行了取整操作，所以得到的细胞内接最大多边形的各内角角度存在误差，这导致多边形各内角累加和往往与式(2-8)相差若干度数，大大影响了木材材种识别的准确度。

$$\mathrm{Sum}=180^\circ\times(n-2) \tag{2-8}$$

式中，Sum 为多边形的内角和；n 为多边形的边数。因此为了减少误差，提高识别精度，本文在计算每个细胞内接多边形的各内角角度时都进行了差补，具体做法如下。

将统计得到的各内角和与式(2-8)的理论值比较，两者相等，则无须差补。否则，计算内角和理论值与实际值的差值。

(1) 相差 1°，若理论值小于实际值，则各内角中最大角的角度减 1°；否则，各内角中最小角的角度加 1°。

(2) 相差 2°，若理论值小于实际值，则各内角中最大角及最小角的角度各减 1°；否则，各内角中最大角及最小角的角度各加 1°。

(3) 相差 3°，若理论值小于实际值，则各内角中最大角的角度减 2°，最小角的角度减 1°；否则，各内角中最大角的角度加 2°，最小角的角度加 1°。理论上 6 个内角取整，角度误差小于 4°，所以只需要考虑以上三种情况即可。

内角标准方差是对内角分布情况的一个总体描述，多边形越规则，其内角的标准方差越小。因此，利用标准方差可以区分诸如正方形和不规则四边形等形状，大致确定细胞的外形。内角标准方差计算公式如式(2-9)、式(2-10)所示，式中δ为内角的标准方差，∂_o为内角平均值，N为多边形边数，α_i为第i个内角的角度。

$$\partial_o = \sum_{i=1}^{N} \alpha_i / N \tag{2-9}$$

$$\delta = \sqrt{\sum_{i=1}^{N} (\alpha_i - \alpha_o)^2} \tag{2-10}$$

5. 重心提取

图像目标物体重心就是物体(或区域)中像素坐标的平均值。例如，某黑色像素的坐标为(x_i, y_i)(i=0,1,2,⋯,n–1)，则图像目标物体重心坐标(x_0, y_0)可以由式(2-11)求得：

$$(x_0, y_0) = \left(\frac{1}{n} \sum_{i=0}^{n-1} x_i, \frac{1}{n} \sum_{i=0}^{n-1} y_i \right) \tag{2-11}$$

当一个区域R只是以其内部点的形式给出时，可以找到另一种区域描绘子，它对大小、旋转和平移的变化都是不变的。“矩”就是其中的一种。对于二元有界函数$f(x, y)$，它的$(j+k)$阶矩为：

$$M_{jk} = \int_{-\infty}^{+\infty} \int_{-\infty}^{+\infty} x^j y^k f(x, y) \mathrm{d}x\mathrm{d}y \quad j, k = 0, 1, 2, \cdots \tag{2-12}$$

为了描述物体的形状，假设$f(x, y)$的目标物体取值为1，背景为0，即函数只反映了物体的形状而忽略其内部的灰度级细节。参数$j+k$称为矩的阶。特别地，零阶矩是物体的面积，即

$$M_{00} = \int_{-\infty}^{+\infty} \int_{-\infty}^{+\infty} f(x, y) \mathrm{d}x\mathrm{d}y \tag{2-13}$$

对二维离散函数$f(x, y)$，零阶矩可表示为：

$$M_{00} = \sum_{x=1}^{N} \sum_{y=1}^{M} f(x, y) \tag{2-14}$$

所有的一阶矩和高阶矩除以M_{00}后，与物体的大小无关。 在图像处理中，各类矩常用来进行形状分析。本课题利用矩的概念计算细胞体的重心。对于数字图像可用求和代替积分，重心矩表示如下式所示：

$$\mu_{pq} = \sum_x \sum_y (x - \overline{x})^p (y - \overline{y})^q f(x, y) \tag{2-15}$$

$$M_{pq} = \sum_x \sum_y x^p y^q f(x, y) \tag{2-16}$$

式中，$\overline{x} = M_{10} / M_{00}, \overline{y} = M_{01} / M_{00}$

$$M_{10} = \sum_x \sum_y xf(x, y) \text{ 和 } M_{01} = \sum_x \sum_y yf(x, y) \tag{2-17}$$

低阶矩中的一阶矩 $M_{10} = \sum_x \sum_y xf(x, y)$ 和 $M_{01} = \sum_x \sum_y yf(x, y)$ 分别除以零阶矩 M_{00} 后所得的 $\overline{x} = M_{10} / M_{00}$ 及 $\overline{y} = M_{01} / M_{00}$ 便是区域灰度重心的坐标。

求细胞(对于任意封闭区域都适用)的重心方法同线段表面积测量方法的原理相似，将目标物体看成由多条紧密相邻的水平线段构成。首先根据链码表中的链码值计算出各个边界点的坐标，然后找到边界点中纵坐标相同的点，作为线段的左右端点。找到端点后，计算 X 和 Y 方向的矩。X 方向的矩等于线段两端点的横坐标的中值乘以该线段的长度值。Y 方向的矩等于线段的长度乘以端点的纵坐标(因为水平线段两端点的纵坐标相等)。通过上述方法求出了一条线段的 X、Y 方向的矩，将目标区域内所有线段的 X、Y 方向的矩相加，最后除以各线段的长度累加和，就得到了细胞重心的 X、Y 坐标。注意这里线段长度以像素为单位，所以在利用线段两端点的横坐标之差表示线段长度时还应该加 1。其计算过程如下式所示。

$$M_x = \frac{1}{2}(x_2 + x_1) \cdot (x_2 - x_1 + 1) \tag{2-18}$$

$$M_y = y \cdot (x_2 - x_1 + 1) \tag{2-19}$$

$$X_g = \sum_{k=1}^{m} M_{kx} / A \tag{2-20}$$

$$Y_g = \sum_{k=1}^{m} M_{ky} / A \tag{2-21}$$

式中，M_x、M_y 分别为线段的 X、Y 方向的矩；x_1、x_2 分别为线段左、右端点的横坐标；y 为线段左右端点的纵坐标；X_g、Y_g 分别为细胞重心的横纵坐标；A 为细胞面积；M_{kx}、M_{ky} 分别为第 k 条线段的 X、Y 方向的矩；m 为线段的条数。

6. 单位转换

通过以上各算法，可以测量出木材细胞的面积、重心、内接多边形的边长和夹角等参数，但这些参数在计算机显示器上都是以像素为单位表示的。要获得实际的细胞参数值，还要进行由像素到实际细胞参数值的换算。本课题单位转换是根据显示器中每英寸长度所包含的像素点个数来实现单位转换的，但实际细胞参数单位应为毫米，所以还需要实现由英寸到毫米的单位转换。根据国际单位制：1 英寸=25.4mm，可以实现单位转换。单位转换过程如下：利用 VC++ 的自带函数 GetDeviceCaps(LOGPIXELSX)获得显示器上一英寸长度所包含的像素点个数，然后通过计算公式实现到实际单位的转换：

$$X_{\mathrm{mm}} = \frac{25.4 X_{\mathrm{p}}}{P_{\mathrm{in}} \cdot N} \tag{2-22}$$

式中，X_{mm}、X_{p} 分别为实际细胞参数值和计算机上显示的细胞参数值；P_{in} 为计算机显示器上每英寸长度所含的像素点个数；N 为细胞图像放大倍数。

7. 单个细胞图像存储

链码的特点是利用一系列具有特定长度和方向的相连的直线段来表示目标的边界。因为每个线段的长度固定而且方向数目有限，所以只有边界的起点需要用绝对坐标表示，其余点都可只用接续方向的链码值来代表偏移量。这决定了链码具有平移不变性，即根据链码，可以在任意位置重绘物体的边界。例如，在对图像进行分析的过程中，有时需要对图像中的某一个物体进行单独分析，为了更便于分析，需要将该物体从图像中提取出来单独显示，采用链码技术的平移不变性可以很方便地解决这个问题。取顺时针方向对物体进行遍历。在遍历封闭区域边界的同时，记录下各点相对于前一个边界点的方向，将它们依次记录在一个方向数组 lianma 中，这样轮廓的形状信息就保存了下来。这样即使改变了起始点 A 的坐标，但由于 lianma 数组中记录的是各点相对于前一边界点的方向，所以仍可以在新设定的起始点位置准确地描绘出物体的外轮廓，这对于准确地分析图像很有帮助。本课题的单个细胞图像存储功能就是应用链码的平移不变性完成的，其过程如下。

首先，在每遍历完木材细胞实体检测图像中的一个细胞之后，创建一幅位图，设置相关信息。其次，运用链码技术计算出细胞重心点与细胞边界轮廓上各点的横纵坐标差值并存储。为了在图像正中心显示细胞的边界轮廓，将位图文件正中心作为细胞的重心点，然后根据上一步得到的细胞轮廓边界上各点与重心点的坐标差值，在位图文件中声明绘图环境，利用链码技术平移不变性的特点，逐点重绘细胞轮廓边界，从而实现在位图正中心存储细胞图像的功能。再次，设置位图文件的存取路径。本文通过对话框形式实现由用户设置文件路径的功能。最后，每打开一个图像文件时，在上一步创立的位图文件目录中创立一个 cell.doc 文档，用于记录木材细胞实体检测图像中每个细胞的面积、周长、类圆度等特征参数。每当遍历一个细胞结束，就打开此文档，找到文档尾部，写入细胞特征参数信息，然后保存并关闭文档。单个细胞提取图像如图 2-32 所示。

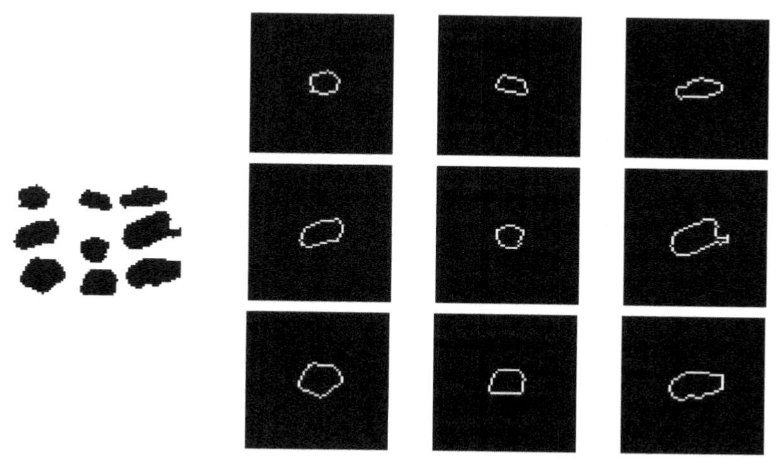

图 2-32　单个细胞提取图像

2.3.4　基准细胞模拟

1. 基准细胞参数统计

基准细胞是对木材细胞实体检测图像中的每个细胞各项特征参数进行统计，平均后得到的细胞(2000 个细胞平均)，因此其具有统计意义，能反映出细胞图像中绝大多数细胞所具有的共同特性。

基准细胞作为细胞图像中所有细胞的统计结果，其轮廓外形应该同木材细胞实体检测图像中绝大多数细胞的轮廓外形相同。因此，在确定基准细胞轮廓外形时，需要先分别统计出整幅图像中轮廓为三边形、四边形、五边形和六边形的细胞的个数，将个数最多的多边形确定为基准细胞的外轮廓类型。在确定了基准细胞轮廓外形后，下一步就是根据轮廓外形，确定基准细胞的各边的边长和各内角的角度。其方法如下所述。

(1) 找出木材细胞实体检测图像中所有和基准细胞具有相同外形的细胞，并统计个数。

(2) 根据上一节中记录的每个细胞内接多边形的各个顶点坐标，计算出多边形各个边长。

(3) 根据每相邻的三个顶点，计算出相邻两边的交角，即内角。

(4) 将每个细胞内接多边形的对应边的边长和角度相加，取其平均值作为基准细胞的各边长和内角。

采用取平均值的方法计算基准细胞的内角虽然比较精确，但其取整等操作，在计算基准细胞内接最大多边形的各内角角度时造成了误差。因此，为了较少误差，提高识别精度，本文在计算基准细胞各内角角度时也进行了差补，具体做法同上节，这里不再详细介绍。

2. 基准细胞外轮廓模拟

在模拟基准细胞时，本文将基准细胞的第一个顶点作为模拟起点(x_0, y_0)，如图 2-33 所示。由于基准细胞各边长已知，且相邻两边夹角确定，因此，按逆时针方向，可以顺次确定多边形各顶点(x_1, y_1)、(x_2, y_2)、(x_3, y_3)、(x_4, y_4)、(x_5, y_5)的位置，从而画出各边。在模拟过程中，设第一条边为水平，左端点坐标 $x_0 = y_0 =300$，这样其右端点坐标为：

$$x_1 = x_0 + \text{bian1} \tag{2-23}$$

$$y_1 = y_0 \tag{2-24}$$

在确立了第一条边和其端点后，就可以根据基准细胞的各边边长和相邻两边夹角求出剩余各顶点，从而模拟出基准细胞。

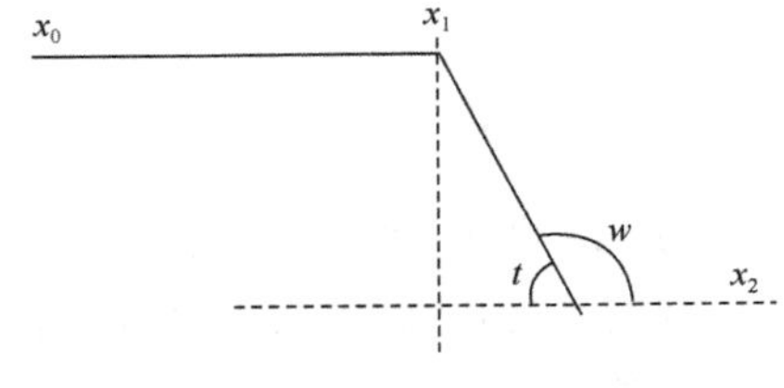

图 2-33　x 坐标关系图

3. 基准细胞细胞壁模拟

由于前面已经计算得到了基准细胞各个内角的角度，因此本课题对细胞壁的模拟可以利用细胞壁厚度及各内角的角度实现。设基准细胞各内角为 θ，细胞壁厚度为 l，细胞内两层轮廓顶点处的细胞壁厚度为 m，角 t 为 $\theta/2$，则 l 与 m 的关系为：

$$m = \frac{l}{\sin(t)} \tag{2-25}$$

细胞壁的模拟过程如图 2-34 所示：

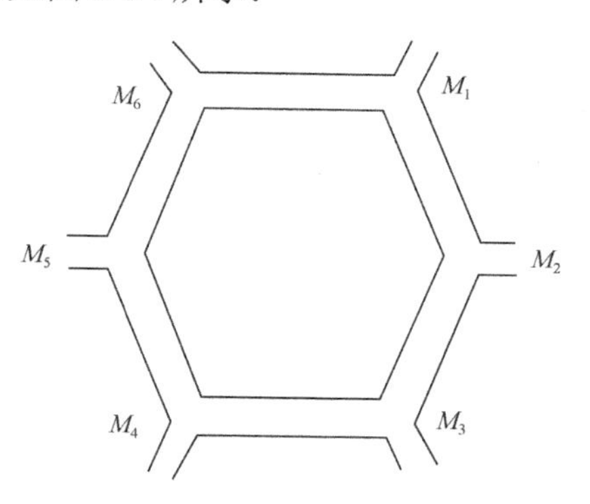

图 2-34　细胞壁模拟示意图

对细胞壁进行模拟，首先要确定细胞内层轮廓各个顶点[图 2-35(a)中的 B 点，(b)中的 C 点]的坐标，分为以下两种情况：

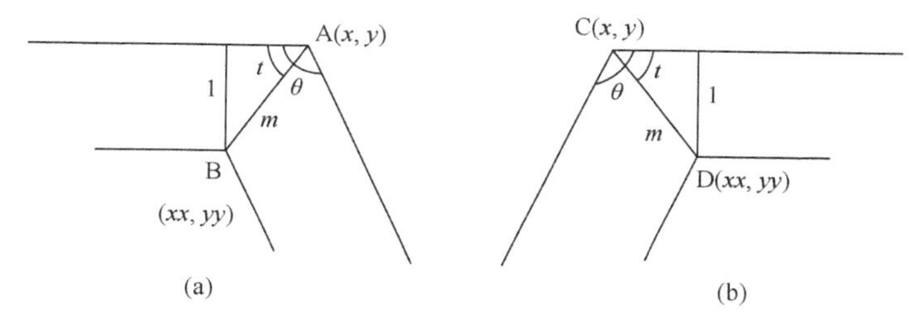

图 2-35　细胞内层轮廓顶点坐标位置关系图

(1)多边形右侧顶点，如图 2-34 中 M_1、M_2、M_3，其内层轮廓顶点坐标计算公式如下式所示：

$$xx = x - \sqrt{\frac{m^2}{1+k^2}} \tag{2-26}$$

$$yy = y + k(xx - x) \tag{2-27}$$

(2)多边形左侧顶点，如图 2-34 中 M_4、M_5、M_6，其内层轮廓顶点坐标计算公式如下式所示：

$$xx = x + \sqrt{\frac{m^2}{1+k^2}} \tag{2-28}$$

$$yy = y + k(xx - x) \tag{2-29}$$

式(2-28)和式(2-29)中，k 表示内外轮廓对应顶点构成直线的斜率，(x, y) 为外层轮廓顶点坐标，(xx, yy) 为内层轮廓顶点坐标。通过上述方法，计算出细胞内层轮廓多边形各顶点坐标，连接各个顶点，即完成了对基准细胞的模拟，效果见图 2-36，其中(a)、(b)、(c)为原图像，(d)、(e)、(f)为基准细胞模拟图像，(g)为(d)旋转后的模拟图，(h)、(i)分别为(e)、(f)放大 2 倍后的基准细胞模拟图，(b)实际大小为 204×159，(c)实际大小为 228×244。

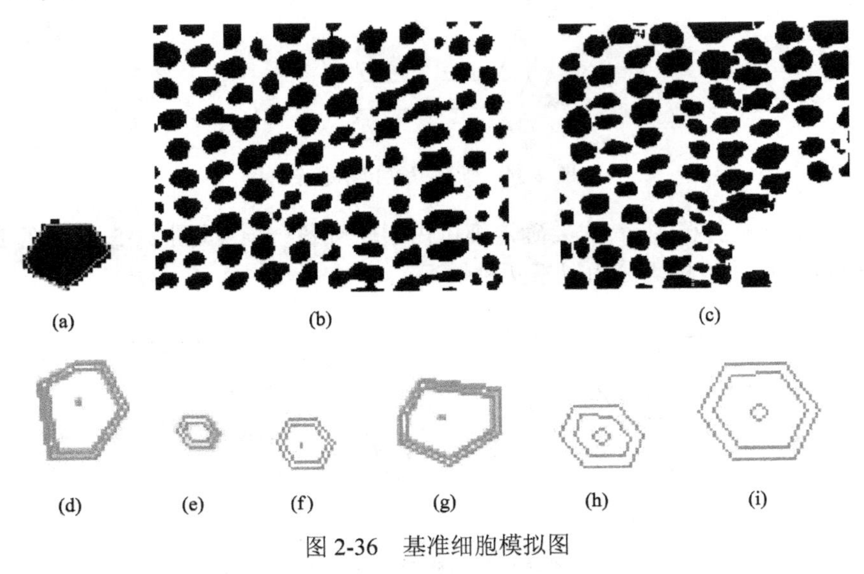

图 2-36 基准细胞模拟图

2.4 细胞纹理特征提取与分类识别

由于各种图像采集系统和观测系统取得的图像很多都是纹理图像，所以纹理图像的分析和识别有着广泛的应用，通过分析图像的纹理可以得到很多有价值的信息。纹理分析已经渗透到各个领域，如地球表面的遥感图像，医学领域的 B 超、CT 图像、虹膜、指纹等，细胞图像、金相图像、催化剂表面图像等显微图像的纹理分析。对纹理图像处理算法研究的重要理论意义以及潜在的应用前景使我们对图像的纹理进行更深入的研究。

人眼可以对图像进行多通道、多频率和多方向分析，可以容易地区分和识别不同的纹理图像，但要用计算机来完成却是非常困难的。但由于纹理的重要性(Kirvida，1976)，很多研究人员在这方面做了很多工作。但早期的研究工作都是在单一尺度上分析像素的相互联系。近年来，随着小波变换等多尺度、多分辨率分析方法的兴起，基于多通道、多分辨分析的算法受到广泛的重视，如 Gabor 变换(Jain and Farrokhnia，1991)、小波变换空域分析方法等。

小波变换对信号的时频局部分析能力、多分辨率分析以及对一维分段光滑信号的最优表示使得它在信号和图像处理中有广泛的应用。二维可分离小波是由一维小波函数经过张量积变换得到，只拥有有限的方向表示，不能有效地捕捉图像的轮廓、纹理等信息，在图像压缩、去噪等应用中会在图像的边缘和细节纹理处产生失真。这些都表明小波变换对于具有奇异性的二维图像表示不是最优的(Mallat and Hwang，1992)。

Contourlet 变换是 Do 和 Vetterli(2005)提出的一种“真正”二维图像表示方法，这种方法可以很好地抓住图像的几何特征。Contourlet 变换的主要目的是为了获得含有线和面奇异的图像的稀疏表示，它不仅继承了小波变换的多分辨率时频分析特征，而且拥有良好的各向异性特征。Contourlet 变换的最终结果是用类似线段的基结构来逼近原图像。它是一种灵活地多分辨率、多方向性的变换，它允许每个尺度上有不同数目的方向。Contourlet 能够很好地表示图像的各向异性特征，更好地捕捉图像边缘信息，在图像处理应用中能比小波变换更好地表示图像的边缘及纹理特征。但是 Contourlet 变换第一级的多尺度分解是用拉普拉斯变换(LP 变换)来实现的，由于 LP 变换的冗余性，使得 Contourlet 变换有 4/3 的冗余，并且 LP 变换在去相关性方面不如小波变换。

结合小波变换和 Contourlet 变换的特点，Eslamin 和 Radha(2004)提出一种新的非冗余的图像变换——小波-Contourlet 变换(wavelet-based Contourlet transform，WBCT)。在 WBCT 的第一阶段用小波变换代替 Contourlet 的 LP 变换进行多尺度分解，然后在小波系数上使用方向滤波器组来维持其各向异性。小波-Contourlet 变换具有良好的多尺度性和多方向性，能更好地表示图像的边缘、纹理等特征。

另外由于在 Contourlet 的构造中拉普拉斯金字塔和方向滤波器中都存在下采样操作，图像处理中不可避免地会引起吉布斯现象。为消除这种现象，A. L. Cunha 等通过综合非下采样的塔式分解(NSP)和非下采样的 DFB(NSDFB)，实现了非下采样 Contourlet 变换(nonsubsampled Contourlet transform，NSCT)(Da Cunha et al.，2006)。NSCT 继承了 Contourlet 的多尺度、多方向性，同时还具备平移不变特性，并可以有效消除吉布斯现象。

综上所述，纹理图像在计算机视觉等领域的重要性、Contourlet 变换的衍生算法对纹理表示表现出来的优良特性以及潜在的应用前景，是研究 Contourlet 变换在纹理图像中应用的出发点。

2.4.1　纹理图像研究方法

在近几十年的研究中，国内外学者对图像纹理进行了相当多的算法研究、算法的改进及应用研究，其中很大部分都是针对图像纹理的描述。纹理描述的好坏直接影响到纹理图像处理的最终结果。常用的纹理描述方法主要有以下几种。

1. 统计纹理描述

统计纹理描述方法以适合于统计模式识别的一种形式来描述纹理。作为纹理的一个结果，每个纹理以一个属性特征向量来描述。它代表了多维特征空间中的一个点。目标是寻找一个确定型的或概率型的决策规则给纹理赋以特定的类别。

该方法使用直方图的各阶矩、中心矩、区域灰度共生矩阵及自相关函数等来描述纹理。对于 $M \times N$ 大小的灰度图像 $f(x,y)$，其矩的定义为：

$$m_{pq} = \sum_{i=1}^{M}\sum_{j=1}^{N} i_p j_q f(i,j) \tag{2-30}$$

图像的 $(p+q)$ 阶中心矩为：

$$\mu_{pq} = \sum_{i=1}^{M}\sum_{j=1}^{N} (i-\overline{i})^p (j-\overline{j})^q f(i,j) \tag{2-31}$$

其中

$$\begin{aligned} \overline{i} &= \frac{m_{10}}{m_{00}} = \sum_{i=1}^{M}\sum_{j=1}^{N} if(x,y) \Big/ \sum_{i=1}^{M}\sum_{j=1}^{N} f(x,y), \\ \overline{j} &= \frac{m_{01}}{m_{00}} = \sum_{i=1}^{M}\sum_{j=1}^{N} jf(x,y) \Big/ \sum_{i=1}^{M}\sum_{j=1}^{N} f(x,y) \end{aligned} \tag{2-32}$$

0 阶矩 m_{00} 是图像灰度 $f(i,j)$ 的总和，如果 $f(x,y)$ 为二值图像，则 m_{00} 表示对象物体的面积。中心矩 μ_{pq} 反映了区域中的灰度相对于灰度重心是如何分布的度量。常用的中心矩有：μ_2 表示方差，反映了灰度相对于灰度均值的离散情况；μ_3 表示偏度系数，衡量直方图关于均值的分布的对称与非对称性；μ_4 表示峰度系数，是直方图尖锐程度的度量参数。这些特征仅仅提供了图像灰度分布的信息，不能反映图像的空间信息；而共生矩阵描述了二阶图像的统计特征信息，适合于大量的纹理图像。其优点是对色调像素间的空间关系进行有效描述，且它对于任何单调的灰度尺度变化都能显示出不变的特性。但共生矩阵的最大缺点是对存储的需求特别大，并且对于大的基元组成的纹理不是很适合。

2. 频谱纹理描述

频谱法借助于傅里叶频谱的频率特性来描述周期的或近乎周期的 2D 图像模式的方向性，将图像的空域表示转化成其他域的表示，从而突出图像的某一部分信息。例如，边缘检测的空域滤波方法(可以认为是一种局部变换)突出图像中的边缘信息。常采用多通道滤波，包括 Gabor 滤波器以及小波变换等。

1) 傅里叶变换

傅里叶变换从频率的角度来描述图像，纹理图像的傅里叶频谱图的能量分布情况反映了纹理的粗糙性和方向性等维度的特性，可以对傅里叶频谱图提取一些能反映能量分布情况的特征来描述纹理。频谱图中环形图可以用来反映能量的距离分布；楔形图可以用来统计方向信息。可以用环形或楔形能量带的均值作为纹理特征。傅里叶频谱如图 2-37 所示。

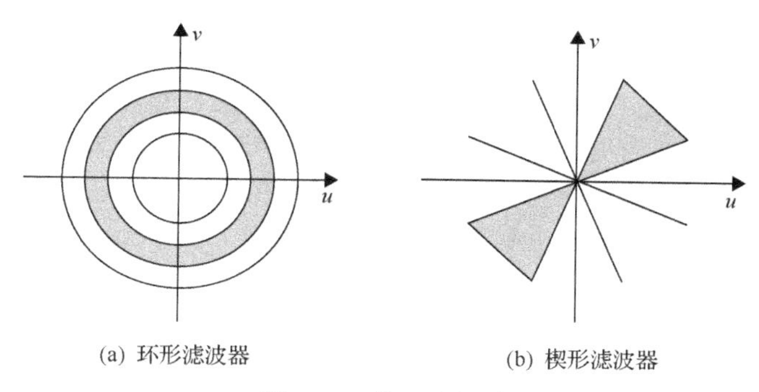

(a) 环形滤波器　(b) 楔形滤波器

图 2-37　傅里叶频谱

利用傅里叶变换提取图像纹理特征的研究较多，如文献(Li et al.，2002)利用傅里叶变换的周向谱和径向谱对人的掌纹进行识别，徐贵力和毛罕平(2004)根据傅里叶变换的共轭对称性，将图像功率谱分成 20 个等间距同心长方环，计算每一个长方环内功率谱能量占总能量的比值作为图像频率分布特征，该方法能更好地反映具有一般性的不同频率图像的纹理特征。纹理分析希望定位于局部的时域空间来突出对图像特定纹理细节进行分析，但傅里叶变换是对信号的全局频率内容分析，不能提取空间域内的局部信息的描述，影响对图像分析。

2) 小波变换及 Contourlet 变换

小波变换是近年兴起的一种多分辨率分析的方法，在小波域的分析方法分为两种：基于统计的方法和基于模型的方法。小波变换克服了 Gabor 方向滤波对高频信号的分析缺乏足够分辨率的缺陷。小波变换在信号和图像处理中有广泛的应用。

叶桦等(1999)采用小波子带内的小波系数组成的特征向量对纹理图像进行分割。王洪等(2002)使用小波包分解出字体文本图像的高频和低频成分，并提取出子图像的能量特征、方差特征和比例特征等作为图像的纹理特征，采用 BP 网络进行分类。但是小波变换只有有限的三个方向(水平、垂直和对角线方向)，而实际纹理的方向性很丰富，因此，小波变换不能有效地刻画纹理的特性，并且小波或小波包变换平移变异的特点，会导致离散小波系数发生很大的变化，因此纹理的平移可能导致提取出的特征不稳定，从而影响纹理图像处理的结果。Unser(1995)

提出使用离散小波框架变换得到更好的纹理统计量的估计，该方法对位于区域边界的纹理刻画更准确，用于纹理分割具有良好的性能(Unser，1995)。Rivaz 和 Chevalley(2001)将对偶数复小波变换应用到纹理分割，克服了小波变换方向选择性差的问题。Wang(2002)提出用多小波子带内局部极值密度来描述纹理，并进行纹理分割。尚赵伟等(2005)使用多小波直方图和统计特征作为纹理特征，进行纹理图像检索，取得了很好的效果。

Contourlet 变换以其灵活的多分辨率、多方向性的变换，允许每个尺度上有不同数目的方向的特点，使其在图像中有了更多的优势。沙宇恒等(2005)提出基于 Contourlet 域隐马尔可夫树(hidden Markov tree，HMT)模型的多尺度图像分割方法，结合 HMT 模型和贝叶斯准则，提出一种新的加权邻域背景模型，给出了基于高斯混合模型的像素级分割算法，取得了理想的分割效果。但在 Contourlet 变换中有下采样操作，图像处理中会产生吉布斯现象，Da Cunha 等(2006)提出了非下采样的 Contourlet 变换(NSCT)。张恩溯等(2007)利用非下采样的 Contourlet 变换，从二维人脸图像自动提取人脸特征点，并有效抑制了噪声等干扰，能较精确地提取出人脸的特征点。项海林等(2008)利用非下采样 Contourlet 分解系数与其父系数之间的相关性，给出非高斯双变量分布模型，在该模型的基础上提出一种非下采样 Contourlet 变换双变量模型的图像分割算法。

2.4.2 Contourlet 变换理论

近年来，小波变换和傅里叶变换被广泛应用在图像处理中，由于小波变换和傅里叶变换为一维变换，一维小波可最优逼近含点奇异的分段光滑函数，但二维情况下，小波是由一维小波函数经过张量积变换得到，其小波基的支撑空间为正方形，其拥有水平、垂直、对角三个方向，导致了方向选择性差，不能有效地捕捉轮廓信息，在图像压缩、去噪等应用中，不可避免地在图像边缘和细节纹理处引入一定程度的模糊。因此，有必要寻求比小波变换更有效的方法。

1. Contourlet 变换

Contourlet 变换(Do and Vetterli，2005)，也称塔形方向滤波器组(pyramidal directional filter bank，PDFB)，克服了小波变换的缺点，它用类似于线段的基函数去逼近原始图像，Contourlet 基的支撑区间具有随尺度变化而长宽比变化的“长条形”结构，从而实现对图像信号的稀疏分离，能更好地捕捉图像边缘等信息。Contourlet 变换的实现过程可以归纳为如下步骤：

(1) 使图像通过类似于小波的多尺度变换以检测边缘上的奇异点；

(2) 将第一步所得图像通过局部化的方向变换完成轮廓线段的检测。

基于这一思想 Contourlet 变换可分为两级：子带分解和方向变换，如图 2-38 所示。

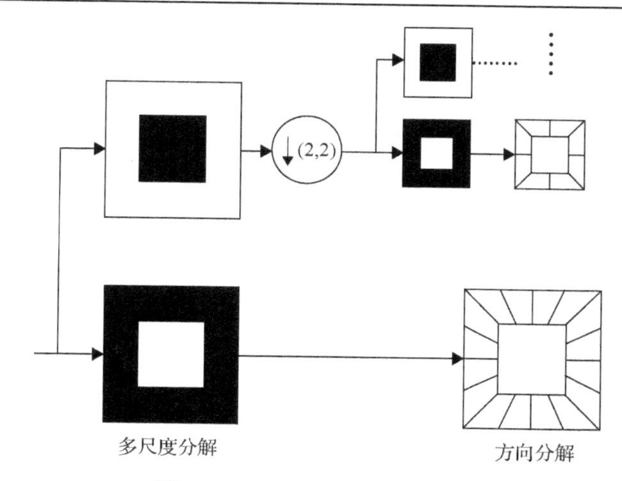

图 2-38　Contourlet 分解示意图

子带分解采用 LP 变换对图像进行多尺度分解以“捕获”奇异点。每一次的 LP 变换都会产生一个低通图像和一个原始图像与低通图像之差的带通图像，对低通图像使用 LP 变换迭代实现多尺度分解；带通图像由方向滤波器组(DFB)将分布在同方向上的奇异点合成为一个系数，实现多方向性。Contourlet 变换是一种融合多方向性、多分辨率分析的二维图像稀疏表示。图 2-39 为 Lena 的 2 级 Contourlet 分解示意图。

(a) Lena原图像

(b) Lena的2级Contourlet变换系数

图 2-39　Lena 的 2 级 Contourlet 分解示意图

拉普拉斯金字塔(Laplacian pyramid，LP)滤波器是 Burt 和 Adelson(1983)提出的，是一种对图像进行子带分解的压缩编码多分辨分析工具。

为了实现对图像的多尺度分解，LP 在每一步对上一尺度低频图像采用低通滤波器进行低通滤波，然后进行下采样，得到低频图像。再对该低频图像进行上采样，然后用高通滤波器对上采样后的图像进行高通滤波，并将高通滤波后的图像与上一尺度的低频图像进行差分，得到塔式分解后的高频部分。分解过程在低频图像上重复上述操作。

图 2-40(a)为 LP 变换分解过程，其中 H 和 G 分别为分析滤波器和合成滤波器，M 是采样矩阵。输出 a 为低频图像，b 为原始信号 x 与 a 的差值。LP 变换的缺点是过采样。然而，与严格采样的小波方案相比，LP 变换的显著特征是在每一尺度上仅产生一个带通图像，并且该图不含有“混乱”频率。而频率混乱会在小波滤波器的高频产生。Do 和 Vetterli(2005)使用框架理论和过采样滤波器组对 LP 变换进行了分析，认为用正交滤波器组实现的 LP 变换是一个框架上界为 1 的紧支撑框架。并提出使用双重框架操作的最优线性重构算法，如图 2-40(b)所示。

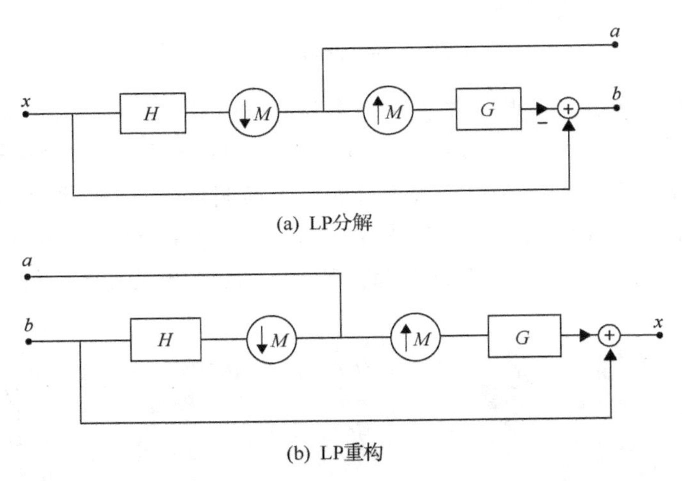

(a) LP分解

(b) LP重构

图 2-40　拉普拉斯金字塔

2. 小波-Contourlet 变换

整合小波和 Contourlet 变换的特点，Eslami 和 Radha(2004)提出小波-Contourlet 变换(WBCT)，小波-Contourlet 变换与 Contourlet 变换相似，也是由两级组成。第一级中 WBCT 利用小波变换代替 Contourlet 变换中的拉普拉斯变换进行多尺度分解，WBCT 的第二级是用方向滤波器组(DFB)对第一阶段得到的高频信号进行方向分解，这样能更好地保持其各向异性。

在每一层的变换上，首先用离散小波进行多尺度分解，得到一个低频子带 LL 和三个高频子带：LH(垂直子带)、HL(水平子带)、HH(水平垂直子带)；然后对每个高频子带用方向数相同的非离散方向滤波器组进行方向分解。图 2-41 为小波-Contourlet 变换的多分辨率子带示意图。

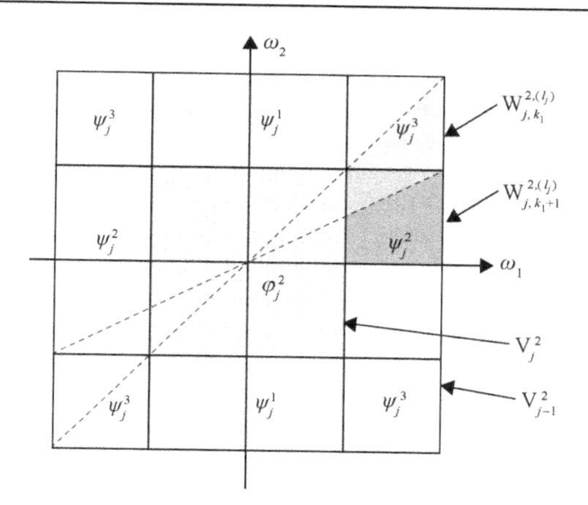

图 2-41　WBCT 多分辨率分析子带

小波-Contourlet 变换相对于 Contourlet 变换是非冗余的。小波通过捕捉单独的奇异点来表示边缘，而 Contourlet 能够勾勒出图像的边缘。小波-Contourlet 变换对图像有更好的非线性的逼近能力，能更好地实现图像的“稀疏”表示，更好地表示图像的纹理等特征。图 2-42 是 WBCT 变换频率分布示意图，图 2-43 是 zoneplate 经过 3 级 WBCT 变换后的系数示意图。

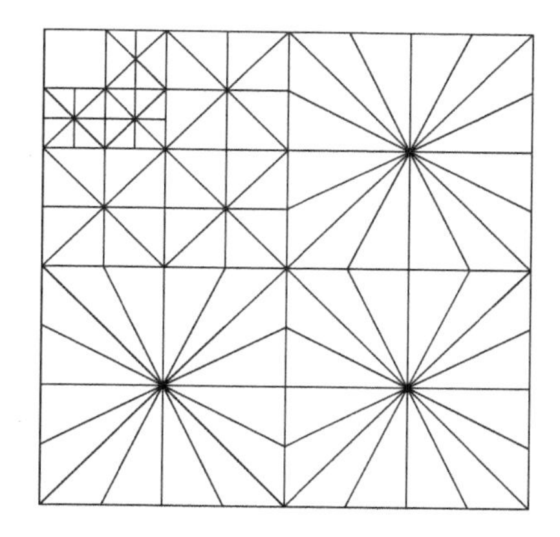

图 2-42　WBCT 变换频率分布图

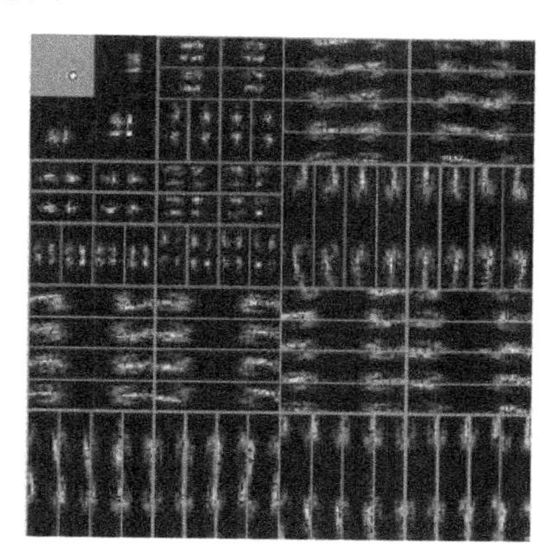

图 2-43　WBCT 变换后 zoneplate 的系数示意图

3. 非下采样 Contourlet 变换

我们知道 Contourlet 的构造过程中有下采样操作，这样就造成 Contourlet 变换和小波-Contourlet 变换都不具备平移不变性。图像处理中的平移变异会因信号的微小平移而导致不同尺度小波系数的能量分布出现较大的变化。纹理的平移可能导致提取出的特征不稳定，从而影响纹理图像处理的结果。在去噪等操作中，也会产生失真，如伪吉布斯现象。

Da Cunha 等(2006)根据构造非下采样小波的方法，采用 à Trous 算法提出一种非下采样 Contourlet 变换(NSCT)，NSCT 由两个移不变的部分组成：非下采样的金字塔(NSP)和非下采样的方向滤波器组(NSDFB)。

非下采样的金字塔(NSP)类似于拉普拉斯金字塔分解，通过对拉普拉斯分解时去除掉下采样过程，并对滤波器进行相应的上采样(插值)来完成，该滤波器组具有平移不变性，如图 2-44(a)所示。

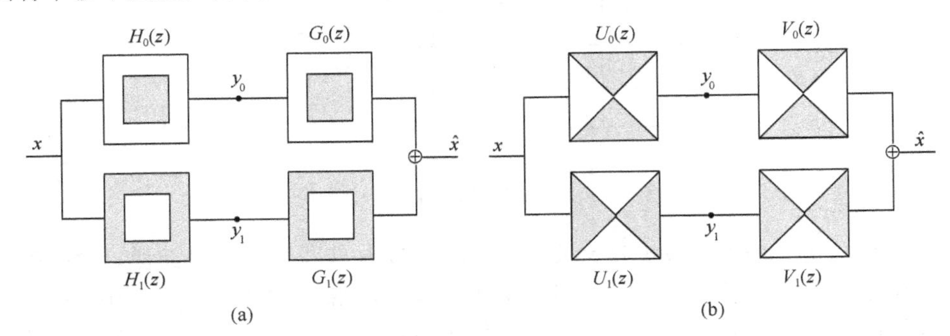

图 2-44　两通道 NSFB

(a)金字塔 NSFB；(b)扇形 NSFB

通过滤波器组，图像被分为 1 个二维低频子带和 1 个二维高频子带，对低频子带继续迭代滤波即可实现多级结构。NSP 的 k 级等价滤波器组为

$$H_n^{eq}(z)=\begin{cases}H_1\left(z^{2^{n-1}}\right)\prod_{j=0}^{n-2}H_0\left(z^{2^j}\right) & 1\leqslant n<2^k \\ \prod_{j=0}^{n-1}H_0\left(z^{2^j}\right) & n=2^k\end{cases} \tag{2-33}$$

式中，2^j 为 $[2_1^j,2_2^j]$。图 2-45 为层数 J=3 时的 NSP 分解示意图。NSP 和 1-D 非下采样小波变换(NSWT)的 à Trous 算法相似，其冗余度为 J+1。其中 y_0 为低频信号，y_1、y_2、y_3 为高频信号。

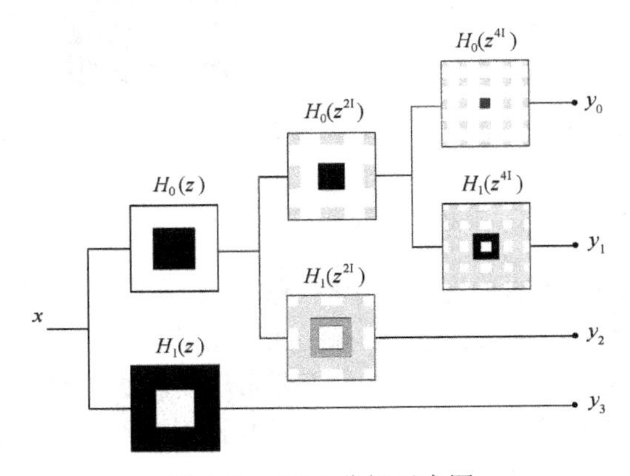

图 2-45　NSP 分解示意图

非下采样的方向滤波器组(NSDFB)也是通过两通道非下采样的滤波器组迭代实现，如图 2-46 所示。

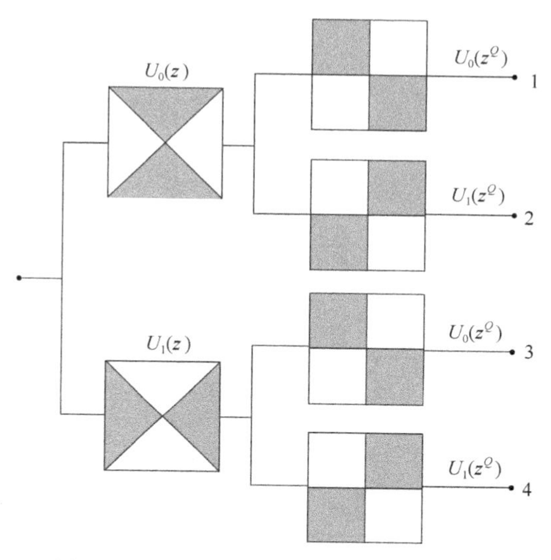

图 2-46　非下采样的 NSDFB 分解示意图

它是由两个两通道扇形滤波器(U_0、U_1)迭代为一个四通道的方向滤波器组，这样就得到了如图 2-47 所示的 4 个方向的频率分割图。

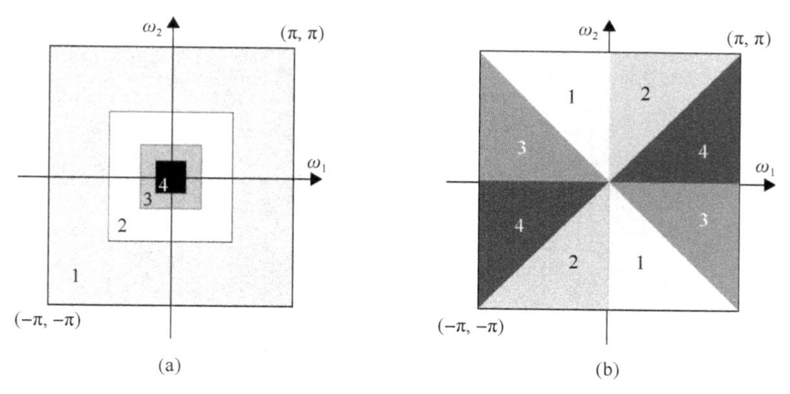

图 2-47　频率分割图

(a) NSP 频率分割；(b) NSDFB 频率分割

采用 à Trous 算法的 NSDFB 是通过 DFB 在二通道滤波器中去掉采样过程，并对滤波器进行相应的上采样来构造。下一级的非下采样方向滤波器组是上一级的非下采样方向滤波器组通过梅花矩阵 $\boldsymbol{Q}$ 通过上采样构成。两个上采样滤波器的频率响应如图 2-48 所示。

$$
\boldsymbol{Q}=\begin{pmatrix}1 & 1\\ 1 & -1\end{pmatrix} \tag{2-34}
$$

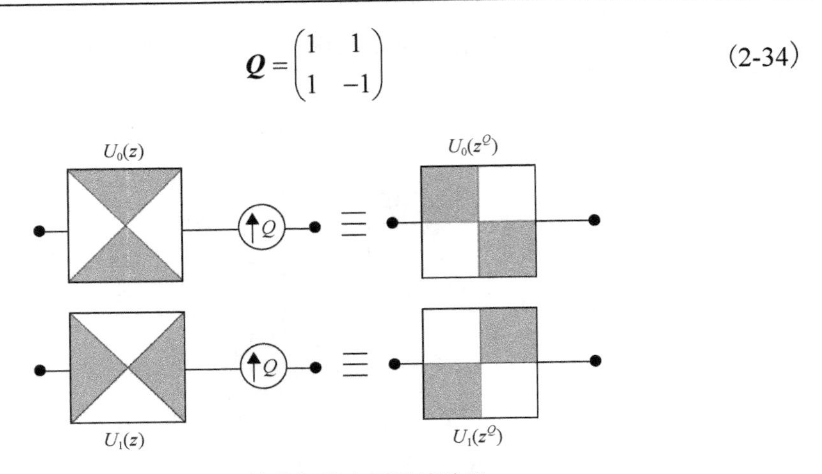

图 2-48　梅花矩阵上采样滤波器

非下采样 Contourlet 变换由非下采样金字塔和非下采样方向滤波器组构成。图 2-49 为非下采样 Contourlet 变换总体结构图。

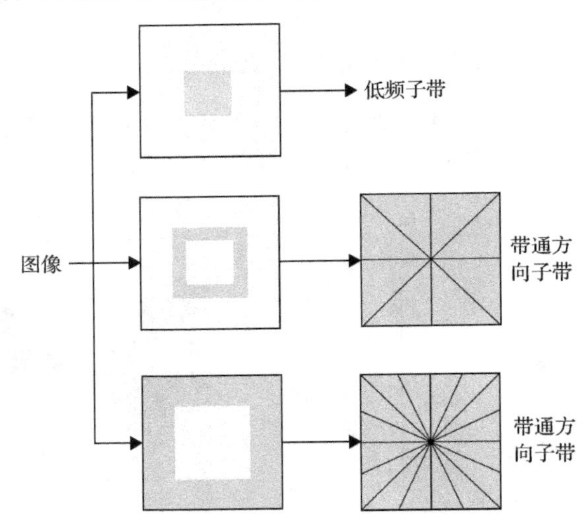

图 2-49　非下采样 Contourlet 分解示意图

非下采样金字塔将输入图像分解为低频子带和高频子带，然后利用非下采样方向滤波器组将高频子带分解为多个带通方向子带，最后在每一层的低频子带上迭代操作，就得到了输入图像的多层非下采样 Contourlet 变换。NSP 使得 NSCT 具有多尺度性，NSDFB 使 NSCT 具备多方向性。两者结合使得 NSCT 具备了多尺度性、多方向性和平移不变性。图 2-50 为 256×256 的 zoneplate 图像经过 3 尺度，方向数为 8、4、1 的 NSCT 分解后的各子带系数。

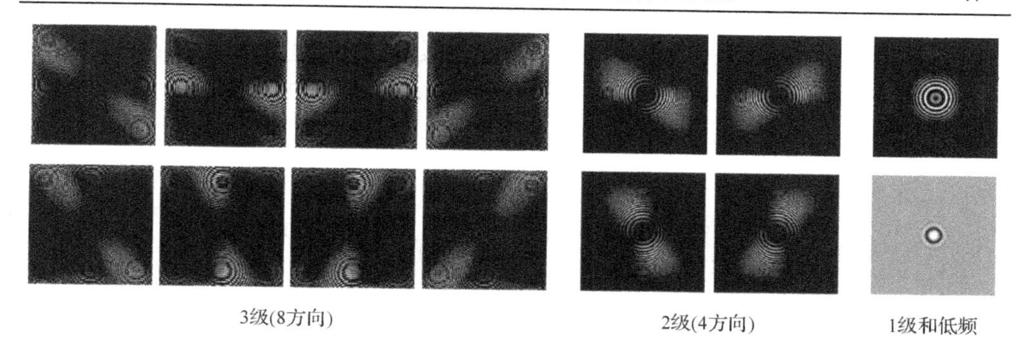

图 2-50　3 级 NSCT 变换后 zoneplate 的系数

在构造 NSCT 的过程中，对塔式分解的较粗尺度进行方向分解时，由于 NSDFB 的树形结构本身的特征，在较高和较低频率之间的方向相应会出现频率的混叠，并且混叠对塔式分解的更高层是不利的。图 2-51(a)为频率混叠现象示意图。方向滤波器的通带区域记为“好”或“坏”，对于较粗尺度，有效的高通通道被方向滤波器通带的“坏”部分滤掉，这样就导致了严重的频率混叠现象，影响方向分辨率，引起吉布斯现象。对方向滤波器组进行适当的上采样可以克服频率混叠现象，第 k 层方向滤波器为 $U_k(z)$，对于更高尺度，用 $U_k(z^{2^m I})$ 来代替 $U_k(z)$，选择适当的 m 可以确保让方向滤波器较好的部分正好覆盖到塔式滤波器的通带上，这样就使得 NSCT 具有了平移不变性，克服了频率混叠现象[图 2-51(b)]。

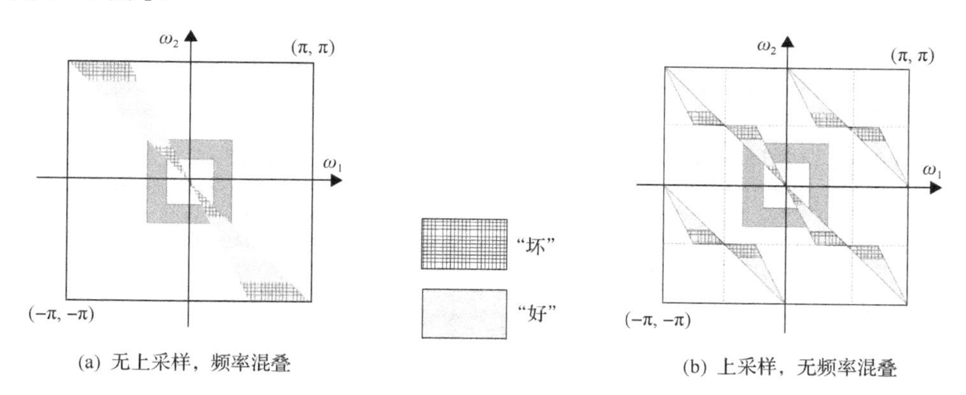

图 2-51　NSCT 对混叠现象的消除示意图

非下采样 Contourlet 变换的核心是不可分离的两通道非下采样滤波器组，滤波器的设计分为非下采样金字塔(NSP)中金字塔滤波器和 NSDFB 中扇形滤波器组的设计，如图 2-44 所示。滤波器设计必须满足 Bezout 恒等式才能实现。

$$H_0(z)G_0(z)+H_1(z)G_1(z)=1 \tag{2-35}$$

完全重构的 2-D 滤波器组可以按以下步骤设计：①构建满足 Bezout 恒等式的 1-D 多项式$\{H_0^{(1D)}, H_1^{(1D)}, G_0^{(1D)}, G_1^{(1D)}\}$；②假设 2-D FIR 滤波器$f(z)$，使 2-D 滤波器$\{H_0^{(1D)}(f(z)), H_1^{(1D)}(f(z)), G_0^{(1D)}(f(z)), G_1^{(1D)}(f(z))\}$满足 Bezout 恒等式。这里$f(z)$为零相位 FIR 滤波器，且$f(z)=\tilde{f}(x,y)$，$x=(z_1+z_1^{-1})/2, y=(z_2+z_2^{-1})/2$。从以上可以看出，NSCT 构造的核心是 2-D 滤波器组的设计，由于非下采样的金字塔和非下采样的方向滤波器组都满足 Bezout 恒等式，所以 NSCT 是可以完全重构的。

2.4.3　板材细胞图像分类识别

纹理图像分类就是从一个给定纹理类别中识别出给定纹理区域(纹理图像)的纹理图像的类别。图像分类的常用方法是先提取图像特征并进行选择，然后利用选择好的图像特征进行分类器的设计，最后用训练好的分类器对测试集进行分类，整个过程如图 2-52 所示。

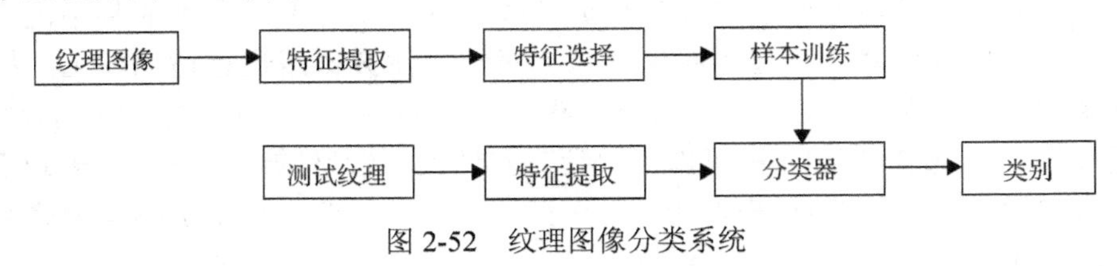

图 2-52　纹理图像分类系统

木材显微细胞图像因树种的不同而导致构成其基本单元细胞的密度、形状、大小等特征均不相同，并且构成木材纹理的木材细胞(纤维、导管、管胞等)的排列方式也是不同的。

图 2-53 为四种不同树种的显微细胞图像，可以看出木材细胞图像具有纹理图像的特征。细胞图像中包含有丰富的信息，木材细胞的特征参数在微观层次上反映了木材的宏观特性。文献(王秀华，2005)对木材显微细胞进行建模，把细胞周期变化简化为细胞壁和细胞腔的交替变化，于是对细胞壁腔交替变化周期性的分析就转化为对图像纹理的分析。基于以上本章提出基于木材显微细胞图像纹理特征的木材树种识别方法。该方法从木材细胞的排列规则、密度及形状等出发，研

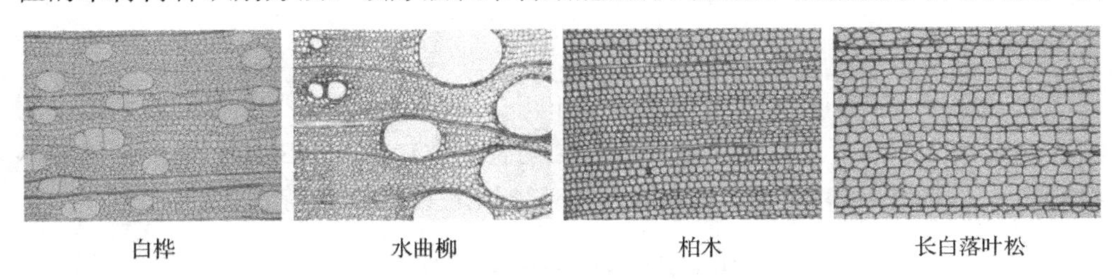

图 2-53　四种不同树种的显微细胞图像

究各种树种细胞所构成的纹理图像之间的差异，提取细胞图像的纹理特征，从而实现木材树种微观图像的宏观识别。

小波变换的优点使得其在纹理分析中得到广泛的应用(Mallat and Hwang，1992)。但小波和小波包变换具有平移变异性特点，图像处理中的平移变异会使信号的微小平移而导致不同尺度小波系数的能量分布出现较大的变化。纹理的平移可能导致提取出的特征不稳定，从而影响纹理图像处理的结果。另外由于小波或小波包变换只考虑三个方向：水平、垂直和对角，其方向选择性较差。

由于 NSCT 继承了 Contourlet 的多尺度、多方向性，同时还具备平移不变特性，可以有效消除信号处理中的伪吉布斯现象，并更适应纹理特征的提取。因此我们采用非下采样 Contourlet 变换来提取纹理特征。

1. 纹理特征提取与分类识别

特征提取的方法常常与所研究的纹理密切相关，不同的纹理需要不同的特征，并且特征的好坏直接影响到分类系统的性能。在自然图像中，灰度的不连续性表明物体的轮廓位置，图像中的奇异性和不规则结构中也带有重要的信息。Mallat 和 Hwang(1992)通过分析信号的奇异性，利用小波模极大值重建原始信号，并利用模极大值来计算具有正则性的点集的分形维数，来说明小波模极值在信号处理中有非常重要的作用。根据文献(Qiao and Sun，2006)，定义 NSCT 模极大值如式(2-36)所示。

$$\frac{\partial N\mathrm{sct}(r_0,c_0)}{\partial r}=0 \tag{2-36}$$

即，使 $|N\mathrm{sct}(r,c)|$ 在 $r=r_0$ 点处达到局部极值。其中 $N\mathrm{sct}(r,c)$ 为非下采样 Contourlet 变换后某子带内的系数，r,c 为行坐标和列坐标。在 r（或 c）上取得的极大(小)值分别叫做行(列)模极大(小)值。Qiao(2006)在文献中定义了离散小波框架行、列模极值密度，并且提出利用小波框架模极值密度作为特征向量对纹理图像分类取得了较好的效果。其中行模极值密度定义为

$$\mathrm{RMED}_i=\mathrm{NRME}_i/\mathrm{NUM} \tag{2-37}$$

式中，NRME_i 为子带内行模极值的个数；NUM 为子带内系数的个数。相应地，列模极值密度为：

$$\mathrm{CMED}_i=\mathrm{NCME}_i/\mathrm{NUM} \tag{2-38}$$

取各子带的行模极值密度和列极值密度组成特征向量：

$$\mathrm{MED}=(\mathrm{RMED}_1,\mathrm{CMED}_1,\cdots,\mathrm{RMED}_N,\mathrm{CMED}_N) \tag{2-39}$$

式中，N 为除低频子带外的子带数。

表 2-2 是图 2-54 的三种木材细胞图像提取的上述各特征值。从表 2-2 中可以看出，出自同一树种柏木的两个图像所提取的特征值的差别很小，行模极密度和列模极密度相差 0.033 75 和 0.038 45，而与长白落叶松相比最小相差为 0.1142 和 0.138 24。因此模极密度这一特征可以很好地区分不同的木材细胞图像。

表 2-2　三种木材图像的特征值

名称	柏木 1	柏木 2	长白落叶松
行模极大值	2550	2252	3505
行模极小值	2552	2297	3468
列模极大值	2555	2269	3717
列模极小值	2632	2288	3725
行模极密度	0.311 4	0.277 65	0.425 6
列模极密度	0.316 59	0.278 14	0.454 83

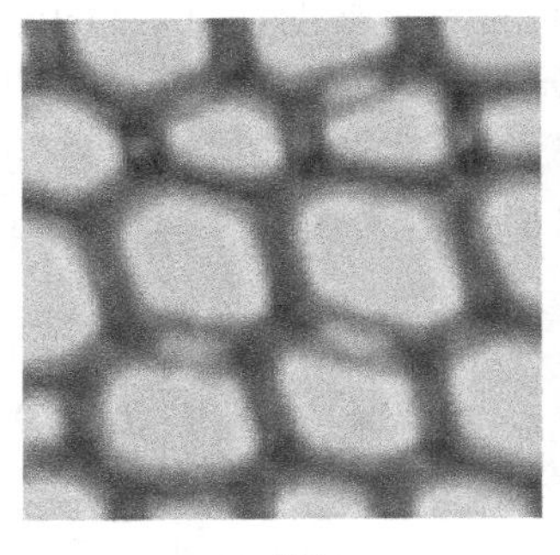

(a) 柏木1

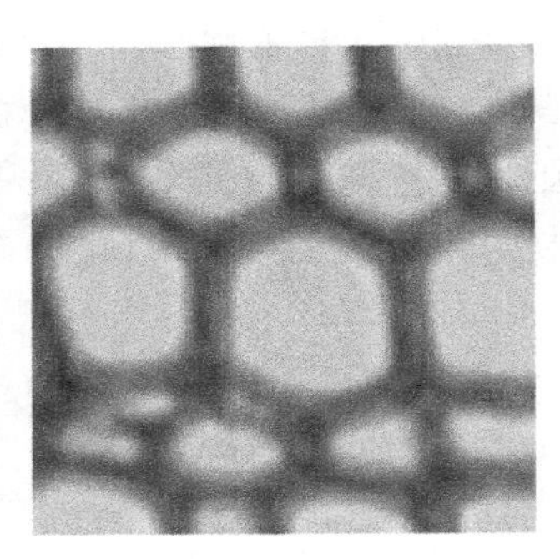

(b) 柏木2

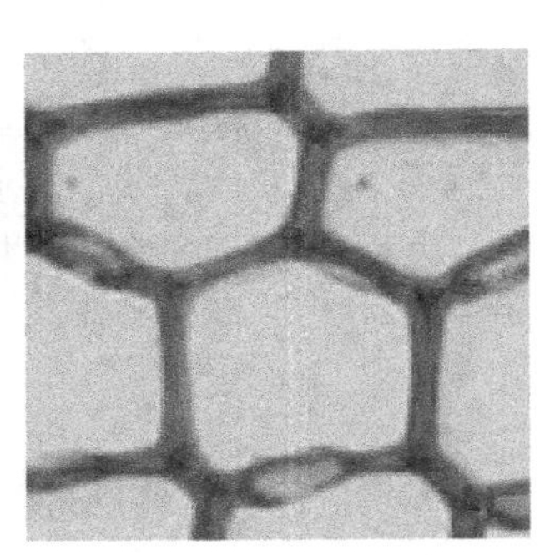

(c) 长白落叶松

图 2-54　木材细胞图像

综上基于 NSCT 模极值密度的木材显微细胞图像分类算法如下：

(1) 对未知样本图像进行非下采样的 Contourlet 变换，得到各子带系数；

(2) 对各高频子带系数用式 (2-39) 提取特征向量；

(3) 用 K 近邻法对未知样本进行分类，即计算未知样本的特征向量与样本库中样本的特征向量之间的距离，取 k 个近邻，看这 k 个近邻多数属于哪类，就把其识别为哪一类。

2. 实验结果与分析

为了考察提出方法的优劣，我们选取 20 种树种，其中针叶材 10 种，阔叶材 10 种，具体树种图像 (部分) 如图 2-55 所示。

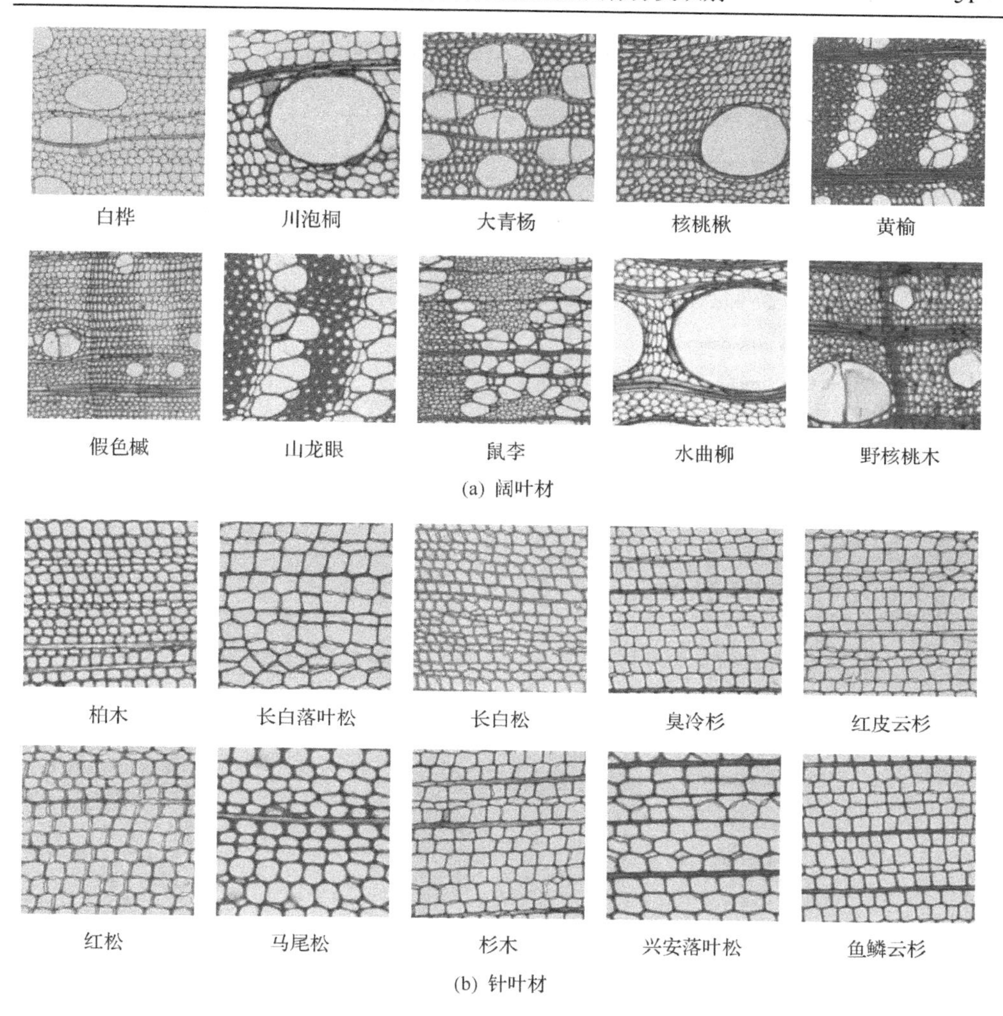

图 2-55　实验树种图片

每个树种选取 320 幅 128×128 的显微细胞图像，其中 80 幅作测试样本，其余 240 幅作为样本库。实验中，NSCT 中拉普拉斯金字塔滤波器选择“9-7”滤波器，方向滤波器选用“pkva”滤波器，并设定分解的方向子带个数分别为 8、2。特征向量的维数为 20，在分类时采用 3NN 分类算法。测试结果如表 2-3 所示。

从实验中可以看出，其平均的正确识别率达到 81.56%。其中阔叶材的平均正确识别率达到 77.88%，针叶材为 85.25%。从实验图像中可以看出，阔叶材的孔洞比较大，由于我们选择的图像是分割后的图像且大小为 128×128，导致实验图像可能为孔洞，识别率低，可以通过增大图像尺寸或者在选取图像的时候尽可能地选择纹理较为丰富的部分来提高识别率。

表 2-3　20 种树种细胞图像的识别情况

	测试样本(每树种 80 幅)	测试样本识别情况		识别正确率/%
		识别正确数目	识别错误数目	
阔叶材	白桦(*Betula platyphylla*)	77	3	96.25
	川泡桐(*Paulownia fargesii*)	61	19	76.25
	大青杨(*Populus ussuriensis*)	71	9	88.75
	核桃楸(*Juglans mandshurica*)	62	18	77.50
	黄榆(*Ulmus macrocarpa*)	59	21	73.75
	假色槭(*Acer pseudosieboldianum*)	71	9	88.75
	山龙眼(*Helicia formosana* Hemsl.)	69	11	86.25
	鼠李(*Rhamnus davurica*)	51	29	63.75
	水曲柳(*Fraxinus mandshurica*)	52	28	65.00
	野核桃木(*Juglans cathayensis*)	50	30	62.50
针叶材	柏木(*Cupressus funebris*)	77	3	96.25
	长白落叶松(*Larix olgensis*)	69	11	86.25
	长白松(*Pinus sylvestriformis*)	69	11	86.25
	臭冷杉(*Abies nephrolepis*)	67	13	83.75
	红皮云杉(*Picea koraiensis*)	63	17	78.75
	红松(*Pinus koraiensis*)	62	18	77.50
	马尾松 (*Pinus massoniana*)	77	3	96.25
	杉木 (*Cunninghamia lanceolata*)	58	22	72.50
	兴安落叶松(*Larix gmelinii*)	69	11	86.25
	鱼鳞云杉(*Picea jezoensis*)	71	9	88.75

利用本节提出的纹理特征可以很好地区分不同的纹理，并可以正确识别木材树种。实验数据证明本节提出的方法是可行的。在实际检测中，可以将待检测细胞图像分成 N 幅 128×128 互不重叠的图像，利用上述算法分别判断 N 幅小图像属于哪个类别，如果这 N 幅图像中属于 k 类树种的最多，则认为该图像属于第 k 类树种。利用上述方法识别树种，其正确识别率可以达到 99%以上。

本节提出一种木材显微细胞图像的宏观识别方法，对图像进行非下采样 Contourlet 变换，提取模极值作为纹理特征，组成特征向量实现对木材显微细胞图像的分类，从而实现木材树种识别，在实验中取得了很好的效果。该方法打破了以往对木材切片图像中大量图像信息进行处理来获得细胞各项特征参数的处理模式，为今后多种木材显微细胞图像的树种识别提供了理论参考依据，也为快速、客观地识别木材树种提供了依据。

参考文献

曹军, 张冬妍. 2004. 形态特征及神经网络在木材横纹压缩中的应用研究. 计算机应用研究, 21(6): 44-46.

崔屹. 2000. 图像处理与分析: 数学形态学方法及应用. 北京: 科学出版社.

崔屹. 2002. 图像处理与分析数学形态学方法及应用. 北京: 科学出版社.

黄兴滨, 谷光琳, 刘伟东. 2003. 基于小波变换的纹理图像分割. 自动化技术与应用, 22(2): 13-14.

刘秀兰, 马丹. 1999. 一种新的快速动态阈值图像分割算法. 北京工业大学学报, 25(2): 92-96.

马岩. 2002. 木材横断面细胞结构的数学模拟理论研究. 生物数学学报, 17(1): 64-68.

曲艳杰. 2000. 木材解剖特征FFT图谱构建及其演化模式的研究. 哈尔滨: 东北林业大学博士学位论文.

任洪娥, 王海丰, 赵鹏. 2009. 新的木材显微细胞图像分类识别方法. 计算机工程与应用, 45(28): 246-248.

任洪娥, 徐海涛. 2007. 细胞特征参数计算机的提取理论. 林业科学, 43(9): 68-73.

沙宇恒, 丛琳, 孙强, 等. 2005. 基于Contourlet域HMT模型的多尺度图像分割(Doctoral dissertation): 74-78.

尚赵伟, 刘贵忠, 赵平. 2005. 基于多小波直方图的纹理图像检索. 西安交通大学学报, 39(2): 123-125.

孙丽萍, 李净. 2000. 基于数字图像处理技术实现木材横纹压缩过程中构造学形态特征的研究. 森林工程, 16(2): 15-18.

唐振军, 张显全. 2005. 图象边界的链码表示研究. 微计算机信息, (23): 105-107.

王洪, 汪同庆, 刘建胜, 等. 2002. 基于小波包纹理分析的字体识别方法. 光电工程, (S1): 62-65.

王金满, 刘一星. 1994. 计算机视觉技术在木材工业科研与生产中的应用. 世界林业研究, 7(3): 49-55.

王金满, 刘一星, 赵学增. 1993. 木材构造计算机视觉分析方法. 东北林业大学学报, (2): 94-99.

王秀华. 2005. 木材横切面构造特征计算机视觉分析与树种分类识别研究. 哈尔滨: 东北林业大学博士学位论文.

项海林, 焦李成, 贾建. 2008. 基于非下采样Contourlet变换域双变量模型的图像分割. 中国图象图形学报, 13(10): 1841-1844.

徐贵力, 毛罕平. 2004. 利用傅里叶变换提取图像纹理特征新方法. 光电工程, 31(11): 55-58.

徐海涛, 任洪娥, 马岩. 2005. 板材材种识别中计算机图像处理技术的应用. 木材加工机械, 16(6): 32-34.

杨家驹, 程放. 1990. 微机辅助木材识别系统WIP—89. 北京林业大学学报, 12(4): 88-94.

杨家驹, 程放, 卢鸿俊. 2001. 木材(特征图象)的微机识别. 木材工业, 15(3): 31-32.

叶桦, 章国宝, 陈维南. 1999. 基于小波变换的纹理图像分割. 东南大学学报, 1(1): 46-50.

岩切一树. 1991. 积算画象处理による细胞壁厚さの计测. 木材学会研究发表要旨集, 41(67): 56.

张恩溯, 张久文, 梁泽, 等. 2007. 基于非抽样Contourlet变换的人脸特征点提取. 计算机应用, 27(B06): 140-142.

Burt P, Adelson E. 1983. The Laplacian pyramid as a compact image code. IEEE Transactions on communications, 31(4): 532-540.

Da Cunha A L, Zhou J, Do M N. 2006. The nonsubsampled contourlet transform: theory, design, and applications. IEEE transactions on image processing,15(10): 3089-3101.

Do M N, Vetterli M. 2005. The contourlet transform: an efficient directional multiresolution image representation. IEEE Transactions on Image Processing, 14(12): 2091-2106.

Eslami R, Radha H. 2004. Wavelet-based contourlet transform and its application to image coding. IEEE International Conference on Image Processing, 5: 3189-3192.

Gindl W, Gupta H S, Schöberl T, et al. 2004. Mechanical properties of spruce wood cell walls by nanoindentation. Applied Physics A, 79(8): 2069-2073.

Grunwald C, Ruel K, Joseleau J P, et al. 2001. Morphology, wood structure and cell wall composition of rolc transgenic and non-transformed aspen trees. Trees, 15: 503-517.

Ilic J, Hillis W E. 1983. Video image processor for wood anatomical quantification. Holzforschung, 37: 47-50.

Jain A K, Farrokhnia F. 1991. Unsupervised texture segmentation using Gabor filters. Pattern Recognition, 24 (12): 1167-1186.

Jordan B D. 1988. A simple image-analysis procedure for fiber wall thickness. Journal of Pulp and Paper Science, 14 (2): J44-J45.

Kino M, Ishida Y, Doi M, et al. 2004. Experimental conditions for quantitative image analysis of wood cell structure, 3: precise measurements of wall thickness. Journal of the Japan Wood Research Society, 50 (2): 73-82.

Kirvida L. 1976. Texture measurements for the automatic classification of imagery. IEEE Transactions on Electromagnetic Compatibility, (1): 38-42.

Li W, Zhang D, Xu Z. 2002. Palmprint identification by Fourier transform. International Journal of Pattern Recognition and Artificial Intelligence, 16 (4): 417-432.

Maekawa T, Fujita M, Saiki H. 1990. Periodical analysis of wood structure. III. Evaluation of two-dimensional arrangements of softwood tracheids on transverse sections. Bulletin of the Kyoto University Forests, (62): 275-281.

Magne J. 1995. Experience with the accuracy of software maintenance task effort prediction models. IEEE Transactions on Software Engineering, 21 (8): 674-681.

Mallat S, Hwang W L. 1992. Singularity detection and processing with wavelets. IEEE Transactions on Information Theory, 38 (2): 617-643.

McMillin C W. 1982. Application of automatic image analysis in wood science. Wood Science, 14 (3): 97-105.

Ona T, Ito K, Shibata M, et al. 1999. In SituDetermination of Proportion of Cell Types in Wood by Fourier Transform Raman Spectroscopy. Analytical Biochemistry, 268 (1): 43-48.

Qiao Y L, Sun S H. 2006. Texture classification using wavelet frame representation based feature. In 2006 IEEE International Conference on Engineering of Intelligent Systems (pp. 1-4). IEEE.

Rivaz D, Chevalley P F. 2001. Complex wavelet based image analysis and synthesis. Cambridge: University of Cambridge.

Sarén M P, Serimaa R, Andersson S, et al. 2001. Structural variation of tracheids in Norway spruce (*Picea abies* [L.] Karst.). Journal of Structural Biology, 136 (2): 101-109.

Unser M. 1995. Texture classification and segmentation using wavelet frames. IEEE Transactions on Image Processing, 4 (11): 1549-1560.

Wang J W. 2002. Multiwavelet packet transforms with application to texture segmentation. Electronics Letters, 38 (18): 1021-1023.

第3章　木材树种颜色特征分类识别

3.1　颜色空间和颜色特征

3.1.1　颜色空间

从数字图像中提取颜色特征依赖于对数字图像中颜色的表示和颜色理论的理解。颜色空间对于相关颜色以数字形式表示是一个很重要的成分，在不同颜色空间之间的转换和颜色信息的量化是给定特征提取方法的首要决定因素。

颜色刺激是视网膜上感红、感绿、感蓝三种锥状细胞分别感受不同波长的光刺激后由大脑合成的一种主观知觉，它是波长的函数，同时又受到人眼生理结构及感知颜色的心理活动等主观因素的影响。有很多颜色空间可以精确地表示任意一种颜色，但由于颜色感知所固有的主观性和非线性，它们大多不能直接运用于彩色图像处理，必须经过必要的非线性变换和视觉化处理(刘文耀，2002)。

颜色首先由牛顿在1666年"发现"，他观察到白光通过棱镜可以分解为从紫色到红色的一段连续光谱。通常，被人类感觉到的颜色称为光，它是一段连续的电磁波，波长为350～780nm。光由发光体产生，也可以由发光体通过物体反射，或通过半透明物体投射产生。神经生理学实验发现，在视网膜上存在三种不同的颜色感受器，它们是3种不同的锥体细胞，每一种有自己独特的光谱灵敏度和灵敏范围，感受到的颜色也就是我们通常所说的三原色：红色、绿色、蓝色，它们相应的波长分别为700nm、546.1nm、435.8nm。

在人的视觉系统中，形成视觉的视网膜细胞主要是锥细胞和柱细胞，这两种细胞分别对颜色和照度比较敏感。根据人眼的结构，所有颜色都可看作是3种基本颜色：红(red，R)、绿(green，G)和蓝(blue，B)的不同组合。但从心理学和视觉的角度出发，颜色有如下三个特性：色调(hue)、饱和度(saturation)和亮度(value)。所谓色调，是一种颜色区别于其他颜色的因素，也就是我们平常所说的红、绿、蓝、紫等。饱和度是指颜色的纯度，鲜红色饱和度高，而粉红色的饱和度低。亮度是与所观察物体明亮程度相关的视觉特性，由物体漫反射或漫透反射光的程度决定。与之相对应，从光学物理学的角度出发，颜色的三个特性分别为主波长(dominant wavelength)、纯度(purity)和明度(luminance)。主波长是产生颜色光的波长，对应于视觉感知的色调，光的纯度对应于饱和度，而明度就是光的亮度。这是从两个不同方面来描述颜色的特性。

颜色空间(也称颜色模型)的用途是在某些标准下简化的彩色规范。位于系统中的每种颜色都由单点来表示。颜色空间按照其应用大体分为三类。①面向设备的颜色空间。例如，RGB 颜色空间，该颜色空间用于彩色监视器和一大类彩色视频摄像机，CMY、CMYK 颜色空间是针对打印机的。②面向视觉感知的颜色空间。例如，HSV、HIS 颜色空间，更符合人描述和解释颜色的方式。③均匀颜色空间。例如，CIE $L^*a^*b^*$颜色空间和 CIE $L^*u^*v^*$颜色空间(Rafael and Richard，2005)。

RGB 颜色空间是图像处理中最基础、最常用的颜色空间，因为现有的图像采集设备最初采集到的颜色信息是 RGB 值,颜色显示设备最终使用的也是 RGB 值,图像处理中使用的其他颜色空间也是从 RGB 颜色空间转换来的。数字图像一般都采用 RGB 颜色空间来表示，它的三维空间包括 R、G、B 三个坐标轴，如图 3-1 所示。我们感兴趣的地方是个立方体，原点对应黑色，离原点最远的顶点对应白色，立方体与三个坐标轴的交点对应于三基色：红色、绿色和蓝色，剩余的三个顶点对应于三补色：品红(即红加蓝)、蓝绿(即绿加蓝)和黄(即红加绿)。在这个模型中，从黑到白的灰度值分布在从原点到离原点最远顶点间的连线上，而立方体内其余各点对应的不同颜色可以用该点到原点的向量来表示。为方便起见，可将立方体归一化为单位立方体，因此 R、G、B 的值都在区间[0,1]中。根据这个模型，每幅彩色图像包括 3 个独立的基色平面，或者说可分解到 3 个平面上。

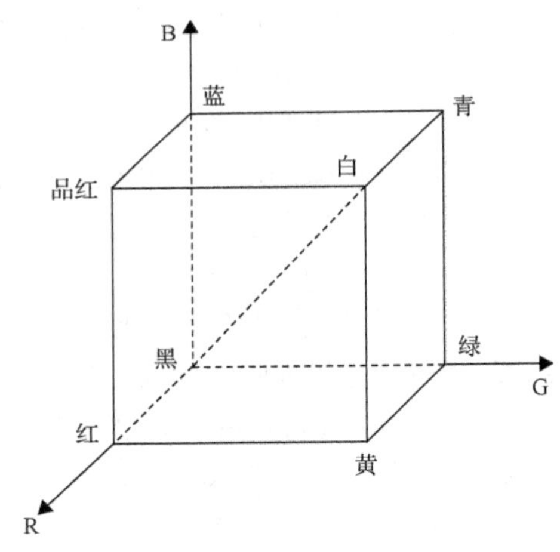

图 3-1　RGB 颜色空间模型

色觉的产生需要发光光源的光通过反射或投射的方式传递到眼睛，刺激视网膜细胞引起神经信号传输到大脑，然后人脑对此加以解释产生视觉。设组成颜色 C 所需的三个刺激量分别用 X、Y、Z 表示，三个刺激量与 R、G、B 有如下关系(章毓晋，1999)：

$$\begin{cases} X=0.409R+0.310G+0.200B \\ Y=0.177R+0.813G+0.010B \\ Z=0.000R+0.010G+0.990B \end{cases} \tag{3-1}$$

RGB 颜色空间的主要缺点是不直观，从 RGB 值中很难知道该值所表示颜色的认知属性，因此，RGB 颜色空间不符合人对颜色的感知心理。另外，RGB 颜色空间是最不均匀的颜色空间之一，两种颜色之间的知觉差异不能采用该颜色空间中两个颜色点之间的距离来表示。

HSV 模型对应于画家配色模型，它采用色调 H、饱和度 S 和亮度 V 来表示色彩，能较好地反映人对颜色的感知和鉴别能力。在 HSV 颜色模型中，色调 H 表示从一个物体反射过来的或透过物体的光波长，即光的颜色。不同波长的光呈现不同的颜色，具有不同的色调，如红、绿、蓝、黄等。饱和度 S 表示颜色的深浅或浓淡程度，饱和度的深浅与颜色中加入白色的比例有关，它反映了某种颜色被白光冲淡的程度。白色成分为 0，则饱和度为 100%；只有白色，则饱和度为 0。亮度 V 就是人眼感觉到的光的明暗程度，光波的能量越大，亮度越大。三个颜色分量之间相互独立。

HSV 颜色模型有两个重要特点：其一，亮度分量 V 与图像的彩色信息无关；其二，色调 H 和饱和度 S 两个分量与人眼感知颜色的方式接近，从而使得它非常适合借助于人类的视觉系统来感知颜色特征的图像处理算法。HSV 颜色模型可以用孟塞尔三维空间坐标系表示(图 3-2)。

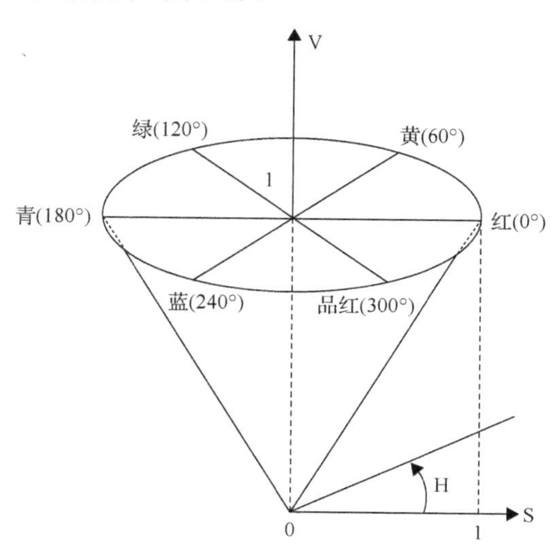

图 3-2　HSV 颜色空间模型

其中长轴表示亮度 V，通常用百分比度量，从黑 0 到白 100%，体现了光线的明暗程度。离开长轴的距离表示饱和度 S，即颜色的纯度，它也用百分比表示，从 0 到完全饱和 100%。围绕着轴的角度是色调 H，它用[0°, 360°]来表示，影响着人类视觉的判断。

CIE 于 1931 年确定了一个平面坐标系，通过确定一个坐标，就可以方便地表示某种颜色，如图 3-3 所示。这种颜色空间经过非线性变换后，原来的马蹄形光谱(图 3-3)轨迹不复保持。转换后的空间利用笛卡尔直角坐标系来表示，如图 3-4 所示。在这一坐标系统中，L^*为亮度值；a^*代表红绿坐标，正时偏红，负时偏绿；b^*代表黄蓝坐标，正时偏黄，负时偏蓝。

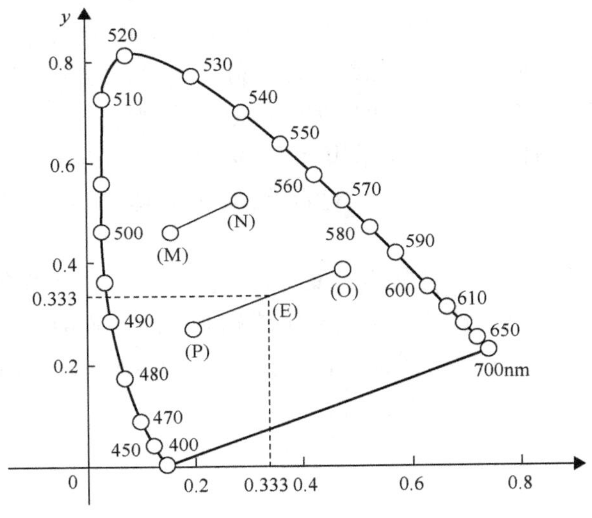

图 3-3　CIE XYZ 系统色品图

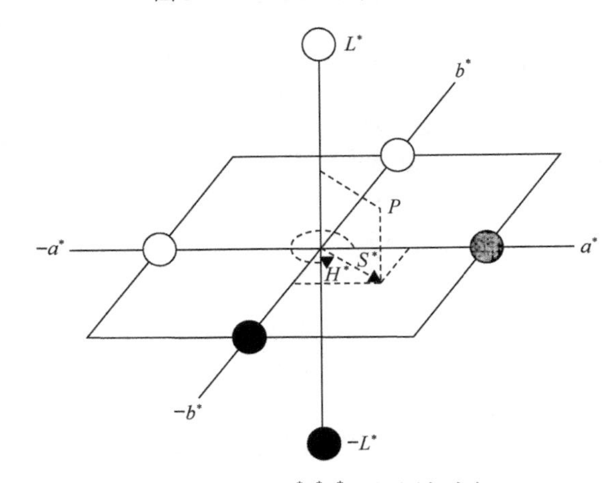

图 3-4　CIE $L^*a^*b^*$均匀颜色空间

均匀颜色空间本质上仍是面向视觉感知的颜色空间，只是在视觉感知方面更为均匀。在对颜色的感知、分类和鉴别中，对颜色的描述应该是越准确越好。从图像处理角度来看，对颜色的描述应该与人对颜色的感知越接近越好。从视觉均匀的角度来看，人所感知到的两种颜色的距离应该与这两个颜色在空间中的距离成比例较好。如果在颜色空间中任选一点，通过该点的任一方向上相同的距离能表示相同的颜色感觉变化，则称这样的颜色空间为均匀颜色空间。均匀颜色空间的确定是试图完全地按照人类对颜色的感知来划分颜色。颜色空间之间的特点比较参考表 3-1。

表 3-1　颜色空间特点比较

颜色空间	优点	缺点
RGB	便于显示	因具有高度相关性，不适合于颜色图像处理
HSV	基于人眼的色彩感知，在一些亮度变化的场合特别有用，因色调与耀斑、阴影无关，色调对区分不同颜色的物体非常有效	由于是非线性变换，在低饱和度区域，具有奇异性和不稳定性
CIE $L^*a^*b^*$	能够独立地控制色彩信息和亮度信息，能够直接用颜色空间的欧氏距离比较不同色彩，有效地用于测量小的色差	同其他非线性变换一样，存在奇异点问题

3.1.2　颜色特征

1. *颜色直方图*

颜色直方图是表示图像中颜色分布的一种方法，反映的是图像中颜色分布的统计值，它的横轴表示颜色值，纵轴表示具有相同颜色值的像素个数在整幅图像中所占的比例，直方图颜色空间中的每一个刻度表示了颜色空间中的一种颜色。对于一幅彩色数字图像，找到它在颜色簿中对应的颜色，并统计出该颜色出现的频数，就可以以量化后的颜色作为横坐标，纵坐标为各颜色出现的频数。

对灰度图像，可以直接利用其灰度直方图来进行分析。而对于彩色图像，常用的直方图主要有三种：三个独立的一维直方图、一个三维直方图和基于参考表的颜色直方图。其中，三个独立的一维直方图比较直观，它分别统计彩色图像三个分量的直方图。通常直方图的做法是首先要对 HSV 颜色空间进行适当的量化处理，再计算图像的直方图，以降低直方图的维数(维数一般小于 144 维)。直方图的特点如下。

(1) 采用直方图计算图像间的特征相似性比较简单，但它不能反映图像中对象的空间特征。

(2) 对彩色图像，可对其三个分量分别做直方图。

(3) 直方图没有原图像所具有的空间信息，只反映某一灰度值(或颜色值)像素所占的比例。通过灰度(或颜色值)直方图可以检查输入图像灰度(或颜色)值在可能利用灰度范围内分配的是否恰当。

(4) 对灰度图像可以利用直方图，确定二值化的阈值。如果直方图具有两个峰值，一个为背景，一个为对象物，分割两个区域的阈值由两个峰值之间的谷所对应的灰度值决定。

颜色直方图计算简单，而且具有平移以及旋转不变性，所以在目前的计算机图像检索方面得到广泛的应用，几乎所有的基于内容检索的图像数据库系统都包含基于颜色直方图的检索方法。

2. 颜色矩

颜色矩的方法认为颜色信息集中在图像颜色的低阶矩中，它主要对每种颜色分量的一阶、二阶和三阶矩进行统计。对于图像检索和识别来说，颜色矩是一种简单有效的颜色特征表示方法。一阶(均值)、二阶(方差)和三阶(斜度)等颜色矩可以很有效地表示图像中的颜色分布。这三个颜色矩的数学定义如下：

$$\text{均值：}\ \mu_i = \frac{1}{N}\sum_{j=1}^{N} f_{ij} \tag{3-2}$$

$$\text{方差：}\ \sigma_i = \sqrt{\frac{1}{N}\sum_{j=1}^{N}(f_{ij} - \mu_i)^2} \tag{3-3}$$

$$\text{斜度：}\ s_i = \sqrt[3]{\frac{1}{N}\sum_{j=1}^{N}(f_{ij} - \mu_i)^3} \tag{3-4}$$

式中，f_{ij} 表述图像某个颜色分量 i 的某一个像素值；μ_i 表述该分量 i 的像素均值。颜色矩已经成功地应用于许多基于内容的图像检索和识别系统，特别是对于图像中只包括一个目标的时候非常有效。由于采用 9 个数值(三个颜色坐标轴，每个坐标轴包括三个颜色矩)，所以相对于其他颜色特征而言，采用颜色矩表示颜色特征是一个非常紧凑的表示方法。也是因为这种简单性，使得采用颜色矩的检索与识别效果不是很好。但是可以把颜色矩当作图像的检索与识别的预处理方法。例如，在图像的检索中，通常采用颜色矩来对图像进行第一次过滤，去掉那些在特征上相差较大的图像，从而缩小检索的范围。

3. 颜色熵

根据颜色直方图特性和信息论中信息熵的概念，人们提出采用颜色图像的信息熵来表示颜色的特征，从而将图像的颜色直方图由多维降低到一维。如果我们将图像的颜色直方图看作是图像中不同颜色的像素在图像空间中出现的概率密度函数，则根据信息熵理论，图像的信息熵可表示为：

$$E(H)=-\sum_{c=1}^{n}h_c\log_2(h_c),\quad \forall_c\in C \tag{3-5}$$

试验中发现，虽然采用信息熵的方法可以有效地降低图像直方图特征的维数，但在利用颜色熵进行图像检索时，其分辨能力是较低的。因此，颜色熵特征往往也需要和其他图像特征相结合进行检索，在利用其他图像特征进行图像检索前，首先利用图像信息熵缩小检索范围。

4. CIE LAB 颜色空间色差

CIE 在 1976 年正式推荐了两个均匀颜色空间，即 CIE 1976 $L^*u^*v^*$（或 CIE LUV）颜色空间和 CIE 1976 $L^*a^*b^*$（或 CIE LAB）颜色空间。CIE LUV 颜色空间常用于显示器等加混色的描述，而 CIE LAB 颜色空间设计的初衷是用作物体表面色减混色的表示和评价。CIE LAB 颜色空间内两颜色的欧氏距离可以表示颜色的差别，即色差；两个颜色之间的 CIE LAB 色差为：

$$\Delta E_{ab}^*=\sqrt{(L_1^*-L_2^*)^2+(a_1^*-a_2^*)^2+(b_1^*-b_2^*)^2} \tag{3-6}$$

CIE LAB 是目前广泛使用的可计算色差参数的标准色度系统，本章采用该颜色系统的主要目的是用来计算木材样本类别之间的颜色差别。

3.2　基于 CIE 1976 $L^*a^*b^*$色差的木材分类识别

3.2.1　基于 CIE 1976 $L^*a^*b^*$色差的木材颜色特征提取

(1)在 $L^*a^*b^*$空间，计算单幅木材表面图像全部像素的 3 个色度分量值，再求出各分量的均值 L^*、a^*、b^*；以下公式中的 i 和 j 是指像素坐标。

$$L^*=\frac{1}{M\times N}\sum_{i=1}^{M}\sum_{j=1}^{N}L_{ij}^* \tag{3-7}$$

$$a^*=\frac{1}{M\times N}\sum_{i=1}^{M}\sum_{j=1}^{N}a_{ij}^* \tag{3-8}$$

$$b^*=\frac{1}{M\times N}\sum_{i=1}^{M}\sum_{j=1}^{N}b_{ij}^* \tag{3-9}$$

(2) 计算单幅木材表面图像色调角和彩度的均值。

$$Ag^* = \frac{1}{M \times N} \sum_{i=1}^{M} \sum_{j=1}^{N} \arctan\left(\frac{b_{ij}^*}{a_{ij}^*}\right) \tag{3-10}$$

$$C^* = \frac{1}{M \times N} \sum_{i=1}^{M} \sum_{j=1}^{N} \sqrt{(a_{ij}^*)^2 + (b_{ij}^*)^2} \tag{3-11}$$

(3) 计算单幅图像各像素颜色参数与颜色均值之间的色差参数的均值。

$$\Delta L^* = \frac{1}{M \times N} \sum_{i=1}^{M} \sum_{j=1}^{N} \left| L_{ij}^* - \overline{L^*} \right| \tag{3-12}$$

$$\Delta a^* = \frac{1}{M \times N} \sum_{i=1}^{M} \sum_{j=1}^{N} \left| a_{ij}^* - \overline{a^*} \right| \tag{3-13}$$

$$\Delta b^* = \frac{1}{M \times N} \sum_{i=1}^{M} \sum_{j=1}^{N} \left| b_{ij}^* - \overline{b^*} \right| \tag{3-14}$$

$$\Delta Ag^* = \frac{1}{M \times N} \sum_{i=1}^{M} \sum_{j=1}^{N} \left| Ag_{ij}^* - \overline{Ag^*} \right| \tag{3-15}$$

$$\Delta C^* = \frac{1}{M \times N} \sum_{i=1}^{M} \sum_{j=1}^{N} \left| C_{ij}^* - \overline{C^*} \right| \tag{3-16}$$

$$\Delta E^* = \frac{1}{M \times N} \sum_{i=1}^{M} \sum_{j=1}^{N} \sqrt{(L_{ij}^* - \overline{L^*})^2 + (a_{ij}^* - \overline{a^*})^2 + (b_{ij}^* - \overline{b^*})^2} \tag{3-17}$$

$$\Delta H^* = \frac{1}{M \times N} \sum_{i=1}^{M} \sum_{j=1}^{N} \sqrt{(\Delta E^*)^2 - (\Delta L^*)^2 + (\Delta C^*)^2} \tag{3-18}$$

(4) 在已知整幅图像色差参数均值后，计算图像各像素色差参数的标准差，包括：

$$D\Delta L^* = \frac{1}{M \times N} \sum_{i=1}^{M} \sum_{j=1}^{N} \sqrt{(\Delta L_{ij}^* - \overline{\Delta L^*})^2} \tag{3-19}$$

$$D\Delta a^* = \frac{1}{M \times N} \sum_{i=1}^{M} \sum_{j=1}^{N} \sqrt{(\Delta a_{ij}^* - \overline{\Delta a^*})^2} \tag{3-20}$$

$$D\Delta b^* = \frac{1}{M \times N}\sum_{i=1}^{M}\sum_{j=1}^{N}\sqrt{(\Delta b_{ij}^* - \overline{\Delta b^*})^2} \tag{3-21}$$

$$D\Delta Ag^* = \frac{1}{M \times N}\sum_{i=1}^{M}\sum_{j=1}^{N}\sqrt{(\Delta Ag_{ij}^* - \overline{\Delta Ag^*})^2} \tag{3-22}$$

$$D\Delta C^* = \frac{1}{M \times N}\sum_{i=1}^{M}\sum_{j=1}^{N}\sqrt{(\Delta C_{ij}^* - \overline{\Delta C^*})^2} \tag{3-23}$$

$$D\Delta E^* = \frac{1}{M \times N}\sum_{i=1}^{M}\sum_{j=1}^{N}\sqrt{(\Delta E_{ij}^* - \overline{\Delta E^*})^2} \tag{3-24}$$

$$D\Delta H^* = \frac{1}{M \times N}\sum_{i=1}^{M}\sum_{j=1}^{N}\sqrt{(\Delta H_{ij}^* - \overline{\Delta H^*})^2} \tag{3-25}$$

(5) 计算木材树种样本库中全部 10 类图像(每类 100 幅)的上述 5 个颜色参数均值和 7 个色差参数均值以及 7 个色差参数的标准差共计 19 个参数，以此来分析各类别木材样本的颜色和色差情况。

3.2.2　基于 CIE 1976 $L^*a^*b^*$ 色差的木材分类测试结果

采用 BP 神经网络和 K 近邻分类器对样本库中的 500 个测试样本进行了分类，分类正确率如表 3-2 所示，这里选取分类效果比较好的特征数为 9 个和 17 个的测试结果。其中 BP 神经网络后括号中标注的为其训练函数。3 层 BP 网络参数的选择是输入层节点，即为输入的参数个数；隐含层节点数根据经验公式计算后设定为与其相近的整数；输出层节点个数即为样本类别数为 10。隐含层的传递函数为 tansig，输出层传递函数为 logsig，分别采用训练函数 trainlm 和 trainbr，最大训练次数设定为 1000，训练目标为 1e-3。实验中，采用两种训练函数进行训练都很快达到了收敛(戴天虹，2008)。

表 3-2　基于 $L^*a^*b^*$ 色差特征的木材分类测试结果

参数个数	分类器	白桦径切	白桦弦切	红松径切	红松弦切	落叶松径切	落叶松弦切	水曲柳径切	水曲柳弦切	柞木径切	柞木弦切	平均正确率/%
9	BP(trainbr)	98	100	90	98	100	98	100	100	100	100	98.4
9	BP(trainlm)	100	100	88	98	100	98	100	100	100	100	98.4
9	K 近邻	100	100	92	98	100	98	100	100	100	96	98.4
17	BP(trainbr)	100	100	94	94	98	98	100	100	100	98	98.2
17	BP(trainlm)	100	100	92	96	100	92	100	100	100	98	98.6
17	K 近邻	100	100	92	96	100	92	100	100	100	98	97.8

从表 3-2 可以看出，BP 神经网络和 K 近邻这两种分类器得到的分类平均正确率都在 95%以上，其中白桦和水曲柳的径切和弦切的分类识别率较好，很多都达到了 100%全部正确，而红松的径切和弦切分类正确率相对要低，有几组在 90%以下。特征选择得到的参数组合中，当特征数为 9 时，K 近邻分类器的分类正确率很高，达到了 98.4%，而采用 BP 神经网络的分类结果也达到了 98.4%。而在 17 个参数组合时，采用 trainlm 训练函数的 BP 神经网络的分类结果最好为 98.6%，仅高出 0.2%。因此，综合考虑，采用 9 个参数组合的 $L^*a^*b^*$参数分类效果最好，而 K 近邻分类器和 BP 神经网络具有同样的分类效果。9 个参数组合的 $L^*a^*b^*$参数中包含了 3 个颜色参数和 6 个色差参数，即为(L^*, a^*, Ag^*, Δa^*, Δb^*, ΔAg^*, ΔC^*, ΔE^*, $D\Delta L^*$)。

3.3 基于颜色矩的分类识别

3.3.1 颜色矩特征的选取

为了解决颜色直方图法需要量化颜色空间及丢失颜色信息的弊端，这里还使用了颜色矩(color moments)方法。颜色矩是一种简单而有效的颜色特征。这种方法克服直方图特征矢量维数较高，计算复杂的缺点。它的另一个优点是不需要进行色彩量化、平滑等后续处理，颜色矩方法的思想在于图像中任何的颜色分布均可以用它的各阶矩来表征，因此这里采用 3.1.2 中 2.的颜色矩公式。

研究表明，对于图像颜色组织特征，颜色矩是一种简单而有效的颜色特征表示方法，而且颜色分布的大部分信息集中在它的低阶矩上，因此仅采用颜色矩阵的一阶原点矩(mean)、二阶中心矩(variance)和三阶中心矩(skewness)就足以表达图像的颜色分布，这种近似的方法能够十分有效地表征图像的颜色分布，从中可以看出颜色的差异(色差)。

本研究在 HSV 颜色空间，对每个颜色分量的一阶原点矩(均值)、二阶中心矩(方差)和三阶中心矩(斜度)进行统计。一阶原点矩是一个刻画随机变量取值中心的量，即木材图像每一个颜色通道的颜色平均值。二阶中心矩是用于刻画随机变量围绕均值的散布程度的量。具体的图像矩阵中，像素值作为随机变量，其方差越小，像素的取值就越集中在均值附近，表明木材图像颜色一致性越好；反之方差越大，像素的取值向均值左右两边散开的程度就越大，木材颜色色差就越大。三阶中心矩是测量随机变量围绕均值不对称程度的一个数字特征。若样本的频数分布对均值而言是对称的，则三阶中心矩为 0。若分布不对称，则频率曲线在均值左方或右方会有一个“长尾”，说明分布是正偏或负偏的。不论正偏或负偏，一旦偏斜度很大，则说明数据是不均匀的，不服从正态分布。

计算机直接获取的木材图像是 RGB 图像，首先完成从 RGB 颜色模型向 HSV 颜色模型的转换，在 HSV 颜色空间对木材图像的 H、S、V 三个矩阵分别提取一阶原点矩、二阶中心矩、三阶中心矩共 9 个特征参数。

3.3.2 基于颜色矩特征的分类实验结果

不同个数特征参数下 BP 神经网络和K 近邻分类器的分类结果如表 3-3 所示。这里选取正确率比较好的特征数为 6 个和 9 个的测试结果(戴天虹，2008)。

表 3-3 基于颜色矩特征的分类正确率

参数个数	分类器	白桦径切	白桦弦切	红松径切	红松弦切	落叶松径切	落叶松弦切	水曲柳径切	水曲柳弦切	柞木径切	柞木弦切	平均正确率/%
6	BP(trainbr)	100	98	92	92	96	96	100	98	92	96	96
	BP(trainlm)	98	100	86	92	100	98	100	96	100	94	96.4
	K 近邻	96	92	92	84	90	68	100	98	92	88	90
9	BP(trainbr)	100	98	92	94	100	98	100	100	94	96	97.2
	BP(trainlm)	100	100	92	96	100	98	98	100	100	96	98
	K 近邻	100	74	76	60	78	54	96	96	86	58	77.8

从分类的正确率来看，K 近邻分类器的最大值出现在特征个数为 6 个时，达到最高正确率 90%；而两种不同训练函数的 BP 神经网络的分类正确率的最大值都出现在特征个数为 9 个时，此时的K 近邻器分类结果为 77.8%。综合考虑，颜色矩参数 6 个时最佳。

3.4 基于直方图的分类识别

3.4.1 颜色直方图特征的选取

颜色直方图是表示图像中颜色分布的一种统计特征，纵轴表示具有相同颜色值的像素数在整幅图像中所占的比例。颜色直方图计算简单，而且具有尺度、平移以及旋转不变性，目前几乎所有的基于内容检索的图像数据库系统都包含基于颜色直方图的检索方法。要建立颜色特征的直方图表达，首先需要量化颜色空间，常用的方法有均匀量化和矢量量化。颜色空间被量化为 m 种颜色，统计图像中每种颜色的出现频度得到颜色直方图。

$$p(l)=\frac{n_l}{n},\quad l=1,2,\cdots,m \tag{3-26}$$

式中，n_l 为颜色灰度级 l 的像素数；n 为图像的总像素数。在图像分析中，一般并不直接分析直方图数据，而是采用以下几个从直方图上计算出的二次特征作为图像的统计特征，分别是直方图均值、方差、偏度、峰度、能量和熵。

$$\begin{cases} \bar{l}=\sum_{l=1}^{m} l p(l) \\ l_1=\sum_{l=1}^{m}(l-\bar{l})^2 p(l) \\ l_2=\sum_{l=1}^{m}(l-\bar{l})^3 p(l) \\ l_3=\sum_{l=1}^{m}(l-\bar{l})^4 p(l) \\ l_4=\sum_{l=1}^{m} p(l)^2 \\ l_5=-\sum_{l=1}^{m} p(l)\log(p(l)) \end{cases} \tag{3-27}$$

直方图均值描述木材图像颜色直方图 l 值的取值中心情况，直方图方差是对 l 值分布的分散性度量，直方图偏度是对 l 值分布偏离对称情况的度量，直方图峰度是描述 l 值分布的倾向是聚集于均值附近还是散布于尾端的度量。能量是木材图像直方图 l 颜色值均匀性的度量，反映了图像颜色分布的均匀程度；熵度量图像颜色的随机性，对于等概率的分布具有最小的能量和最大的熵。

由于 HSV 颜色空间的特点是其本身的颜色参量间相关性差，因此在 HSV 颜色空间进行颜色信息的直方图统计，可以减小因为量化颜色空间而带来的误差，由于计算机输入的图像是 RGB 图像，因此需要进行颜色模型转换，转换后得到 HSV 图像。本研究在转换后的 HSV 颜色空间求取木材表面图像每个分量的颜色直方图，每个颜色分量均量化为 256 个单位，这样就形成了三个 256 柄的颜色直方图，$p_k(l)$，k=1, 2, 3；l=1, 2, ···, 256。其中，k=1, 2, 3 分别表示 H、S、V 分量的颜色直方图，用它们来表达木材图像的颜色分布情况。然后，再计算这三个直方图的上述 6 个直方图参数，形成 18 维颜色特征向量。

3.4.2　基于颜色直方图特征的分类实验结果

不同个数特征参数组合下采用 BP 神经网络和 K 近邻分类器的分类正确率如表 3-4 所示。这里选取正确率比较好的特征数为 6 个和 14 个的测试结果，参见表 3-4（戴天虹，2008）。

表 3-4　基于颜色直方图特征的分类正确率

参数个数	分类器	白桦径切	白桦弦切	红松径切	红松弦切	落叶松径切	落叶松弦切	水曲柳径切	水曲柳弦切	柞木径切	柞木弦切	平均正确率/%
6	BP(trainbr)	100	100	96	90	94	94	100	100	100	100	97.4
	BP(trainlm)	100	100	94	96	98	96	100	100	98	92	97.4
	K 近邻	100	100	100	96	100	98	98	100	100	92	98.4
14	BP(trainbr)	100	100	90	98	100	98	100	100	100	100	98.6
	BP(trainlm)	100	100	94	96	100	100	100	100	100	98	98.8
	K 近邻	100	100	100	90	98	100	98	100	100	92	97.8

从分类的正确率来看，在各种参数组合下，两种分类器的总体识别率都在 96%以上，K 近邻分类器在特征数为 6 个时就出现了最大值 98.4%，而采用 trainlm 训练函数和 trainbr 训练函数的 BP 神经网络的分类结果都在特征数为 14 个时达到了最大值 98.6%和 98.8%，此时 K 近邻分类结果为次优值 97.8%。因此，结合最优值变化曲线和各分类器的分类结果，以最高分类正确率为目标，最终选择 14 个特征参数作为直方图的特征。

3.5　基于主颜色的分类识别

3.5.1　主颜色的概念

特征的维数是模式识别非常重要的一个问题，如何降低特征维数，减少运算量，是当今研究的一个重要课题之一。本节提出了主颜色的概念，其目的是降低特征的维数，提高运行速度，以达到在实际生产过程中很好的应用(戴天虹，2008)。

颜色直方图是颜色信息的函数，它表示图像中具有相同颜色级别的像素的个数，其横坐标是颜色级别，纵坐标是颜色出现的频率(像素的个数)。

式(3-28)～式(3-30)可以确定量化级数，并获得了相应的 72 维的颜色直方图。这样，就可以根据直方图中颜色出现频数最大的几种颜色获取图像的主颜色了。具体的颜色量化方法如下：

$$H=\begin{cases}0, h\subset[0^\circ, 20^\circ]\cup[315^\circ, 360^\circ]\\ 1, h\in(20^\circ, 40^\circ]\\ 2, h\in(40^\circ, 75^\circ]\\ 3, h\in(75^\circ, 155^\circ]\\ 4, h\in(155^\circ, 190^\circ]\\ 5, h\in(190^\circ, 270^\circ]\\ 6, h\in(270^\circ, 295^\circ]\\ 7, h\in(295^\circ, 315^\circ]\end{cases} \tag{3-28}$$

$$S=\begin{cases}0, s\in[0,0.2]\\1, s\in(0.2,0.7]\\2, s\in(0.7,1]\end{cases} \tag{3-29}$$

$$V=\begin{cases}0, v\in[0,0.2]\\1, v\in(0.2,0.7]\\2, v\in(0.7,1]\end{cases} \tag{3-30}$$

然后，再根据下面的公式构造一维特征向量，求得 I 取值范围是[0, 1,…, 71]，从而得到 72 维的颜色直方图。

$$I=9H+3S+V \tag{3-31}$$

3.5.2 主颜色的特征提取及分类结果

选取了 5 个树种板材，即白桦径切、白桦弦切、红松径切、红松弦切、落叶松径切、落叶松弦切、水曲柳径切、水曲柳弦切、柞木径切和柞木弦切，每一树种每一类建立一幅标准图像为模板，总共 10 个模板。采用了 HSV 空间模型，按照上面的量化方法将颜色进行了 72 维的非均匀量化，形成一维矢量以求取其颜色直方图。然后将颜色直方图中各个颜色分量的频数作为图像的颜色特征指标的分量与模板进行相似性度量，从而得到主颜色特征的分类结果。

从频数最大到最小提取主颜色特征，与标准模板进行相似性度量。再利用 K 近邻分类器、径向基函数神经网络(RBF)分类器和概率神经网络(PNN)分类器进行分类实验。分类实验采用训练样本库每类随机选取 30 个样本(共 300 个)，测试样本库每类余下随机选取 40 个样本(共 400 个)，分类结果如表 3-5～表 3-7 所示。

表 3-5 基于 K 近邻分类器的分类正确率

主颜色个数	平均正确率/%	白桦径切	白桦弦切	红松径切	红松弦切	落叶松径切	落叶松弦切	水曲柳径切	水曲柳弦切	柞木径切	柞木弦切
3	82.75	87.5	100	100	57.5	92.5	100	65	100	27.5	97.5
4	95.5	87.5	95	97.5	97.5	92.5	95	92.5	100	100	97.5
5	94	80	95	97.5	95	90	95	92.5	100	97.5	97.5
6	94.5	80	90	100	82.5	97.5	100	97.5	100	100	97.5
7	91.25	77.5	97.5	90	65	95	90	100	100	100	97.5
8	91.5	90	97.5	82.5	50	95	92.5	80	100	100	97.5
9	88.75	90	100	82.5	50	95	92.5	80	100	100	97.5
15	92.25	95	90	87.5	72.5	97.5	97.5	85	100	100	97.5

续表

主颜色个数	平均正确率/%	白桦径切	白桦弦切	红松径切	红松弦切	落叶松径切	落叶松弦切	水曲柳径切	水曲柳弦切	柞木径切	柞木弦切
25	97.25	95	100	95	87.5	97.5	100	97.5	100	100	100
35	97	95	100	90	87.5	97.5	100	100	100	100	100
45	97.25	95	100	92.5	97.5	95	100	100	95	100	97.5
55	96.25	100	100	75	95	97.5	92.5	92.5	100	95	97.5
65	94.5	100	100	75	95	97.5	92.5	92.5	100	95	97.5
71	95	100	100	75	97.5	97.5	92.5	92.5	100	95	100
72	95	100	100	75	97.5	97.5	92.5	92.5	100	95	100

表 3-6　基于 RBF 分类器的分类正确率

主颜色个数	平均正确率/%	白桦径切	白桦弦切	红松径切	红松弦切	落叶松径切	落叶松弦切	水曲柳径切	水曲柳弦切	柞木径切	柞木弦切
3	64.5	77.5	67.5	20	85	92.5	100	37.5	87.5	77.5	0
4	86.25	67.5	70	97.5	75	95	90	82.5	90	100	95
5	90.25	80	95	95	70	92.5	95	92.5	87.5	97.5	97.5
6	87.25	80	100	87.5	50	92.5	95	82.5	90	97.5	97.5
7	90.5	77.5	100	100	62.5	87.5	92.5	95	95	97.5	97.5
8	90	77.5	97.5	95	65	80	90	100	100	97.5	97.5
9	85.75	85	97.5	85	55	72.5	80	92.5	97.5	95	97.5
10	80.5	75	97.5	82.5	50	60	72.5	80	95	97.5	95
20	84.25	90	90	80	65	82.5	77.5	80	92.5	92.5	92.5
30	96.75	95	100	92.5	90	100	100	97.5	92.5	100	100
40	97	95	100	95	95	100	100	95	92.5	97.5	100
50	98	100	100	97.5	97.5	100	100	95	92.5	97.5	100
60	95.5	100	100	90	95	100	100	90	92.5	92.5	95
70	94	100	100	82.5	92.5	100	100	80	97.5	90	97.5
71	94	100	100	82.5	92.5	100	100	80	97.5	90	97.5
72	94	100	100	82.5	92.5	100	100	80	97.5	90	97.5

表 3-7　基于 PNN 分类器的分类正确率

主颜色个数	平均正确率/%	白桦径切	白桦弦切	红松径切	红松弦切	落叶松径切	落叶松弦切	水曲柳径切	水曲柳弦切	柞木径切	柞木弦切
3	59.25	22.5	67.5	75	10	87.5	90	35	62.5	77.5	65
4	78.5	67.5	70	92.5	77.5	75	85	70	87.5	77.5	82.5
5	81.5	70	95	92.5	47.5	77.5	85	85	87.5	100	75
6	83.75	77.5	95	75	45	90	90	87.5	82.5	100	95
7	86.5	70	97.5	77.5	50	97.5	95	92.5	87.5	100	97.5

续表

主颜色个数	平均正确率/%	白桦径切	白桦弦切	红松径切	红松弦切	落叶松径切	落叶松弦切	水曲柳径切	水曲柳弦切	柞木径切	柞木弦切
8	87.75	90	97.5	77.5	47.5	80	97.5	92.5	97.5	100	97.5
9	88	87.5	100	85	47.5	87.5	95	80	100	100	97.5
10	89.5	92.5	100	92.5	42.5	97.5	95	77.5	100	100	97.5
20	95.25	92.5	100	87.5	90	92.5	95	95	100	100	100
30	97.5	95	100	95	87.5	97.5	100	100	100	100	100
40	96	95	97.5	90	90	95	100	97.5	95	100	100
50	96.75	100	100	87.5	97.5	95	95	100	95	100	97.5
60	95.75	100	100	77.5	97.5	97.5	92.5	97.5	100	97.5	97.5
70	95	100	100	75	97.5	97.5	92.5	92.5	100	95	100
71	95	100	100	75	97.5	97.5	92.5	92.5	100	95	100
72	95	100	100	75	97.5	97.5	92.5	92.5	100	95	100

参 考 文 献

戴天虹. 2008. 基于计算机视觉的木质板材颜色分类方法的研究. 哈尔滨：东北林业大学博士学位论文.

刘文耀. 2002. 光电图像处理. 北京：电子工业出版社.

章瑜晋. 1999. 图像工程(上下册). 北京：清华大学出版社.

Rafael C G, Richard E W. 2005. 数字图像处理. 北京：电子工业出版社.

第 4 章　木材树种纹理特征分类识别

4.1　木材纹理特点及定量化

4.1.1　木材纹理的特点

木材纹理在天然生长过程中形成，它由生长轮、木射线、轴向薄壁组织等解剖分子相互交织而产生，其主要基调形式来自于生长轮，由导管、管胞、木纤维、射线薄壁组织等细胞的微观排列图形构成生长轮。因此无论从任何角度进行切削，都产生非交叉的、近似于平行的直线或曲线图形。通常，木材的横切面上呈现同心圆状花纹，径切面上呈现平行的条形带状花纹、弦切面上呈现抛物线状花纹(于海鹏，2005)。

4.1.2　木材纹理定量化分析的意义

传统的纹理定性描述既无法获得大量的信息，也存在语言表述上的不清晰或语义上的不具体，急待于取得定量描述的突破。解决木材纹理的定量化，将在以下方面具有重要意义。

首先，纹理定量化的成功无疑将填补木材科学中该领域的空白，对纹理在感觉上合理的描述也能以定量的纹理参数测量值来表征出来，而且可与已定量化表征的材色、光泽度物理量参数联立起来，进一步丰富木材物理学的研究成果，有助于阐明哪些纹理特征对引起人的视觉感知是重要的。

其次，从人类视觉的观点来看，各种不同的纹理算法与人类视觉系统的作用相似。由此出发，通过分析纹理来研究如何用一种有效的手段来模拟人脑理解纹理特征的能力，借助计算机强大的数据处理能力，达到对纹理快速、准确、有效的识别，提取各种有用的木材信息(如木材树种)。

最后，木材纹理定量模型的建立有应用于实践的具体指导意义，将对木材纹理的计算机表达、视觉模拟及基于纹理特征的木材质量检测分级起着积极的促进作用。

4.2　木材纹理特征量检测

基于数字图像处理学理论，有规则的灰度变化才形成纹理，纹理是灰度分布的周期性体现。即便灰度变化是随机的，它也具有一定的统计特性。所以对纹理的分析也需要从纹理的灰度变动特性进行。取典型木材径向切面的纹理图像(图 4-1)，沿垂直于纹理方向横向扫描得到图像宽度范围内的纹理灰度变化数据，如图 4-2 所示。

图 4-1　典型的木材径向切面纹理图像

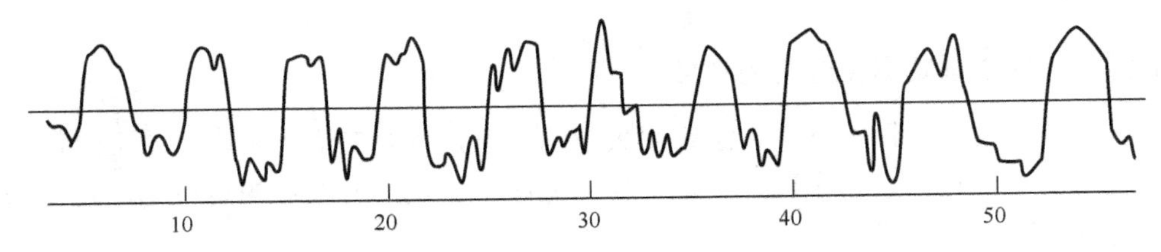

图 4-2　横向扫描纹理区域所得到的灰度变化图

由图 4-2 可看出，木材纹理灰度基本呈周期性变化，每一个周期由若干个灰度像素点构成，周期长度和周期内灰度的最大变动幅值基本相等。

4.2.1　木材纹理灰度的自相关特性

纹理灰度的自相关特性可由相邻像素点之间的散点图来分析(图 4-3)。散点图是根据相邻两像素的灰度值，以前一灰度值为横坐标，后一灰度值为纵坐标而描点绘图。散点图中的各散点以 45°角直线为轴心分布，长轴反映灰度值的变化范围，散点接近原点，则灰度的整体变动范围小；散点远离原点，则灰度的整体变动范围大。短轴即垂直于 45°线散开的程度，反映灰度值的变化幅度大小；如果短轴的宽度较大，则说明前后像点之间的变动幅度较大，反之则较小。

分析图 4-3 可知，数据点基本都在 45°直线附近分布，呈线性关系。长轴宽度很大，短轴宽度较小，说明在很大的灰度变化范围内，相邻灰度点之间的相关性均很密切，不随灰度的绝对值变化而改变，说明了木材纹理灰度的自相关特性。

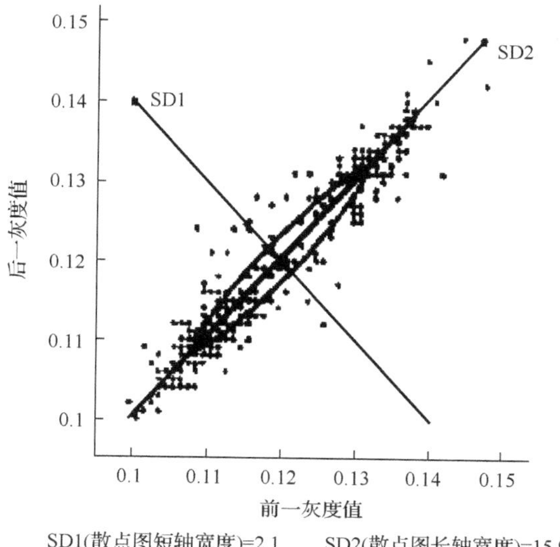

图 4-3　相邻像素灰度值的自相关散点图

4.2.2　木材纹理灰度差值的变动特征

1. 纹理灰度差值的散点图分析

每相邻两像素灰度值之间的差值可反映纹理细微变动的幅度，相应的数据可形成纹理灰度差值系列，如图 4-4 所示。纹理灰度差值数据的自相关散点图见图 4-5。

分析图 4-4 可知，灰度差值以基线为水平线而上下波动，说明灰度的改变并不定向；整体上多数数据紧贴基线或在基线附近，说明产生这些数据的相邻两像素点的灰度变动极小；灰度差值的极大值一般呈周期性出现，且规律为正向极大差值和负向极大差值相间隔出现。

分析图 4-5 可知，数据点的分布虽比较密集，但并不紧贴 45°直线附近，说明在灰度差值变化的整个范围内，木材纹理灰度的变动幅值在一定范围内呈随机变化，但相关性不很密切。此外，从长轴、短轴的宽度来看，灰度差值的变动幅度是不大的，即木材纹理灰度呈一个小范围的随机变动，故不会引起视觉的敏感和刺激。

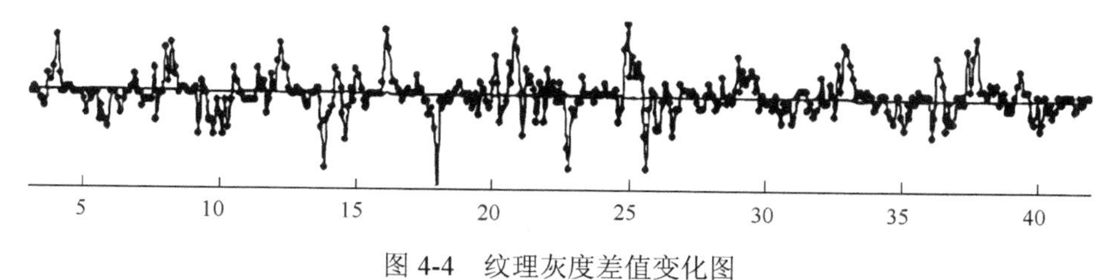

图 4-4　纹理灰度差值变化图

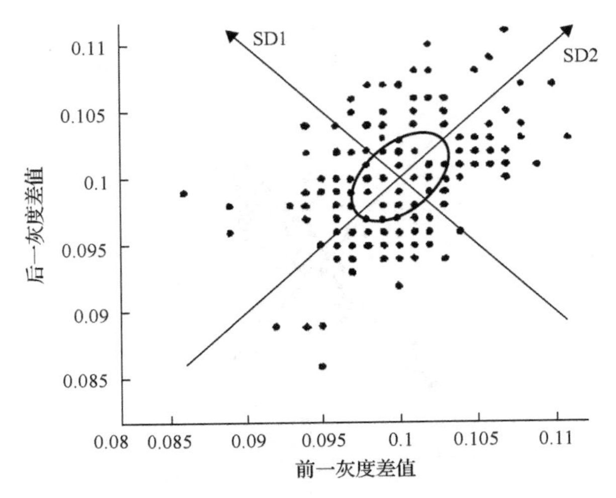

图 4-5　相邻像素灰度差值的自相关散点图

2. 纹理灰度差值的频谱分析

利用纹理灰度差值数据系列画出自回归模型功率谱图和快速傅里叶变换功率谱图，如图 4-6 所示，并分析它们所表达的木材纹理灰度差值的频谱特征。

从图 4-6 中可以看出，在极低频(0～0.04Hz)和低频(0.04～0.15Hz)范围内，灰度差值的功率谱密度(PSD)值均较低，而在高频(0.15～0.4Hz)范围内却出现功率谱密度值的明显谱峰；功率谱能量值的比约为(极低频+低频)/高频 0.29(AR 功率谱)或 0.16(FFT 功率谱)，显示灰度变动的差值以高频为主，只间或出现灰度的低频跳变，与图 4-4 和图 4-5 表达的信息可以相互印证。

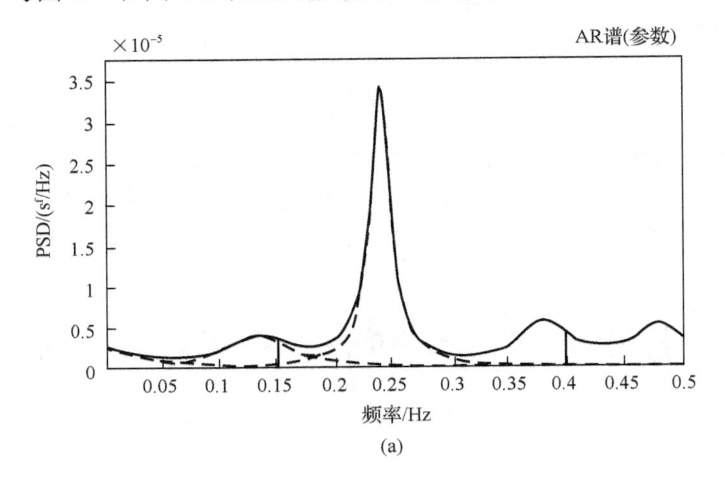

(a)

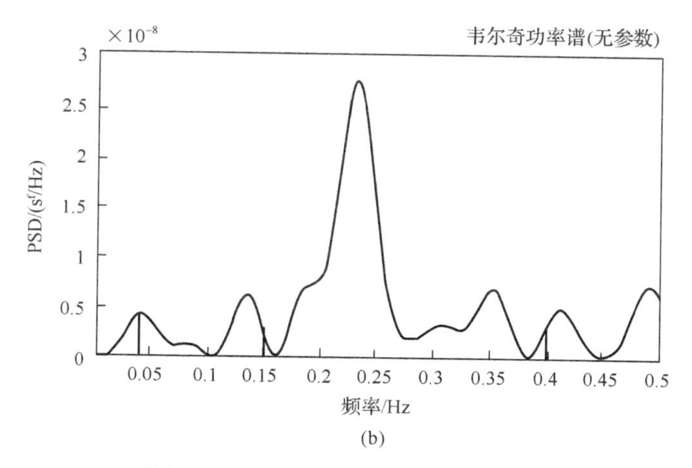

(b)

图 4-6　木材纹理灰度差值的功率谱图

(a) 自回归模型功率谱图；(b) 快速傅里叶变换功率谱图

3. 木材纹理的灰度变动规律

综合以上的分析结果，可以总结出木材纹理灰度变动的规律。在一个纹理灰度变动周期内，绝大多数相邻像素间的灰度值一般具有很高的自相关性，灰度值的变动一般呈现高频度、小幅值、随机性的特点。而处在相邻周期衔接处的像素点之间一般自相关性不密切，灰度差的变动往往呈现低频度、大幅值、有规律的特点，此处一般对应视觉上纹理灰度的跳跃部位。在整个图像区域内，若干个纹理周期的特点表现为总体相似，但不完全相同。

4.2.3　木材纹理的灰度差分统计

设图像中某个像点 (x, y) 与和它只有微小距离 $\delta=(\Delta x, \Delta y)$ 的像点 $(x+\Delta x, y+\Delta y)$ 的灰度差值为 $g_\Delta(x, y)=g(x, y)-g(x+\Delta x, y+\Delta y)$，则 g_Δ 称为灰度差分。

1. 纹理灰度差分直方图

设灰度差分值的所有可能取值共有 m 级，令点 (x, y) 在整个图像上移动，计算出 $g_\Delta(x, y)$ 取各个数值的次数，由此可做出灰度差分 $g_\Delta(x, y)$ 的直方图。由直方图可以知道 $g_\Delta(x, y)$ 取值的概率 $p_\Delta(i)$。当 $g_\Delta(x, y)$ 取较小值，而概率 $p_\Delta(i)$ 较大时，表明图像上相邻像素间灰度差小的比例较高，纹理较粗糙；反之，$g_\Delta(x, y)$ 取较大值、而概率 $p_\Delta(i)$ 较小时，说明纹理较细。而且概率较大值越靠近坐标原点，纹理就越粗；当概率分布较均匀时，则表示纹理相对较细。

2. 不同纹理特征的灰度差分统计参数比较

与纹理灰度值的一阶直方图统计参数相似，对于纹理灰度的差分值规律，也可以使用以下 4 个统计特征参数来描述，即常用的均值、方差、偏态和峰度。其中，均值反映纹理图像总体灰度差的平均水平，方差表示了纹理图像上灰度差的离散程度，强调了图像上灰度差分大的部分所占的概率大小，灰度差分大的部分的概率越高，则对比度越大。偏态反映灰度直方图的不对称性程度，即灰度差偏离平均值的程度。峰度反映灰度直方图的分布在均值周围的集中程度。选用包括木材在内的具有不同纹理特征的材料，对它们做灰度差分统计分析，计算其特征参数值，列于表 4-1。

表 4-1　不同纹理间的灰度差分统计参数比较效果

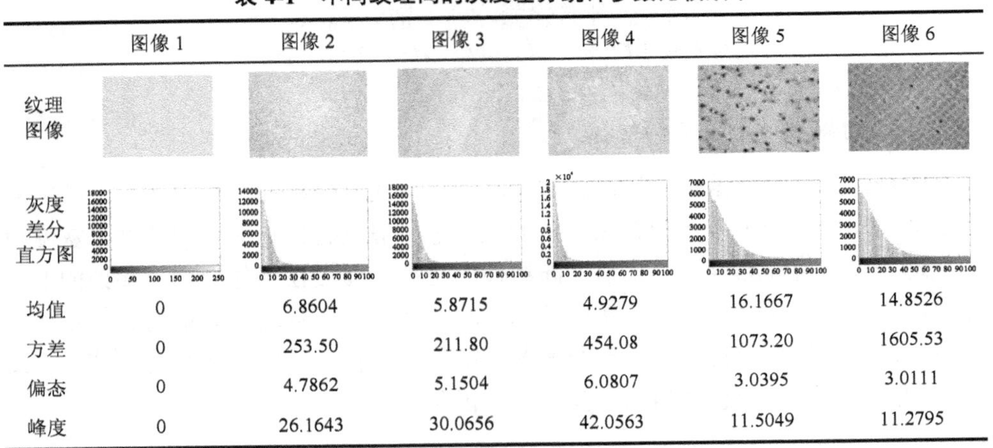

	图像 1	图像 2	图像 3	图像 4	图像 5	图像 6
纹理图像						
灰度差分直方图						
均值	0	6.8604	5.8715	4.9279	16.1667	14.8526
方差	0	253.50	211.80	454.08	1073.20	1605.53
偏态	0	4.7862	5.1504	6.0807	3.0395	3.0111
峰度	0	26.1643	30.0656	42.0563	11.5049	11.2795

从表 4-1 中可以看出，不同纹理的灰度差分统计特征参数值不同。对于 1 号图像，因为所有像素点的灰度都一致，不存在差分值，所以各参数值均为 0。对于其他 5 幅图像，通过特征参数值的比较可发现：2 号、3 号和 4 号图像的差分直方图均值偏低，而 5 号和 6 号的差分直方图均值偏高，可说明 2 号、3 号和 4 号图属中弱纹理，纹理间的灰度变化比较细微，过渡较缓。方差值的规律与均值相同，同样说明了不同纹理间灰度差值大小的差异。偏态和峰度值以 4 号图像为最高，而 5、6 号图像的峰度值和偏态值较小，反映了它们灰度差分布较散。以上说明，纹理灰度差分统计参数能够较好反映纹理灰度的分布和变动特性。

4.2.4　小结

首先，通过相邻纹理像素灰度值间的自相关散点图、纹理灰度差值的自相关散点图以及功率谱图，分析了木材纹理灰度的自相关性，即纹理灰度的变动规律——

在一个纹理灰度变动周期内，绝大多数相邻像素间的灰度值具有很高的自相关性，灰度值的变动一般呈现高频度、小幅度、随机性的特点；而处在相邻周期衔接处的像素点之间一般自相关性不密切，灰度差的变动往往呈现低频度、大幅值、有规律的特点，此处一般对应视觉上纹理灰度的跳跃部位。在整个图像区域内，若干个纹理周期的特点表现为总体相似，但不完全相同。其次，可以看出，利用纹理差分值的统计参数能够较好地反映木材纹理的灰度分布以及变动特性(于海鹏，2005)。

4.3　木材纹理空域特征分析

纹理灰度的分布具有周期性规律和自相关特征，因此即便灰度变化是随机的，它也具有一定的统计特性。所以对木材这种规则的自然纹理的分析也需要从表示灰度变化的空间统计分析入手，从而得到描述纹理特征的另一类参数。

4.3.1　木材纹理特征的空间灰度共生矩阵分析

空间灰度共生矩阵方法是数字图像纹理分析的经典方法，这种方法也被证明是一种行之有效的方法，几乎在任何一本有关数字图像处理的教科书中都会被提及和介绍。正因如此，选用这种方法进行木材纹理分析应该是可行的。

利用空间灰度共生矩阵读取图像像素点的灰度值进行二阶统计。空间灰度共生矩阵建立在对图像的二阶组合条件概率密度函数估计的基础上，通过计算图像中任意两点灰度的相关性，能够反映图像灰度关于方向、相邻间隔、变化幅度的综合信息，是分析纹理特性的有效方法。

取图像中任意一点(x, y)及偏离它的另一点$(x+\Delta x, y+\Delta y)$，设该点对的灰度值为(i, j)。令点(x, y)在整个图像上移动，则会得到各种(i, j)值。对于整个图像，统计出每一种(i, j)出现的次数，然后排列成一个方阵，再用(i, j)出现的总次数将它们归一化为出现的概率$P(i, j)$。

为构造灰度共生矩阵，定义像素点对的间隔距离参数为d，像素点对的方向角度参数为θ，θ与X轴平行时值取零，绕逆时针旋转为正方向。统计纹理图像中θ方向上相隔d像素距离的一对像素分别具有灰度值i和j的出现概率$P(i, j, d, \theta)$，生成灰度共生矩阵$C(d, \theta)$，记为$C(d, \theta)=[P(i, j, d, \theta)]$。

$C(d, \theta)$是一个对称矩阵，关于θ变化时存在$C(d, 0°)=C^{T}(d, 180°)$，$C(d, 45°)=C^{T}(d, 225°)$，$C(d, 90°)=C^{T}(d, 270°)$，$C(d, 135°)=C^{T}(d, 315°)$，这样只需计算$\theta$取 0°、45°、90°、135°时，像素点对$G(k, l)=i$和$G(m, n)=j$的共生率$P(i, j, d, \theta)$的计算如下。

$$P(i,j,d,0°) = Count\left\{\left[(k,l),(m,n)\right] \in (L_x \times L_y)\Big|_{m-k=0,\ n-l=d,\ G(k,l)=i, G(m,n)=j}\right\} \tag{4-1}$$

$$P(i,j,d,45°) = Count\left\{\left[(k,l),(m,n)\right] \in (L_x \times L_y)\Big|_{m-k=d,\ n-l=d,\ G(k,l)=i, G(m,n)=j}\right\} \tag{4-2}$$

$$P(i,j,d,90°) = Count\left\{\left[(k,l),(m,n)\right] \in (L_x \times L_y)\Big|_{m-k=d,\ n-l=0,\ G(k,l)=i, G(m,n)=j}\right\} \tag{4-3}$$

$$P(i,j,d,135°) = Count\left\{\left[(k,l),(m,n)\right] \in (L_x \times L_y)\Big|_{k-m=d,\ l-n=d,\ G(k,l)=i, G(m,n)=j}\right\} \tag{4-4}$$

然后，可基于灰度共生矩阵求得常见的 10 多种纹理特征参数，如二阶角矩、对比度、相关、方差、逆差矩、均值和、方差和、熵等常见参数，具体计算公式这里省略，读者可参考数字图像处理参考书（章毓晋，1999）。通过程序计算每幅图像在像素点对距离 d 取 1、2、3、4、5，角度 θ 取 0°、45°、90°、135°时的 10 多种纹理特征参数值，对所得全部数据进行统计分析。

4.3.2　纹理特征参数的筛选与归类

在对纹理特征参数进行筛选和归类之前，应首先明确一下各参数所表征的纹理意义和变化规律。

(1) 二阶角矩：又称为能量，是图像灰度分布均匀程度和纹理粗细的测量。当图像较细致、越均匀时，二阶角矩值较大，最大时为 1，表明区域内图像灰度分布完全均匀。反之，当图像灰度分布很不均匀、表面呈现出粗糙特性时，此时二阶角矩值较小。

(2) 对比度：反映邻近像素的反差，是纹理定量变化的度量，可以理解为图像的清晰度、纹理的强弱。对比度值越大，表示纹理基元对比越强烈、纹理效果越明显。对比度值较小，表示纹理效果不明显；当对比度值为 0 时，表明图像完全均一、无纹理。

(3) 相关：衡量共生矩阵在行或列方向上的相似程度，是灰度线性关系的度量。不同图像的相关值之间并无太大差异，而同一幅图像自身四个方向的相关值之间却往往存在较大的差异，一般表现为在主要纹理方向上的相关值明显高于其他方向的相关值。因此，相关可用来指明纹理的方向性。

(4) 方差、方差和：反映纹理变化快慢、周期性大小的物理量。值越大，表明纹理周期越大。方差、方差和的值均随图像纹理的不同有较大的变异，可作为区分纹理的一个重要指标。

(5) 均值和：是图像区域内像素点平均灰度值的度量，反映图像整体色调的明暗深浅。

(6) 熵、和熵、差熵：代表图像的信息量，是图像内容随机性的度量，指示纹理的复杂程度。当图像复杂程度高时，此时图像熵值最大，分形值也相对较高；当图像复杂程度低时，熵值较小或为 0。

(7) 差的方差：表明邻近像素对灰度值差异的方差，对比越强烈，差的方差值越大；反之，值越小。

(8) 逆差矩：反映纹理的规则程度。纹理杂乱无章、难于描述的，逆差矩值较小；纹理规律较强、易于描述的，逆差矩值较大。

虽然以上这 11 种特征参数都能表达纹理的某些特定信息，但存在信息冗杂、重复表述的问题，所以应进行筛选并类，尽量选择出代表性好、独立性强的特征参数用于木材纹理分析。为此，以 50 个树种的测量数据为样本、11 种纹理特征参数为变量，进行了相关矩阵分析和因子分析(主成分分析)。所求得的相关系数矩阵见表 4-2，主成分因子构成见表 4-3。

表 4-2　纹理特征参数的相关系数矩阵

名称	二阶角矩	对比度	相关	差熵	差的方差	熵	逆差矩	均值和	和熵	方差	方差和
二阶角矩	1.00	−0.69	0.32	−0.85	−0.69	−0.94	0.83	0.65	−0.79	−0.65	−0.54
对比度	−0.69	1.00	−0.59	0.92	1.00	0.87	−0.80	−0.73	0.59	0.78	0.56
相关	0.32	−0.59	1.00	−0.70	−0.57	−0.37	0.75	0.53	0.17	0.02	0.30
差熵	−0.85	0.92	−0.70	1.00	0.91	0.92	−0.96	−0.76	0.56	0.61	0.38
差的方差	−0.69	1.00	−0.57	0.91	1.00	0.87	−0.78	−0.74	0.61	0.79	0.58
熵	−0.94	0.87	−0.37	0.92	0.87	1.00	−0.83	−0.72	0.84	0.83	0.68
逆差矩	0.83	−0.80	0.75	−0.96	−0.78	−0.83	1.00	0.73	−0.41	−0.41	−0.17
均值和	0.65	−0.73	0.53	−0.76	−0.74	−0.72	0.73	1.00	−0.46	−0.54	−0.37
和熵	−0.79	0.59	0.17	0.56	0.61	0.84	−0.41	−0.46	1.00	0.91	0.93
方差	−0.65	0.78	0.02	0.61	0.79	0.83	−0.41	−0.54	0.91	1.00	0.96
方差和	−0.54	0.56	0.30	0.38	0.58	0.68	−0.17	−0.37	0.93	0.96	1.00

通过相关系数分析、因子分析可以发现，许多特征参数是高度相关的，因子分析的主成分分类结果也反映了这一点。因此，若将相关系数大于 0.8 的特征参数去除，则相对比较独立的特征参数就只剩下 3 个：对比度(依次可去：差的方差、差熵、相关、逆差距)、方差和(依次可去：和熵、方差)、均值和。实际上对比度、二阶角矩、方差和正是通常公认最重要的纹理特征参数。这里均值和虽然不是真正意义上的纹理特征参数，但它反映的是图像的总体灰度特征，可作为色度明暗深浅指标，对于加强纹理表达、分类都具有重要意义。

对特征参数的因子分析可得到三个纹理主成分，主成分 I 代表纹理基元的反差与对比，表示纹理的强弱、清晰程度。主成分 II 代表纹理基元过渡变化的快慢，表示纹理的周期性。主成分III代表纹理基元的大小与分布的均匀程度，表示纹理的粗细均匀性。主成分 I 越大表明纹理越强、图案越清晰；主成分 II 越大表明纹理变化越缓慢，周期越大；主成分III越大表明纹理越细致均匀。

将筛选出来的纹理特征参数(对比度、二阶角矩、方差和)与三个纹理主成分比较纹理表达效果，发现三种纹理特征参数的表达能力接近于纹理主成分，能较好地反映不同树种木材的变化趋势。因此，在今后的分析中，只选择“对比度、方差和、二阶角矩、均值和”这 4 个纹理特征参数就可以较好地完成分析任务，而且还可以大大减少计算的工作量、节约分析时间。

表 4-3 主成分因子构成

	主成分 I	主成分 II	主成分 III	解释主成分
对比度	0.8149	0.5315	0.1952	
差的方差	0.8025	0.5544	0.1881	
差熵	0.7922	0.3053	0.5183	纹理强弱或清晰程度
相关	−0.9084	0.3466	−0.1574	
逆差矩	−0.7642	−0.0784	−0.6239	
方差和	0.0106	0.9877	0.1437	
方差	0.2952	0.9378	0.1779	纹理周期大小
和熵	0.0454	0.8635	0.4968	
二阶角矩	−0.3689	−0.4192	−0.8257	纹理粗细或均匀程度
熵	0.5308	0.6002	0.5943	
均值和	−0.9616	−0.3113	−0.3296	纹理深浅明暗
特征根	7.6699	2.3096	0.5929	
贡献率	69.72%	20.99%	5.39%	96.11%

4.3.3 木材纹理特征主成分的分级统计

采用等级差的分级方式，统计各树种木材径向、弦向纹理落入各主成分空间的情况，探索我国树种木材纹理物理量的总体分布特征；使用统计分布图列出分析结果如图 4-7 所示(于海鹏等，2004)。

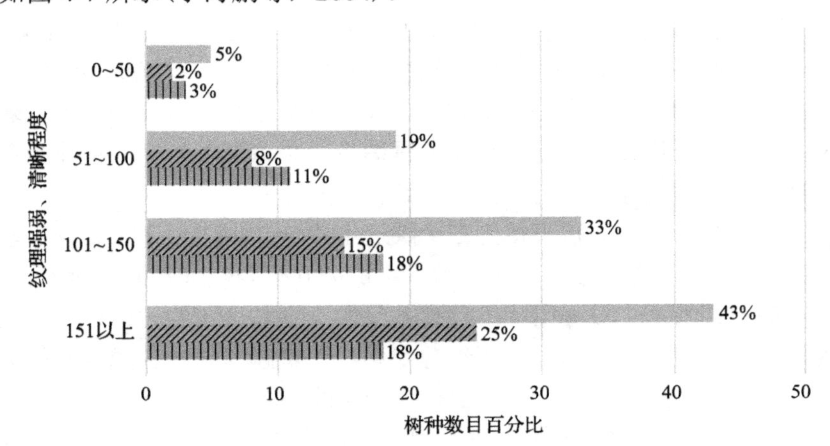

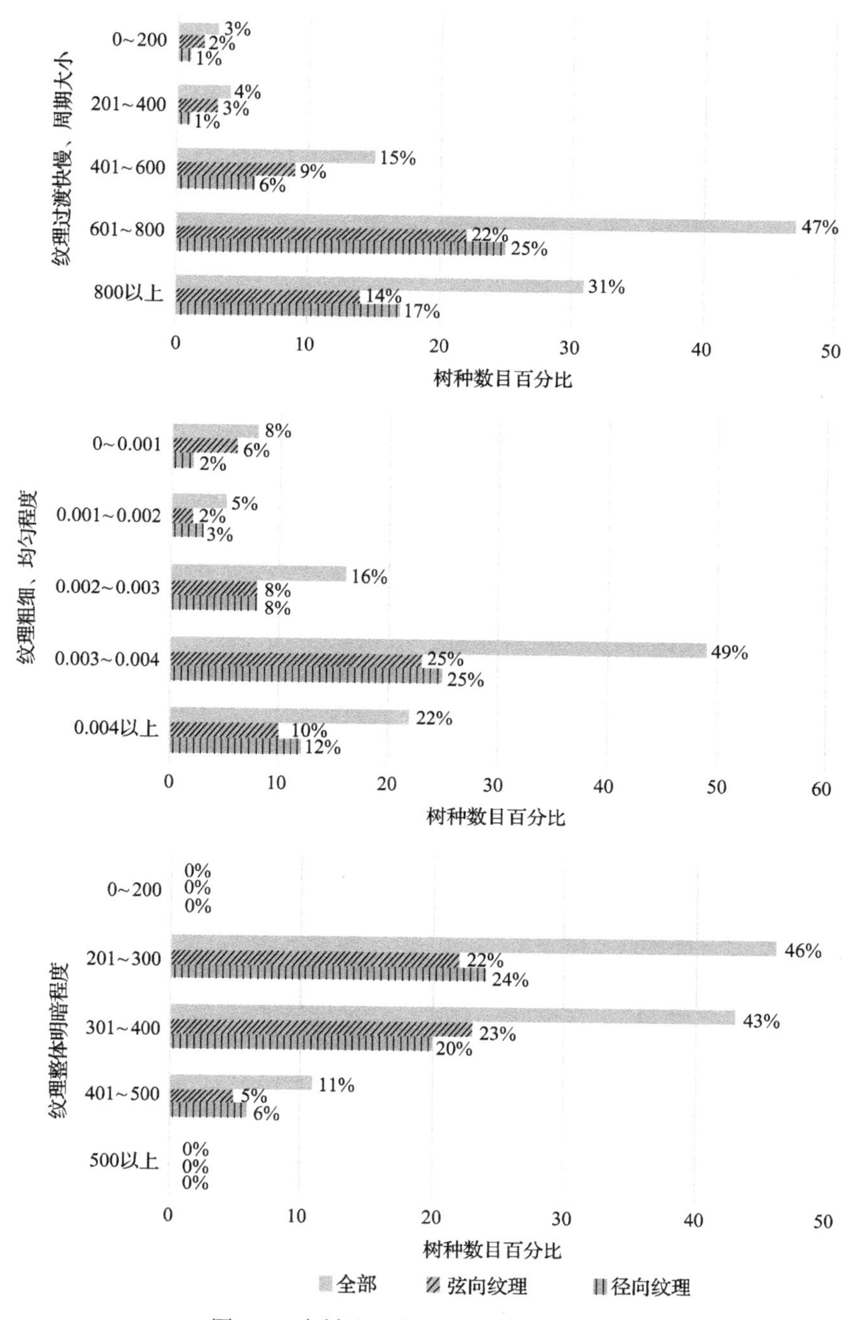

图 4-7　木材纹理主成分的分级统计分布

从图 4-7 中能够很容易看出木材径向纹理、弦向纹理以及全部纹理在纹理主成分空间的分布区划程度。纹理强弱、清晰程度分级统计图中反映，落入 0～50 级和 51～100 级空间内的树种树木百分比很高，合计达到了 76%，说明木材纹理的总体强弱、清晰趋势为中等偏弱；纹理强弱、清晰程度在 151 以上的树种树木比例只有 5%，其树种对应为兴安落叶松、黄花落叶松、光叶桑、山桔子，它们的纹理视觉感确实较强而清晰。在纹理强弱、清晰程度的分级统计图中，径向纹理和弦向纹理的树木百分比相差较大，除落入 0～50 级空间的阔叶材较针叶材为多，其他范围则是针叶材较阔叶材为多。

纹理过度和周期变化的分级统计图上，在 0～200 和 201～400 这两级空间内的树种树木百分比非常高，合计达到了 78%，对应由树木生长轮正常形成的纹理周期变化；落入 401～600 级空间的树种树木比例为 15%，对应树种的纹理周期较大一些，纹理的过度和变化略慢；而落入 601～800 级和 801 以上级空间的树种树木百分比只有 7%，对应被弦切时露出髓心部位的试材，心边材的差异形成了非正常的纹理周期模式，这是特例。在纹理过度和周期变化的分级统计图中，比较径向纹理和弦向纹理的树木百分比差异可以发现，在各级空间内它们的分布树木都存在一定的差异，在 0～200 和 201～400 较低的两级空间内的针叶材数目较阔叶材为多；其他较高级的空间内，阔叶材树木较针叶材较多。

从纹理细致、均匀程度的分级统计图可以看出，分布在 0.001～0.002 级空间内的树种树木百分比最高，达到了 49%，这级树种纹理的细致、均匀程度较为适中，也对应因树木正常生长而形成的生长轮纹理细致和均匀程度；在 0～0.001 这一级空间的树种树木比例为 22%，对应树种的纹理粗糙程度较大、细致均匀性较差；在 0.002～0.003 级空间的树种树木比例为 16%，对应树种的纹理较细、均匀性较好；而在 0.003～0.004 和 0.004 以上两级空间内的树种树木百分比合计只有 13%，说明纹理非常细致、均匀的材种占树种总体的比例并不是很高，而且往往这部分树种的视觉纹理感较弱，如臭冷杉、圆柏、竹柏、紫椴等。比较径向纹理和弦向纹理的纹理细致、均匀程度分级统计图可以发现，在各级空间内它们的数目差异都并不大，总体表现为在纹理较粗、较不均匀的空间级中，针叶材的树木百分比略高于阔叶材；在纹理最细致、最均匀的空间级中，阔叶材的树木百分比明显高于针叶材。

从纹理整体明暗程度的分级统计图可以看出，在 0～200 和 500 以上级空间内的树种数目百分比例为 0，对应于接近“黑”和“白”的灰度区域，显示木材纹理的整体明度并不分布在明度最暗和最亮的范围内。在 201～300 级空间内的树种数目百分比为 11%，对应树种的整体明度略低；在 301～400 和 401～500 两级空间内的树种数目百分比合计为 89%，对应树种的整体明度较高，显示大部分的木材纹理还是以高明度占主体。比较径向纹理和弦向纹理的纹理整体明暗分级统计图可以发现，在各级空间内它们的数目比例差异都不大。

4.4　木材纹理频域特征分析

图像二阶灰度矩阵统计并不是图像的唯一分析方法。由于纹理是指灰度分布的周期性，因此可以考虑用频域分析的方法，即利用傅里叶等变换算法把图像数据由空域变换到频域中。通过这样的变换可以在频域中分析图像的特征，有助于提取图像的纹理特征。代表性的有快速傅里叶变换和小波变换，它们均涉及较多的数学概念，下面仅介绍在纹理分析时所涉及的知识。

空间频率可以理解为单位长度上简谐波状灰度变化出现的次数。尽管灰度变化都呈近似的简谐波状规律，但当它们出现在不同的方向上而且在单位长度上出现的次数也不同时，就反映为频率值的不同。这种不同的频率特性可在空间频率平面上清楚地看到。

4.4.1　快速傅里叶变换功率谱

对任意曲线(或称函数)都能进行谱分解，即任意一个周期的或非周期的函数都可以表现为多个不同频率、不同振幅的简谐波(三角函数)的线性叠加。傅里叶变换将输入信号用各次谐波的振幅随频率变化的分布情况来描述，即用反应频率和振幅关系的频谱图来描述，这样的频谱图称为傅里叶谱。频谱图清楚地表明了一个输入信号包含了哪些简谐波频率分量及各分量所占的比重，即振幅的大小。

数字图像是一个二维离散的输入信号，在数学上相应的可应用二维离散傅里叶变换的方法，将图像信号变换为二维频率函数。傅里叶变换后的特点是在变换结果上能量分布向低频率成分集中，边缘、线信息在高频率成分上得到反映，在图像增强、恢复和有效减少图像数据、进行数据压缩以及特征抽取等方面，都有着十分重要的应用。

通常，将$|F(u,v)|$定义为图像$f(x,y)$的二维傅里叶变换频谱。变量u,v用二维平面表示，称为空间频率平面，其横轴为u，纵轴为v。它们分别对应于图像的x轴方向和y轴方向。设纹理图像为$f(x,y)$，则其二维傅里叶变换可表示为：

$$F(u,v)=\int_{-\infty}^{+\infty}\int_{-\infty}^{+\infty}f(x,y)\exp\{-j2\pi(\mu x+vy)\}\mathrm{d}x\mathrm{d}y \tag{4-5}$$

$$F(u,v)=\Im[f(x,y)]=\sum_{x=0}^{N-1}\sum_{y=0}^{N-1}f(x,y)\mathrm{e}^{-j2\pi\left(\frac{\mu x+vy}{N}\right)} \tag{4-6}$$

通过二维傅里叶变换，可将输入图像的二维灰度分布变换为对应的二维空间频率域中的频谱，该频谱反映了输入图像由哪些空间频率组成，基本图形或灰度空间组合在局部区域内重复出现的特征。快速傅里叶变换可以有效地使离散信号转换为周期性的函数，因而在带有周期性特征被测物的图像处理方面起着重要的作用，这正是利用二维快速傅里叶变换进行木材表面纹理分析的基础。

功率谱是图像的重要特征，是像素的灰度值在频域内能量由低频向高频的重新分布，如图 4-8 所示。二维傅里叶变换的功率谱的定义为$|F|^2 = F \cdot F^*$，具有精细结构和细微结构的图像其高频分量较丰富，能量分布在离原点较远的范围内；而纹理较粗的情况下，其低频分量较丰富，能量分布在离原点较近的范围内。

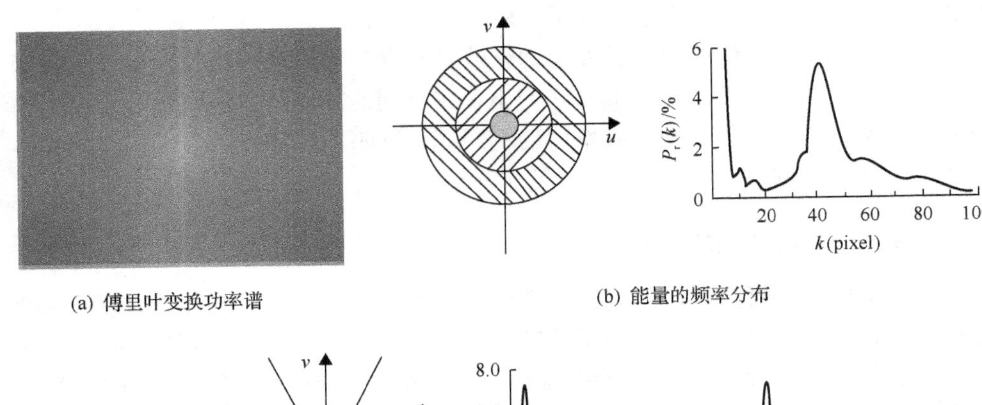

(a) 傅里叶变换功率谱　　　　　　(b) 能量的频率分布

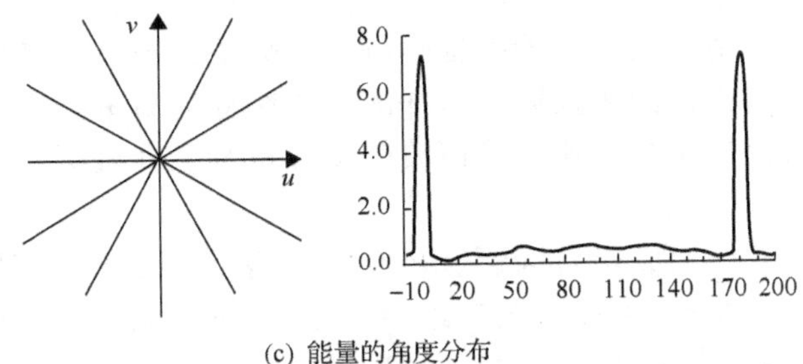

(c) 能量的角度分布

图 4-8　纹理图像的功率谱分析

具体来说，粗糙度是根据频谱偏于低频段，或是延伸到高频段来提取的，在频域的原点附近 $P(u, v)$数值高表明为粗结构，而细结构的特征是 $P(u, v)$在许多空间频率上分散开来，在高频率部分其数值相对增高。周期性往往是根据跳过频率分量并具有较高值的情形来提取的；方向性则是作为每个方向上的频谱扩展程度的差别来提取的。

二维的功率谱还反映边缘和线条在图像中的方向。如果图像中目标形成或排列呈现某种方向性，那么具有较高值的功率谱也呈现出与图像目标方向正交的方向性分布。根据垂直方向、水平方向、环形区的频率分布函数，可以分别求得弦向、径向及所有方向上的周期性。主导方向为 θ 的图像，在围绕着其垂直方向(即 $\theta + \pi/2$) 的部分 $P(u, v)$ 值高。因而，图像纹理的亮度值可以从空间频率域中计算环带和楔形区域中的功率谱的平均值而得出。

1. 功率谱的频率分布函数

设距原点为 r 的圆上的能量为 $\Phi_r = \int_0^{2\pi}[F(r,\theta)]^2 \mathrm{d}\theta$，根据能量随半径 r 的变化，如图 4-8(b)所示，可以表明，在纹理较粗的情况下，能量多集中在离原点近的范围内；而在纹理较细的情况下，能量分散在离原点较远的范围内。r 较小、Φ_r 很大；r 很大、Φ_r 较小时，则说明纹理是粗糙的；反之，如果 r 变化对 Φ_r 的影响不是很大时，则说明纹理是较细的。

2. 功率谱的角向分布函数

研究某个 θ 角方向上的小扇形区域内的能量，根据公式 $\Phi_\theta = \int_0^{+\infty}[F(r,\theta)]^2 \mathrm{d}r$ 可以得出能量随角度变化的规律。如图 4-8(c)所示，当某一纹理图像沿 θ 方向的线、边缘等大量存在时，则在频率域内沿 $\theta+\pi/2$，即与 θ 角方向成直角的方向上能量集中出现。如果纹理不表现出方向性，则功率谱也不呈现出方向性。因此 $|F|^2$ 值可以反映纹理的方向性。环形区的能量和楔形区的能量分别定义成下面两式。

$$P_r = \int_{r_1}^{r_2} F(r,\theta)^2 \mathrm{d}r \tag{4-7}$$

式中，θ 为方向角，其范围为 0～2π；r 为半径；P_r 反映图像从 r_1 到 r_2 频率段内的信息强弱。

$$P_\theta = \int_{\theta_1}^{\theta_2} F(r,\theta)^2 \mathrm{d}\theta \tag{4-8}$$

式中，r 的范围为 0～∞；P_θ 反映图像中由 $\theta_1+\pi/2$ 到 $\theta_2+\pi/2$ 方向区域内的频率特征。这种楔带能量法所判别的纹理特征有一定的局限性，两个有着不同功率谱图的纹理若它们的楔带能量相等，则被判别为相等。因此人们提出一种归一化的方法，即将每一峰的能量值除以总能量值(排除直流成分)，用得到的比值来代表纹理的分布。

4.4.2 应用快速傅里叶变换分析木材纹理特征

1. 木材纹理的 FFT 变换功率谱图

将傅里叶功率谱用于检验纹理特征，一个光滑或平坦表面的纹理表现在频谱的直流部分有一个明显的高峰值；而粗糙表面的纹理表现为交流部分有峰值，尤其是低频部分。傅里叶频谱图能表现出图像纹理的方向性，频谱图在某一方向上有高亮度，说明图像纹理方向性很强。一幅只有水平方向纹理的图像，则频谱图上表现为垂直方向有高亮度，这是因为包含许多频率成分的纹理信号只出现在垂直方向。一个图像纹理无方向性或是随机的，在傅里叶频谱图上也将表现为无方向性。

图 4-9 分别为 4 种木材样本的傅里叶变换功率谱图。其中 4-9(a)白蜡木径向切面的纹理表现为一系列淡影的平行横向排列纹理，除此外是相对较一致的灰度分布，其 FFT 频谱图上表现为原点中心有一个明显的峰值，表示了它的直流分量；垂直方向是一条狭窄淡影的亮带，为峰值并不很高的低频交流分量，对应于其横向平行纹理纹络。其他部分表现出的较低峰值的微弱峰，为其高频交流分量，振幅很小可忽略不计，对应于原图的非纹理残余能量。图 4-9(b)红花梨径向切面的纹理表现为具有较明显的平行竖向纹理，灰度分布和变化呈周期性规律，因而对应到 FFT 频谱图上表现为原点及水平有一条明显且亮度很高的亮带，体现红花梨明显的竖向纹理主脉；其他部分的高频微弱峰对应于图像中非纹理的灰度细微变动。图 4-9(c)漆木弦向切面的纹理图像在视觉上与白蜡木的纹理走势相似，其 FFT 频谱图也与白蜡木相似。图 4-9(d)唐木弦向切面的纹理具有规律性和角度性，则其 FFT 频谱图也呈现出较强的低频分量值和与纹理方向相垂直的角度特性。

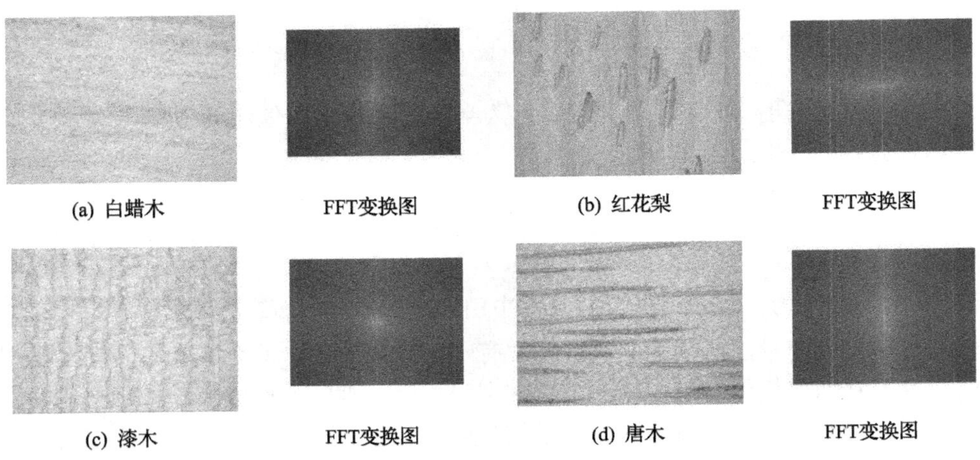

图 4-9 几种木材纹理图像的傅里叶变换功率谱图

2. 纹理粗糙度表征

为了比较纹理表面的粗糙度，这里用粗糙度表述图像的纹理平滑状况：

$$粗糙度=\frac{直流部分}{直流部分+\sum交流部分} \tag{4-9}$$

式中，分子是傅里叶频谱图的直流部分的强度；分母是直流部分强度和交流部分强度之和。表面十分粗糙时，该指标值接近于 1；当表面光洁平坦时，粗糙度指标为 0。

3. 纹理方向性表征

为了检验纹理的方向性，可用极坐标系统表达频谱图。傅里叶频谱图的径向光谱能量计算公式如下：

$$S(\theta)=\sum_{r=1}^{R}S_r(\theta) \tag{4-10}$$

式中，$S(\theta)$为二维傅里叶频谱图中，给定角度θ上的径向光谱能量；$S_r(\theta)$为在二维傅里叶频谱图上，像素(θ, r)的光谱能量；R 为在二维傅里叶频谱图上，距离原点的距离，即半径。计算每个方向的径向光谱能量，把各个径向光谱能量值除以最大径向光谱能量进行标准化。这种标准化过程产生无量纲的、标准的径向光谱能量，取值范围为 0～1。角度范围为 0°～180°，由于傅里叶频谱图是对称的，因此 180°～360°的值可以忽略。

4.5　基于木材纹理的树种识别

4.5.1　模式分类的基本原理和过程

聚类分析的基本思想是将比较接近的样本归为一类。系统聚类法分为两个步骤进行：第一步，计算各样本之间的距离，将距离最近的两点合并为一类；第二步，定义类与类间的距离，将最近的两类合并为新的一类。由上述的基本方法可以知道基于特征的图像识别有三个关键：一是要选取恰当的图像特征，即这些特征必须是要能够反映该图像所具有的个性，使该图像有效地区别于其他图像，图像特征通常指图像的颜色、纹理和形状；二是要采用有效的特征提取方法，图像特征提取方法很多，需要根据实际的应用情况选择合适的图像特征提取方法；三是要有准确的特征匹配算法，识别的结果按照相似的程度依次排列，它需要考虑的是在保证一定精度的前提下提高匹配速度。统计模式识别的整体流程图参见图 4-10。

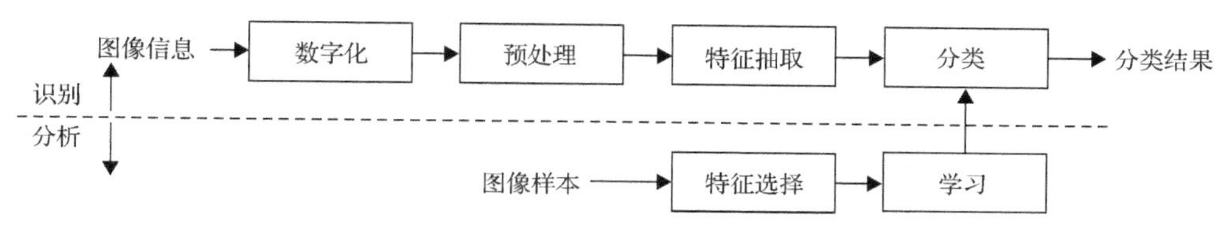

图 4-10　基于统计的模式识别法框图

4.5.2　人工神经网络

人工神经网络(artificial neural network，ANN)是人工智能的一种研究方法，在信号处理、模式识别、图像处理、自动控制、组合优化和机器人控制等各个领域都取得了相当大的进展。人工神经网络试图模仿人类大脑的生理结构来研究人的智能行为。人的大脑中用于记忆与思维的最基本单元是神经元(neuron)，人工神经网络中相应的称为节点(node)的处理单元。神经元通过突触(synapse)互连形成网络，传递彼此间的兴奋与抑制，人工神经网络则用加权有向连接形成网络，权值表示两个处理单元之间相互影响的强弱。

神经网络的处理单元可以分为三种：输入层单元、输出层单元和隐含层单元，输入层单元从外界环境接受信息，输出层单元给出神经网络系统对外界环境的作用，隐含层单元则处于神经网络中间，它从网络内部接受输入信息，所产生的输出只作用于神经网络系统中的其他处理单元，隐含层单元在神经网络中起着极为重要的作用。

神经网络往往是通过学习才能逐步具有从输入到输出的映射能力的。学习的方法可以分为有监督学习和非监督学习。有监督学习需要一批正确反映输入和输出关系的样本，在开始学习时，对于一个理想输入，神经网络并不能立即给出所要求的输出，通过一定的学习算法，神经网络自动修正网络内节点互连的权值，逐步缩小实际输出和理想输出之间的误差，直到实际输出和理想输出之间的误差处于允许的范围之内，常用的有监督学习网络有 BP 网络等。而非监督学习则仅有一批输入数据，通过学习算法，网络具备了某种特殊的“记忆”功能，甚至是“条件反射”，当用类似的输入去刺激经过学习的网络时，它能产生合理的输出，Kohonen 提出的自组织神经网络是典型的非监督神经网络。

非监督神经网络虽然不需要已知输入输出关系的学习样本，但是网络不可能收敛到修正量趋于零的状态，因此必须采取强制收敛的方法。另外网络学习结果受初始值和学习样本顺序的影响很大，聚类结果可能和预期结果不同，因此在实际应用中往往需要人工干预。而有监督网络由于有大量的学习样本对网络进行训练学习，因此分类识别精度比非监督网络高，鉴于此，本节采用误差反向传播网络(BP)进行分类。

4.5.3　木材分类判别的网络设计及效果测试

利用遗传算法对木材纹理分类神经网络进行设计和训练(图 4-11)。利用三层 BP 网络结构，输入层节点数定为 9，对应木材纹理特征综合变量体系的 9 个特征参数：①色调(H)，②饱和度(S)，③亮度(I)，④对比度(CON)，⑤二阶角矩(ASM)，⑥方差和(SV)，⑦长行程加重因子(LRE)，⑧分形维数(FD)，⑨小波水平能量比

(EPLH)；输出层节点数定为 n，分别对应木材纹理的 n 种类型。网络隐含层最大神经元节点数设为 15；输入层到隐含层传递函数为正切 Sigmoid 函数，训练算法采用反向传播算法。群体规模取 20，交叉概率取 0.10，全局误差限取 0.1。

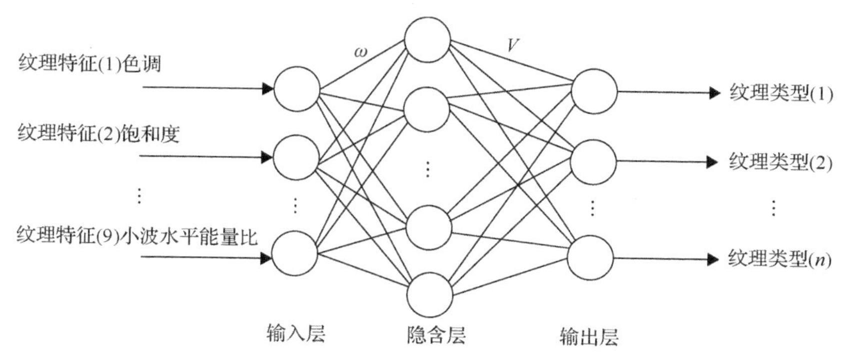

图 4-11　木材纹理聚类的 BP 网络结构图

1. 以树种和切面为划分标准的木材纹理分类

在网络训练上，首先选取不同树种的木材样本，按树种及纹理切面的不同分成 4 类：①针叶材径向切面纹理，②针叶材弦向切面纹理，③阔叶材径向切面纹理，④阔叶材弦向切面纹理。利用遗传算法训练的结果是隐含层结点数为 8，所以神经网络结构为 9-8-4 型，选每类的 100 个试样作为训练样本，遗传进化的次数为 6000 次。

在网络检验上，利用训练好的神经网络进行了测试实验，测试样本 20 个，每类为 5 个，对 4 种模式的训练没有达到预期的收敛。检验结果输出也反映，它们与目标输出的相关系数虽在 0.85 以上，但识别的准确率只有 65%，网络实际输出的波动性较大。

2. 以视觉特征相似为划分标准的木材纹理分类

在网络训练上，针对树种及纹理切面经常存在纹理相似的问题，打破树种及纹理切面的框架，改以视觉特征相似性作为纹理分类的标准。选取不同树种的木材样本，基于主观调查的方式将之分为 3 类：①径向切面纹理型，呈现较明显的纹理特征，纹理排列较规则，易于被视觉注意；②弱纹理或无纹理型，表面不呈现较明显的纹理特征，不易被视觉注意；③非规则纹理型，与常规木材的典型纹理种类存在一定差异，引起个别特征参数的变异。利用遗传算法训练的结果是隐含层结点数为 7，所以神经网络结构为 9-7-3 型，选每类的 100 个试样作为训练样本，遗传进化次数为 4000 次。

在网络检验上，利用训练好的神经网络进行了测试实验，测试样本 20 个，每类为 5 个。对三种纹理模式的训练达到预期的收敛，训练集的回判正确率为 99%，检验结果输出显示，它们与目标输出的相关系数在 0.96 以上，识别准确率达到 90%。

总体来看，基于纹理特征参数值能够实现对木材的分类。单纯依据树种和纹理切面的分类不是十分科学，分类也无法达到预期的效果。实验证明，以纹理内容相似性为基础对木材进行视觉分类是一种可行的方法，训练前期先由训练者主观将一定量的木材纹理试件分成几种视觉上各具特征的类，再让网络加以学习。待到网络收敛到预期目标、检验结果与目标输出基本吻合时，此网络就具备了独立进行判别分类的能力，即理论上它已能够模仿人脑思维的运行，具有了近似专家的判别能力(于海鹏，2005)。

4.6　木材纹理的检索匹配

木材纹理的识别和检索是一种专家系统，以往依赖于对木材特征的直接观察并加以专业工具的辅助，如用文字特征对“标题”及特征“关键词”给每幅图像加上注释，通过检索这些文字来检索图像，但这常受到识别者的知识背景和条件因素的影响。近年来，随着数字化图书馆及多媒体数据库的出现，随着图像数据库的增大，检索方法以及检索效率等问题又显得十分突出，有时图像很难用一个标题或关键词来描述。纹理模式更是如此，用简单的文字描述显得模棱两可，不足以进行充分的图像检索。在某些情况下，一幅图像内可能含有多个目标，而每个目标都有自己的特征，这就更增加了描述的难度。

基于图像内容的目标检索是一种有别于传统基于“关键字”识别方法的新技术，它是在计算机图像处理技术的基础上发展起来的，利用图像的颜色、灰度、纹理等特征实现目标的识别。和传统方法相比较它的主要优点体现在：降低了对使用者的专业知识和技术的要求，在很大程度上摆脱了人的主观性，提高了识别的速度和准确性等。目前，基于图像内容的识别技术在木材科学研究中的应用还较少，但可预见的是其将具有广阔的发挥空间和发展潜力。

4.6.1　基于图像内容检索匹配算法的优点

采用相似“内容”检索的识别方法模拟专家系统的工作来进行纹理的匹配和检索，它的主要优点为：

(1)采用计算机辅助、图像处理等较先进的技术手段来提取特征量参数，因此较主观经验性的特征描述更具客观性；

(2)用作检索基础的特征参数可以较多，程序对识别的容错能力较强，即使存在个别的偶然因素引起的不正常参数，也不会导致识别结果的错误结论；

(3) 数据库容量可不断增加，因而检索成功率也将不断提高；

(4) 检索速度快，重现规律好；

(5) 基于数字化，易修改，可移植程度高。

4.6.2　基于最大相似原理的判别方法

为达到基于图像纹理内容进行检索识别的目的，采用最大相似原理是一种可行的方法。所谓最大相似原理是指：每一个物体都具有多项特征，且多个物体之间存在着特征交叉现象，即几个物体可能同时具有某种相同的特征，因此不以一项或少数几项特征为识别依据，而是将未知物体所提取出的所有量化特征与已知的同类物体的相关量化特征进行综合比较与分析，会得出一组相似系数。在一组相似系数中总会出现最大值，如果已知的数据库中包含未知物体，且提取的量化参数足够多，则这个最大的相似系数将是唯一的，也即达到了识别的目的。

将待识别图像纹理内容(特征)与数据库中已存在的图像内容进行比较与分析，并应用有效的匹配算法计算出两幅图像间的相似系数大小。相似系数反映了两个样本间特征的相似程度，其值越大，表明样本间特征越接近；反之越小，则样本间特征差异越大。这种最大相似原理的数学方式可以用三种匹配算法来实现，即最小差值参数判别法、树种综合特征阈值法、综合加权相似法。

1. 最小差值参数判别法

最小差值参数判别法是指不考虑未知标本量化特征参数的误差量，直接用已知标本与未知标本参数最接近的值为准，并计算已知标本的参数与未知标本最接近的个数，从而最终确定未知标本为何类属的识别方法。从未知的标本 X 上采集 n 项特征：$x_1, x_2, x_3, \cdots, x_n$，即可表示成集合 $X(x_1, x_2, x_3, \cdots, x_n)$。已知的标本组成一个集合 $Y(y_1, y_2, y_3, \cdots, y_m)$，且每一个标本 $y_i\,(i=1, 2, \cdots, m)$ 都具有 n 项或多于 n 项的特征，也可表示成集合形式。因此所有已知的标本可构成一个二维矩阵 $\boldsymbol{Y}$。

$$\boldsymbol{Y}=\begin{bmatrix} y_{11} & y_{12} & \cdots & y_{1n} \\ y_{21} & y_{22} & \cdots & y_{2n} \\ \vdots & \vdots & \vdots & \vdots \\ y_{m1} & y_{m2} & \cdots & y_{mn} \end{bmatrix} \tag{4-11}$$

式中，m=1, 2, ⋯ 表示数据库中标本的记录号；n=1, 2, ⋯ 表示数据库中标本特征的序号。将未知标本 X 与已知标本集合 Y 进行比较，即两者相减并取绝对值，用集合 A 表示。

$$A=\begin{vmatrix} |x_1-y_{11}| & |x_2-y_{12}| & \cdots & |x_i-y_{1i}| & \cdots & |x_n-y_{1n}| \\ |x_1-y_{21}| & |x_2-y_{22}| & \cdots & |x_i-y_{2i}| & \cdots & |x_n-y_{2n}| \\ \vdots & \vdots & \vdots & \vdots & \vdots & \vdots \\ |x_1-y_{m1}| & |x_2-y_{m2}| & \cdots & |x_1-y_{m1}| & \cdots & |x_n-y_{mn}| \end{vmatrix} \tag{4-12}$$

式中，x_j 为从未知标本中提取的特征，j=1, 2, …, n；y_{ij} 为数据库中第 i 个标本的第 j 个特征，这里的 i=1, 2, …, m; j=1, 2, …, n。

在二维矩阵 $\boldsymbol{A}$ 中的 $a_{ij}=\left|x_j-y_{ij}\right|$ i=1, 2, …, m; j=1, 2, …, n，对二维矩阵进行列比较，如对第 1 列 $(a_{11}, a_{21}, \cdots, a_{m1})$ 进行比较，并将其中的最小值设为 1，其他值设为 0。此时矩阵中的每个元素不是 1 就是 0，而不存在其他的值。设相似系数的集合为 R，则 $R=[r_1, r_2, \cdots, r_m]^{\mathrm{T}}$。集合 R 中，r_i 表示未知木材标本与每个已知标本相比较的相似系数，且 $r_i=a_{i1}+a_{i2}+a_{i3}+\cdots+a_{in}$。最后根据这一组相似系数来最终确定未知标本的归属。确定的方式为：在集合 R 中存在着 $r_{\max}=\max[r_1, r_2, \cdots, r_m]$，$r_{\max}$ 相对应的标本种类就是所要识别确定的未知标本的归属。

2. 综合特征阈值法

综合特征阈值法是指考虑量化参数的提取误差及本身的变异情况，以已知标本与未知标本参数之间的差值在一定的阈值范围内浮动为准，并计算已知标本的参数中符合阈值条件时的个数，从而最终确定未知标本为何种树种的识别方法。

同最小差值参数判别法一样，将未知标本 X 与已知标本集合 Y 进行比较，在所得到的二维矩阵 $\boldsymbol{A}$ 中，$a_{ij}=\left|x_j-y_{ij}\right|$，再对二维矩阵进行行列比较，如对第 1 列 $(a_{11}, a_{21}, \cdots, a_{m1})$ 进行比较，与最小差值参数判别法不同的是，在进行列比较过程中，并不是将最小值设为 1，其他值设为 0，而是将“$a_{ij}/y_{ij}<$阈值”相应处的 a_{ij} 设为 1，其他值设为 0；同样也可得出相似系数集合 R。最后，同最小差值参数判别法一样，根据这组相似系数可以求出最大的一个或几个相似系数，其所在记录的树种即可确定为未知标本类别，识别过程结束。

3. 综合加权相似法

如果将每种特征参数描述纹理的精度与它在分类中所起的作用联系起来，那么分类性能将会得到改善。这就意味着要对特征进行加权，使特征矢量中描述精度大的特征相对增加，而描述精度小的特征相对减小。也就是说，描述精度大的特征在分类中的作用加强了，而描述精度小的特征在分类中的作用减弱了。

综合加权相似法基于对提取的所有特征进行主成分分析的方法，依据主成分分析的结果，简化特征变量，通过每个主成分的贡献率大小及主成分矩阵计算出能综合反映综合特征的加权相似系数，最后将该系数与数据库中的每个记录的相应参数进行比较分析，以达到最终的识别目的。

关于综合加权相似系数的具体计算过程可参考有关主成分分析的资料，这里不再具体说明。对计算得出的综合加权相似系数集合 R 中的元素可按大小由大到小排列，其中最大相似系数所对应的标本可被认为是与未知标本最接近的，次大相似系数对应标本与未知标本的接近程度次之，以此类推。到此，整个识别过程结束。

4. 三种数学算法的区别

综合加权相似法与最小差值参数判别法、综合特征阈值法的区别在于：前者是在主成分综合分析的基础上，将每个特征量对树种的影响程度大小(即贡献率的大小)作为系数进行相似系数的计算，而后两者则将所有特征量视为平等。但是，综合加权相似法的计算过程比较复杂，增加了程序编写的难度与复杂度。

最小差值参数判别法与综合特征阈值法的区别在于：前者是一种绝对的比较方法，它不考虑提取量化特征过程中所存在的误差与自身存在的变异，在这种情况下，就必须采用多参数来修正参数提取中客观存在的误差和树种品质变异所造成的比较误差。而后者是一种相对的比较方法，它承认了客观误差的存在，利用适当的阈值来修正测量误差与树种品质的变异。

4.6.3　木材纹理内容相似性检索实例及分析

选择 10 个树种的木材纹理图像作为检验样本，其中 5 个树种与数据库中已知样本属相同树种，但图面内容不完全相同，检验这 5 个树种的样本被从数据库中检索出来的正确率；另外 5 个为国外树种，其纹理数据确定未被包括在数据库中，检验从数据库中检索出已知树种的纹理图像与被检图像的相似情况，如果检索得到的结果符合人眼视觉评定的“基本相近或相似”结论，则可以认为利用纹理特征以最大相似性原理进行的木材图像纹理内容检索是可行的，效果是可期待的(于海鹏等，2007)。

1. 已知树种的识别检索

通过最小差值判别法、综合特征阈值法对样本进行检索和判别，以硕桦径向切面、落叶松径向切面、漆树弦向切面为例，检索结果参见表 4-4 和表 4-5。其中 R 代表径向切面纹理，T 代表弦向切面纹理。

表 4-4 最小差值判别法的检索结果

被检索图片	检索结果					
硕桦-R *Betula costata* 相似系数 CV	硕桦-R *Betula costata* 0.22	竹柏-R *Podocarpus nagi* 0.11	华山松-R *Pinus armandii* 0.11	鱼鳞云杉-R *Picea jezoensis* 0.11	大青杨-R *Populus ussuriensis* 0.11	白牛槭-T *Acer mandshuricum* 0.11
落叶松-R *Larix gmelinii* 相似系数 CV	胡桃楸-R *Juglans mandshurica* 0.33	胡桃楸-R *Juglans mandshurica* 0.11	长苞铁杉-R *Tsuga longibracteata* 0.11	山槐-R *Maackia amurensis* 0.11	春榆-T *Ulmus davidiana* 0.11	厚皮香-T *Ternstroemia gymnanthera* 0.11
漆树-T *Toxicodendron vernicifluum* 相似系数 CV	漆树-T *Toxicodendron vernicifluum* 0.11	漆木-T *Acer mono* 0.11	粉枝柳-R *Salix rorida* 0.11	红木荷-R *Schima superba* 0.11	西南桦-R *Betula alnoides* 0.11	

表 4-5 综合特征阈值法的检索结果

被检索图片	检索结果					
硕桦-R *Betula costata* 相似系数 CV	硕桦-R *Betula costata* 0.55	鱼鳞云杉-R *Picea jezoensis* 0.55	臭冷杉-R *Abies nephrolepis* 0.44	白蜡木-R *Fraxinus chinensis* 0.44	大青杨-R *Populus ussuriensis* 0.44	山杨-R *Populus davidiana* 0.33
落叶松-R *Larix gmelinii* 相似系数 CV	落叶松-R *Larix gmelinii* 0.66	胡桃楸-R *Juglans mandshurica*	山槐-R *Maackia amurensis*	山槐-T *Maackia amurensis*	西南桦-T *Betula alnoides*	水青冈-R *Fagus longipetiolata*

续表

被检索图片	检索结果					
		0.33	0.33	0.22	0.22	0.22
漆树-T *Toxicodendron verniciﬂuum* 相似系数 CV	漆树-T *Toxicodendron verniciﬂuum* 0.55	钻天柳-T *Chosenia macrolepis* 0.33	油松-R *Pinus tabulaeformis* 0.33	刺楸-R *Kalopanax septemlobus* 0.22	板栗-R *Castanea mollissima* 0.22	西南桦-R *Betula alnoides* 0.22

从表 4-4 和表 4-5 的检索结果及相似系数可以看出，基于纹理特征的最大相似原理的检索识别成功率较高；只有当图像纹理较弱或无纹理时，才会出现多项检索对应值的情况，且检索出的图像与被检索图像的整体特征或部分特征相同。通过检索结果，并对应比较数据库中的图像，可明显提高图像识别的准确率。最小差值判别法与综合特征阈值法的检索结果相比较，一般表现为综合特征阈值法的检索正确率与唯一性较好，而最小差值判别法经常返回的是一组相似系数相同的结果，即直接得到检索结论的能力较差，甚至有时会出现检漏的情况。以硕桦的综合特征阈值法检索结果为例，将检索到的数据库图像的原始数据与待识别的硕桦图像测量值比较，如表 4-6 所示。

表 4-6　数据库中的原始记录值与被检索图像纹理特征值的比较

树种图像	相似系数	色调 H	饱和度 S	亮度 I	二阶角矩 ASM	对比度 CON	方差和 SOV	长行程加重因子 LRE	分形维数 FD	小波水平能量比重 EPLH
硕桦-R	1.00	36.58	0.16	218.81	0.0029	35.00	88.07	93.00	2.3331	26.90
硕桦-R	0.55	25.96	0.16	217.79	0.0025	34.93	111.65	121.76	2.2725	28.60
鱼鳞云杉-R	0.55	37.31	0.19	213.76	0.0029	35.21	100.64	86.30	2.296	32.31
臭冷杉-R	0.44	36.93	0.19	217.89	0.0032	33.76	109.66	72.15	2.2321	34.07
白蜡木-R	0.44	37.58	0.17	217.09	0.0023	40.81	146.06	80.05	2.2849	20.49
大青杨-R	0.44	35.51	0.15	205.58	0.0012	66.06	305.42	29.87	2.3794	26.77
山杨-R	0.33	38.10	0.20	210.08	0.0020	48.13	135.13	54.31	2.3617	40.88
紫椴-R	0.33	35.92	0.17	213.63	0.0022	39.47	167.32	55.66	2.3161	37.27

从表 4-6 中可以看出，数据库中的原始数据与待识别目标的测量数据并不对应一致，而存在着一定的差异，但利用识别程序基本上可识别出待识别目标的种类或排列出阈值相近的种类。

2. 未知树种的相似性匹配检索

选择确定未被包含在数据库中的树种，以红酸枝木径向切面、条纹乌木径向切面、花梨木弦向切面为例，通过最小差值判别法和综合特征阈值法，对样本的相似性匹配效果进行检验。实验结果参见表 4-7 和表 4-8。再以花梨木的综合特征阈值法检索结果为例，将检索到的数据库图像的原始数据与花梨木图像的纹理特征测量值比较，如表 4-9 所示。

表 4-7　最小差值判别法的检索结果

被检索图片	检索结果					
红酸枝木-R *Dalbergia* spp. 相似系数 CV	硕桦-R *Betula costata* 0.22	水青冈-R *Fagus longipetiolata* 0.11	山桔子-R *Garcinia multiflora* 0.11	柞木-R *Quercus mongolica* 0.11	板栗-T *Castanea mollissima* 0.11	银桦-R *Grevillea robusta* 0.11
条纹乌木-R *Diospyros* spp. 相似系数 CV	西南桦-T *Betula alnoides* 0.22	落叶松-R *Larix gmelinii* 0.11	樟子松-R *Pinus sylvestris* var.*mongolica* 0.11	春榆-T *Ulmus davidiana* 0.11	滇楸-R *Catalpa duclouxii* 0.11	柞木-T *Quercus mongolica* 0.11
花梨木-T *Dalbergia odorifera* 相似系数 CV	山槐-R *Maackia amurensis* 0.22	落叶松-R *Larix gmelinii* 0.22	厚皮香-R *Ternstroemia gymnanthera* 0.11	梓树-R *Catalpa ovata* 0.11	漆树-R *Toxicodendron vernicifluum* 0.11	山桔子-R *Garcinia multiflora* 0.11

表 4-8　综合特征阈值法的检索结果

被检索图片	检索结果			
红酸枝木-R *Dalbergia* spp. 相似系数 CV	山槐-R *Maackia amurensis* 0.33	板栗-T *Castanea mollissima* 0.33	水青冈-R *Fagus longipetiolata* 0.33	黄花落叶松-R *Larix olgensis* 0.33

续表

被检索图片	检索结果						
条纹乌木-R *Diospyros* spp. 相似系数 CV	落叶松-R *Larix gmelinii* 0.33	西南桦-R *Betula alnoides* 0.33					
花梨木-T *Dalbergia odorifera* 相似系数 CV	山槐-R *Maackia amurensis* 0.44	水青冈-R *Fagus longipetiolata* 0.44	山桔子-R *Garcinia multiflora* 0.44	梓树-R *Catalpa ovata* 0.44	西南桦-R *Betula alnoides* 0.44	胡桃楸-R *Juglans mandshurica* 0.44	

表 4-9　数据库中的原始记录值与被检索图像纹理特征值的比较

树种图像	相似系数	色调 H	饱和度 S	亮度 I	二阶角矩 ASM	对比度 CON	方差和 SOV	长行程加重因子 LRE	分形维数 FD	小波水平能量比重 EPLH
花梨木-T	1.00	18.85	0.24	160.72	0.0005	268.89	413.97	8.15	2.5406	18.33
山槐-R	0.44	26.84	0.21	146.90	0.0008	134.97	274.27	14.21	2.4485	18.32
水青冈-R	0.44	28.09	0.23	160.97	0.0013	102.38	200.13	36.27	2.3994	19.11
山桔子-R	0.44	24.65	0.18	155.60	0.0008	187.14	204.23	9.91	2.4787	8.66
梓树-R	0.44	32.79	0.24	159.99	0.0013	75.39	225.50	28.61	2.4067	26.17
西南桦-R	0.44	19.06	0.22	137.14	0.0010	105.19	287.03	17.32	2.4549	29.21
胡桃楸-R	0.44	30.28	0.21	165.25	0.0011	120.30	257.13	17.82	2.4367	22.26

从表 4-7、表 4-8 和表 4-9 中可以看出，当数据库中不包含有被检索图像树种时，检索返回的相似系数最高的结果往往并不唯一，这可以解释为：①数据库中确实有多幅图像的纹理特征与被检索图像对应相似，因而检索结果不唯一，但这样的结果是令人满意的；②数据库中没有与被检索图像太相似的图像，所以尽管返回的结果多，但其相似系数都不很高，即检索不算成功，此种情况通常由数据库内存储的样本量较少或覆盖度不够全面所引起。当被检索图像的纹理特征明显且比较规则时，一般检索的效果较好，被检索图像与检出的图像之间易呈现较高的纹理对应性。当被检索图像的纹理特征不明显或无纹理时，一般会出现较多检索值的情况，但纹理特征的对应性不很好，检出的图像与被检索图像基本相似。在以上基础上，为保证检索效果，还需经过目视比对，因为偶尔也会出现检索结

果与被检索对象从目视上就能判定不相似的情况。

4.7 基于纹理特征融合的木材树种分类识别

马来西亚的 Yusof 等(2013)研究人员研究了多种热带树种的分类识别问题，他们主要研究了两类纹理特征及其融合分类问题。首先，热带树种属于硬木大类，处理的木块样本表面具有大量的气孔(pores)，这些气孔的统计学分布特征可以用来进行树种分类(Pan and Kudo，2011)。例如，常用的特征有气孔平均面积及其标准差、气孔间的平均距离及其标准差、大中小 3 种类型气孔的各自数量、单位面积(如 $1mm^2$)的气孔数量、单气孔和双气孔的数量。根据这些气孔特征，可以计算出 10 个纹理气孔特征。分类实验时，先对原始的木块(边长大约为 1 英寸的立方体)表面图像进行同态滤波，然后进行图像分割获取二值化的黑色和白色气孔图像，实例参见图 4-12。这样，根据黑色和白色气孔图像，就可以计算出 20 个气孔统计特征。最后，再补充一个特征，就是原始图像的平均灰度值；这样总共得到了 21 个纹理气孔特征。

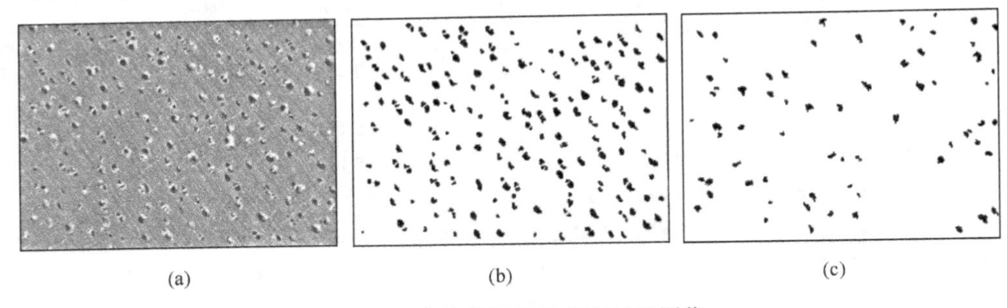

(a)　(b)　(c)

图 4-12　某热带树种的表面气孔图像

(a) 原始同态滤波图像；(b) 黑色气孔图像；(c) 白色气孔图像

其次，根据 Qin 和 Yang(2004，2005，2007)提出的 GLAM(gray level aura matrix)理论，还可以计算出基于 BGLAM(basic gray level aura matrix)的纹理统计特征，一幅图像可以唯一性地由 BGLAM 来表示。Yusof 等(2013)将木材样本图像灰度级重新分成 16 级，这样总共得到了 136 个分类特征。具体的计算过程读者可以参考有关文献，这里省略。

这样，就得到了用于木材树种纹理分类的 157 个特征，为了进一步提高分类精度和分类速度，Yusof 等进行了这些纹理特征的特征选择及特征提取。首先，使用遗传算法进行了特征选择处理，将特征数量减少到 79 个。其次，使用核函数映射生成了新的 51 个分类特征。将这种分类方法应用到 52 个热带树种分类识别中，正确识别率达到了 98.69%，单个样本处理速度达到了 1.2s。

另外，Yusof 等还根据气孔的大小和数量这两个特征设计了一种层次化的两级结构的木材树种纹理分类识别方法。首先，根据气孔的大小，他们将气孔分为小气孔、中气孔和大气孔 3 种类型。木材样本图像中数量最多的气孔类型称之为 MaxPores，测量出该气孔的平均大小和数量。根据模糊隶属度函数将气孔大小分成小、中、大(small, medium, large) 3 个级别，同理将气孔数量分成少、中、多(less, medium, many) 3 个级别。这里使用了梯形隶属度函数，具体形式和参数参见图 4-13。这样，根据气孔的尺寸和数量特征，就将所有的木材树种分成 4 个大类，即 Group S、Group SM、Group MM、Group L。其中，Group S 和 Group L 表示小气孔和大气孔两大类，中气孔大类进一步分为两个小类 Group SM、Group MM。这样，第一级分类结构就完成了粗略分类，将原始树种分为了 4 个大类。其次，第二级分类结构使用了支持向量机 SVM 和前面提到的 157 个组合纹理特征。使用这种层次化的两级结构的优点是该分类系统容易扩充新树种，当增加一个新树种时，该系统首先将其粗分到某个大类中，然后再使用 SVM 进行精准分类。因此，只需要针对对应大类的二级 SVM 分类器做重新训练，这大大缩减了分类器的训练时间。类似的，这种两级结构的分类器也同样减少了计算复杂度和分类时间(Ibrahim et al., 2017)。

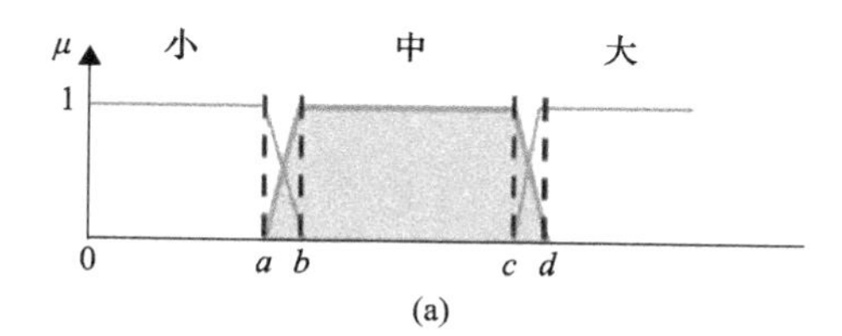

(a)

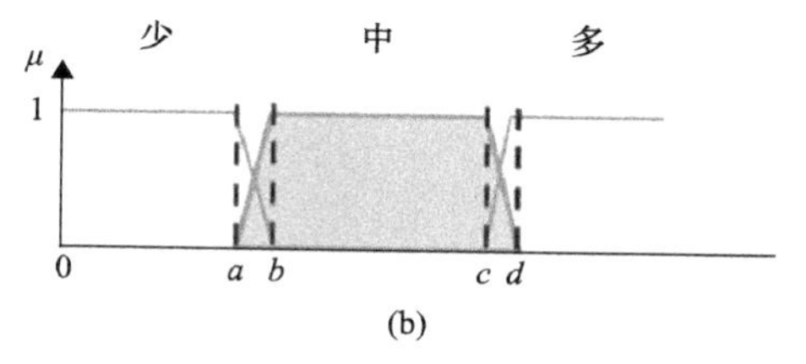

(b)

图 4-13　梯形隶属度函数

(a)气孔尺寸情形，参数是 a=95，b=105，c=195，d=205；(b)气孔数量情形，参数是 a=8，b=12，c=95，d=115

参考文献

于海鹏. 2005. 基于数字图像处理学的木材纹理定量化研究. 哈尔滨: 东北林业大学博士学位论文.

于海鹏, 刘一星, 刘镇波. 2007. 基于图像纹理特征的木材树种识别. 林业科学, 43(4): 77-81.

于海鹏, 刘一星, 张斌, 等. 2004. 应用空间灰度共生矩阵定量分析木材表面纹理特征. 林业科学, 40(6): 121-129.

章瑜晋. 1999. 图像工程(上下册). 北京: 清华大学出版社.

Ibrahim I, Khairuddin A S M, Talip M S A, et al. 2017. Tree species recognition system based on macroscopic image analysis. Wood Science and Technology, 51(2): 431-444.

Pan S, Kudo M. 2011. Segmentation of pores in wood microscopic images based on mathematical morphology with a variable structuring element. Computers and Electronics in Agriculture, 75(2): 250-260.

Qin X, Yang Y H. 2004. Similarity measure and learning with gray level aura matrices(GLAM) for texture image retrieval. In Proceedings of the 2004 IEEE Computer Society Conference on Computer Vision and Pattern Recognition. CVPR 2004. (Vol. 1, pp. I-I). IEEE.

Qin X, Yang Y H. 2005. Basic gray level aura matrices: theory and its application to texture synthesis. In Tenth IEEE International Conference on Computer Vision（ICCV'05）Volume 1（Vol. 1, pp. 128-135）. IEEE.

Qin X, Yang Y H. 2007. Aura 3D textures. IEEE Transactions on Visualization and Computer Graphics, 13（2）: 379-389.

Yusof R, Khalid M, Khairuddin A S M. 2013. Application of kernel-genetic algorithm as nonlinear feature selection in tropical wood species recognition system. Computers and Electronics in Agriculture, 93: 68-77.

第5章 采用光谱特征进行木材树种分类识别

光谱分析技术近10多年来逐渐在木材质量检测中得到应用，它主要集中在近红外波段中。现有的木材无损检测研究表明，近红外光谱能够对木材的力学性质(杨忠等，2013；王晓旭等，2011；刘君良等，2011；江泽慧等，2006)、化学成分(Schimleck and Yazaki，2003a，2003b)、木材树种(窦刚等，2016；杨忠等，2012a，2012b)等各项指标进行比较准确的快速预测。本章主要介绍近红外光谱在木材树种方面的研究进展情况。

5.1 利用近红外光谱进行红木种类识别

红木属于珍贵的木材树种，国家标准GB/T 18107—2000《红木》中，将红木分成紫檀木、花梨木、香枝木、黑酸枝木、红酸枝木、乌木、条纹乌木和鸡翅木共计8大类33个树种。由于红木是珍贵树种并且人工分辨红木树种的真伪比较困难，因此，采用科学仪器的无损检测方法进行红木树种的分类识别就具有重要意义。

中国林业科学研究院的江泽慧等(2006)、杨忠等(2012a)率先开展了基于近红外光谱分析技术的红木树种的无损检测，他们使用美国ASD公司的Lab Spec近红外光谱仪和化学计量学分析方法，研究了近红外光谱法识别8大类红木的技术可行性，这为红木的鉴定识别提供了新的思路。

5.1.1 仪器设备与数据采集

使用的近红外光谱仪的波段范围是350～2500nm，光纤探头在试件表面的垂直上方，光谱的空白校准采用聚四氟乙烯制成的白色材料。每个样本扫描10次全光谱后再平均成一条光谱曲线，因此，首先在8类红木样本表面分别采集10条光谱，这样总共采集80条光谱用于红木的近红外光谱分析。

此外，江泽慧等(2006)采用日本MINOLTA CR-300测色计测定红木样本表面的色度学参数L^*、a^*、b^*的值，这3个参数分别表示明度、红绿轴色品指数及黄蓝轴色品指数。近红外光谱谱带宽重叠严重，采用光谱的特征吸收峰和谱图对照方法来分析光谱比较困难。因此，课题组采用化学计量学的主成分分析法(PCA)对光谱数据进行处理，用来解决光谱重叠、噪声滤波及光谱特征波长选择(光谱降维)等关键问题。

5.1.2　实验结果讨论与分析

图 5-1 是 8 类红木的近红外光谱图，其中的编号 ZT(紫檀木)、HL(花梨木)、HI(黑酸枝木)、HO(红酸枝)、WM(乌木)、TW(条纹乌木)、JC(鸡翅木)、XZ(香枝木)分别代表了国家标准规定的 8 大类红木。从图 5-1 可以看出，在近红外短波区域 780～1100nm 的光谱信息差别比较大，这主要是由不同类型的红木颜色色差所引起的。此外，在 1000～2500nm 波段中红木的光谱信息也比较丰富，这与红木特有的木材组织构造和化学成分有关。

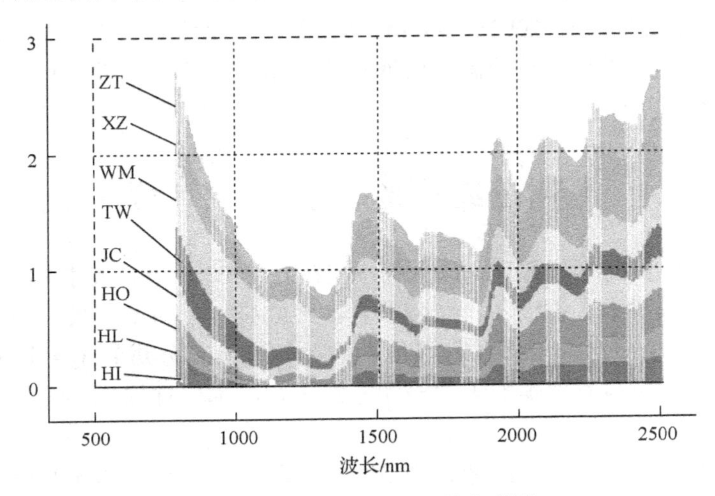

图 5-1　8 类红木的近红外光谱图

图 5-2 是红木表面的色度学参数 L^* 和近红外光谱的相关性分析结果，可以看出近红外预测值 L^* 和实测值 L^* 的相关系数是 0.988。表 5-1 是 8 大类红木的色度

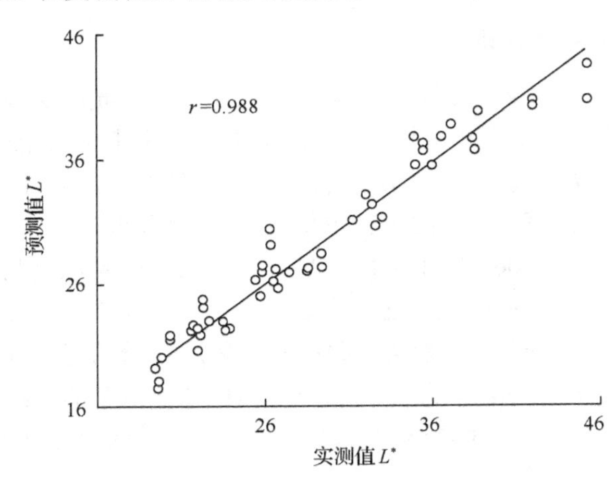

图 5-2　红木表面的色度学参数 L^* 和近红外光谱的相关性

学参数和近红外光谱的相关性分析结果，表明近红外光谱信息能够体现红木的颜色特征。

表 5-1　8 大类红木的色度学参数和近红外光谱预测值的相关性分析结果

类别		L^*	a^*	b^*
校正模型	r	0.988	0.991	0.993
	SEC	1.095	0.642	0.794
	Bias	6.676×10^{-7}	9.537×10^{-8}	3.904×10^{-7}
模型验证	r	0.972	0.985	0.986
	SEP	1.636	0.826	1.117
	Bias	−0.014	−0.001	−0.024

注：SEC 代表交互验证标准差；Bias 代表偏差；SEP 代表预测标准差；r 代表相关性。

从 8 大类红木的近红外光谱图中，能够看到不同红木类别之间的光谱曲线差异，但是这些光谱曲线彼此也存在着大量的重叠部分，这给红木种类识别带来了困难。因此，课题组对这些光谱曲线进行了主成分分析和光谱维度的降维处理，利用少数的几个主成分特征来体现不同红木种类的光谱特征差异。图 5-3 是 8 大类红木的近红外光谱的二维 PCA 得分图，可以看出它们被有效地区分；但是，ZT、JC、HL、HI 的样本比较靠近。为了进一步观察主成分分析的分类效果，再使用前 3 个主成分构建三维 PCA 得分图(图 5-4)，可以看出它更加直观地表示了不同种类红木样本的可分性信息。因此，采用近红外光谱技术进行红木种类的分类处理是一种具有研究前景的新方法。

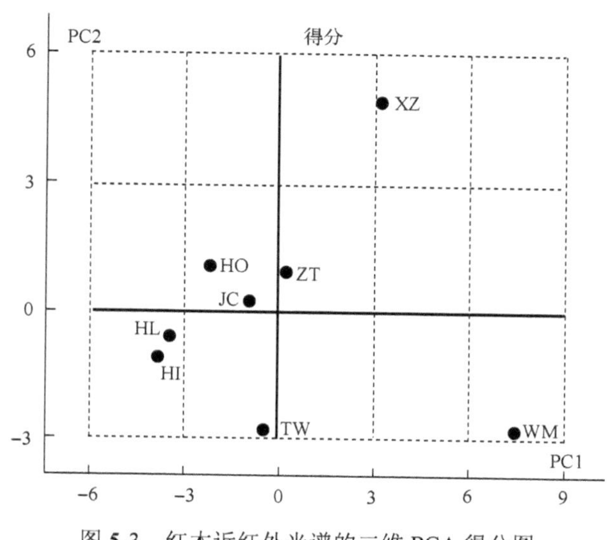

图 5-3　红木近红外光谱的二维 PCA 得分图

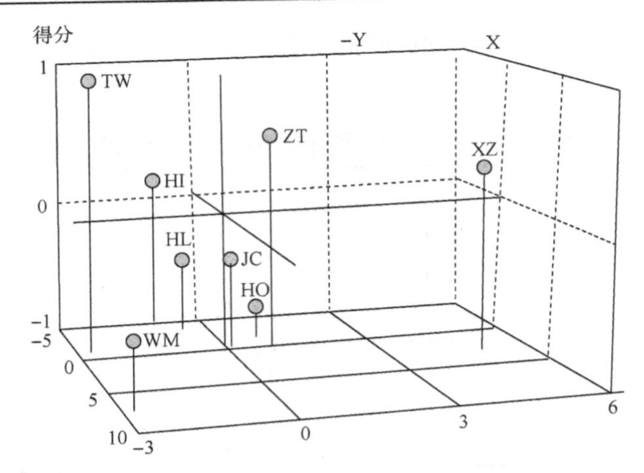

图 5-4 红木近红外光谱的三维 PCA 得分图

5.2 利用近红外光谱进行针叶材和阔叶材分类识别

国际的木材学家将商品木材树种分为针叶树和阔叶树，相应的商用木材称之为针叶材和阔叶材。从材料利用的角度看，针叶材和阔叶材有显著区别。针叶材具有管胞和树脂道，构造和性质比较一致，一般比较轻软；而阔叶材具有导管和木射线，构造和性质变化大，一般比较硬重。近年来，由于木材资源日益紧缺，生产上已经不能只采用单一的木材树种作为原材料。例如，纤维板的生产过去一般只采用针叶材作为原料，但是现在由于原材料紧缺，厂家不得不添加一定比例的阔叶材和木质农林剩余物其他原料。实际上，每类树种木材的原材料特性不同，对于胶黏剂的吸收量和生产工艺要求也不尽相同。因此，生产中迫切需要对木材树种及其比例进行快速测定，从而实现有效的产品质量控制。另外，由于目前以木材为原材料的产品达到了两万多种，可以利用的木材种类非常多，不同的树种木材其材性和加工利用性能都有所差异。为了实现木材的适材适用和高效利用，需要对木材树种进行快速科学合理的分类识别。常规的人为分类识别方法需要具备木材基础知识和专业技能的经验丰富的专业人员来完成，其劳动量大、耗时长、主观性比较强，无法满足现代化木材工业生产的要求。

5.2.1 仪器设备与数据采集

中国林业科学研究院的杨忠等(2012b)采用近红外光谱分析法对针叶材和阔叶材的分类识别进行了初步的研究。采用的仪器是美国 ASD 公司生产的 Field Spec 近红外光谱仪，波长范围 350～2500nm，利用光纤探头采集木材样本表面的近红外漫反射光谱，光纤探头在样本表面的正上方其光斑直径 8mm。采集的光谱经过 ASD 配套的软件转换成光谱数据文件，再使用 Unscrambler 软件进行数据处理和数学建模分类处理。

木材树种样本的采集是在每棵树胸径高度位置处截取 10cm 厚的圆盘，在大气中干燥后，再从每个圆盘锯取 16 个试样，试样加工成 15mm×15mm×15mm 的标准样本。由于近红外光谱的吸收弱，谱带较宽而且重叠严重，需要采用化学计量学中的多变量数据分析方法进行处理。项目组采用了偏最小二乘法(PLS)进行分析和建模，使用的评价指标有正确识别率、相关系数和校正标准误差。采用了 160 个样本进行处理，随机抽取 100 个样本作为校正集，用于模型建立和交互验证，剩余的 60 个样本作为检验集，用于模型检验，不参与建模。

5.2.2　实验结果讨论与分析

首先，观察两种木材，即针叶材杉木和阔叶材桉树的近红外光谱图，图 5-5 是阔叶材桉树的 3 个不同切面的近红外光谱图，可以看出，阔叶材横切面的光谱吸收明显比弦切面和径切面的强。这是由于木材横切面含有大量的构成木材主体物质的细胞壁、细胞腔内含物、早晚材和木材显微构造特征等重要信息。针叶材杉木的 3 个切面的光谱吸收特点与阔叶材类似。因此，重点进行两种木材横切面的近红外光谱分析和分类处理。

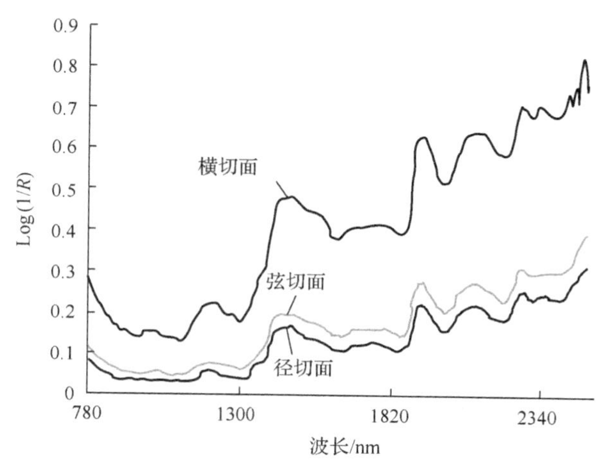

图 5-5　桉树 3 个切面的近红外光谱图

针叶材和阔叶材的组织构造有差异，针叶材的细胞 90%以上是管胞，其次是薄壁细胞；阔叶材主要由导管、木纤维和薄壁组织构成。两类木材都是由纤维素、半纤维素和木质素组成的，但它们的组织构造和化学成分各有差别，这为使用近红外光谱分析进行针叶材和阔叶材的分类识别提供了理论依据。

图 5-6 是杉木和桉树的近红外光谱，两种木材的近红外光谱在可见光短波附

近区域 780～900nm 差别较大，这主要和两种木材表面颜色和发色基团的差异有关。在长波区域 1100～2500nm 近红外光谱有一定程度的重叠和差异，需要用化学计量学方法加以区别。

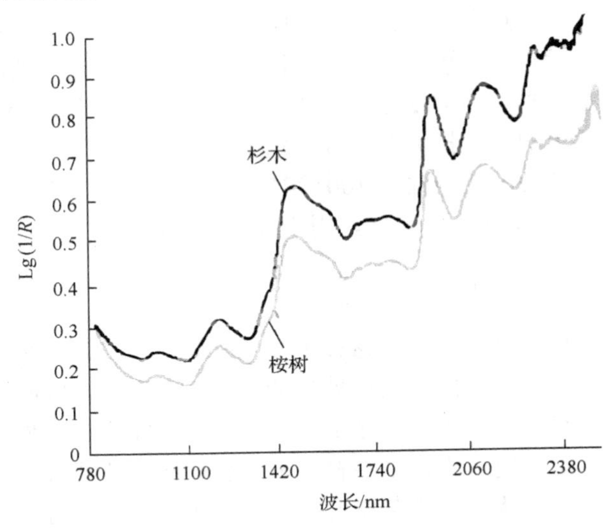

图 5-6　杉木和桉树的近红外光谱

实验建模采用两种木材样本总共 100 个，用留一交叉验证法对模型进行检验。一般说来，近红外光谱仪的波长范围分为短波(780～1100nm)和长波(1100～2500nm)两段，作者对于两个波段的近红外识别效果进行了分析，还和全波段的分类效果进行了比较。图 5-7 是两种木材短波近红外光谱识别模型校正及验证的

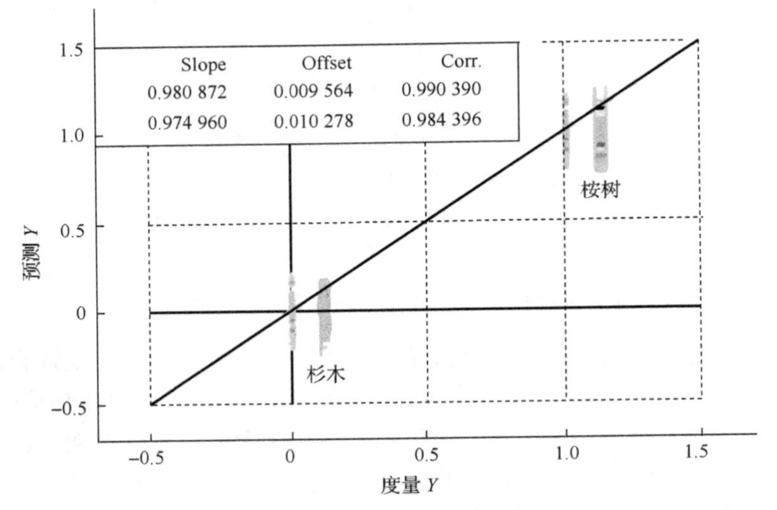

图 5-7　两种木材短波近红外光谱识别模型校正及验证的结果

结果，根据偏最小二乘判别分析法(PLS-DA)，图中设置的针叶材分类变量 $Y=0$，阔叶材分类变量 $Y=1$。当模型预测的分类变量值 $Y_P<0.5$ 时判决为针叶材，当 $Y_P>0.5$ 时判决为阔叶材。因此，从图 5-7 可以看出模型校正及验证结果都正确。表 5-2 统计了不同波段的近红外光谱分类这两种树种杉木和桉树木材建立的模型校正及验证结果，可以看出，利用近红外短波、长波和全波段(780～2500nm)得到的分类识别结果都很好，正确识别率是 100%。模型对两种木材分类变量值的预测很准确，预测值和实际值的相关性为 0.98～0.99；SEC 仅为 0.07～0.11，说明短波和长波近红外光谱结合 PLS-DA 方法可以建立准确识别这两类木材的分类模型。

表 5-2　3 个波段近红外光谱模型校正及检验结果

模型	识别效果	短波	长波	全波段
校正模型	识别率/%	100	100	100
	SEC	0.07	0.07	0.07
	r	0.99	0.99	0.99
模型验证	识别率/%	100	100	100
	SEC	0.09	0.11	0.11
	r	0.98	0.98	0.98

5.3　采用光谱反射率特征和特征选择进行木材树种分类识别

本节将介绍我们课题组自行编程开发的一个木材树种分类识别系统(窦刚等，2016)。它使用了美国 ASD 公司的 FieldSpec ProFR[4] 便携式分光辐射光谱仪在自然外界环境下采集不同树种木材表面的光谱反射率曲线，它不再需要专用的激光光源，只要现场的天气足够晴朗即可。如果室外天气条件不好，也可以在室内进行光谱反射率的测量。这时需要使用 ASD 配备的专用室内光源卤素灯，它一般安装在三角支架上并且安装高度可调节，使得被测样本能够获得不同强度的照明。因此，本节对室内照明光源的安装高度进行了最优化设计，使用遗传算法求解出光源的最佳安装高度(也称作工作距离)，使得采集的光谱反射率曲线具有最佳的树种分类信息，为后续的木材树种分类识别奠定良好基础。

另外，由于现场环境复杂多变，采集的光谱反射率曲线经常受到噪声的影响；并且光谱曲线的波长范围是 350～2500nm(采样间隔 1nm)，导致了光谱数据向量达到了 2150D，直接用于分类时产生较大的计算量，降低处理速度。因此，本节设计了基于散步矩阵的采样波长特征选择和光谱曲线噪声波段滤波方法，该方法可以将光谱曲线的噪声滤波和特征选择同步完成，不再需要单独的光谱信号数据滤波过程，较大地提高了处理效率。

5.3.1　实验系统与材料

根据机器视觉木材树种自动识别原理，建立了由木块、多光谱辐射仪、计算机等构成的实验系统平台(图 5-8)。多光谱辐射仪用于测量木材的光谱反射率，采用美国 ASD 公司的 FieldSpec ProFR4 便携式分光辐射光谱仪，该仪器工作波长范围 350～2500nm；采样频率 10 次/s，光谱采样间隔设定为 1nm。本系统的计算机使用了联想笔记本 V4400A，CPU 主频为 I5 系列，内存 8G，硬盘空间 1TB，使用了 Visual Studio 2005 C++编程环境完成木材树种分类识别系统的设计与编程。测量木材光谱反射率时一般需要在被测木块下面铺一块黑布，尽可能消除杂散光的影响。

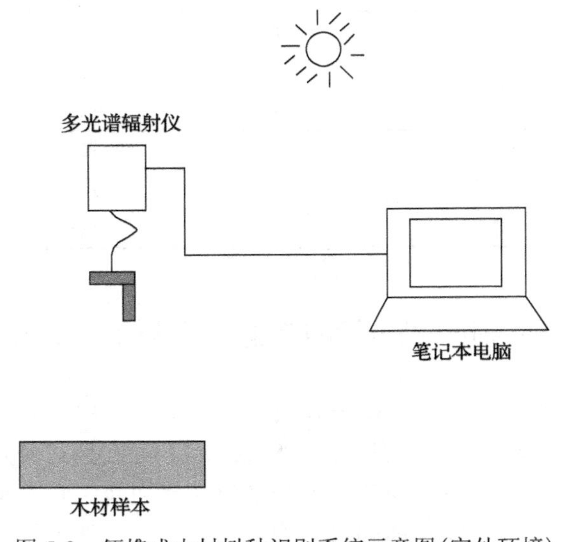

图 5-8　便携式木材树种识别系统示意图(室外环境)

数据采集包括木材样本光谱反射信息的测量，在大庆市木材批发市场购买了 5 种常见树种白松、樟子松、落叶松、杨木和桦木。每种树种的木材加工成大约 20cm×15cm×5cm 的木材横切面木块，选取 5 种树种共 1000 块木块作为实验样本，每个树种包括 200 块木块，其中 100 块作为训练样本，其余的 100 块作为测试样本。

5.3.2　光谱反射率曲线的滤波和采样波长特征选择

关于 5 种树种木材表面的光谱反射率采集，为了减少实验时光照变化和光散射作用等外界干扰因素的影响，每个木块表面反复多次采集数条光谱反射率曲线。图 5-9 给出了 5 种树种木块的 5 条光谱反射率曲线的实例。观察图 5-9，可以发现每个树种的光谱反射率曲线具有下面 3 点特征。首先，在某些波段内(如 2400～2500nm)光谱反射率曲线变化很剧烈，说明这些波段内噪声干扰比较大，它们将对后续的树种分类识别产生负面影响，应该滤除这些波段。其次，在不同的时刻采集的某树种木块的数条光谱反射率曲线都不完全相同，如图 5-10 所示，分析其原因，主要是现场的光照环境变化和光谱仪器的采样误差引起的。因此，对于各个树种样本，应该采集多条光谱反射率曲线进行平均化处理。最后，实验收集到的木材光谱反射率曲线波段为 350～2500nm，每条曲线的原始实验数据为一个 2150 维的向量(光谱采样间隔设定为 1nm)。这样的高维向量进行分类处理时将产

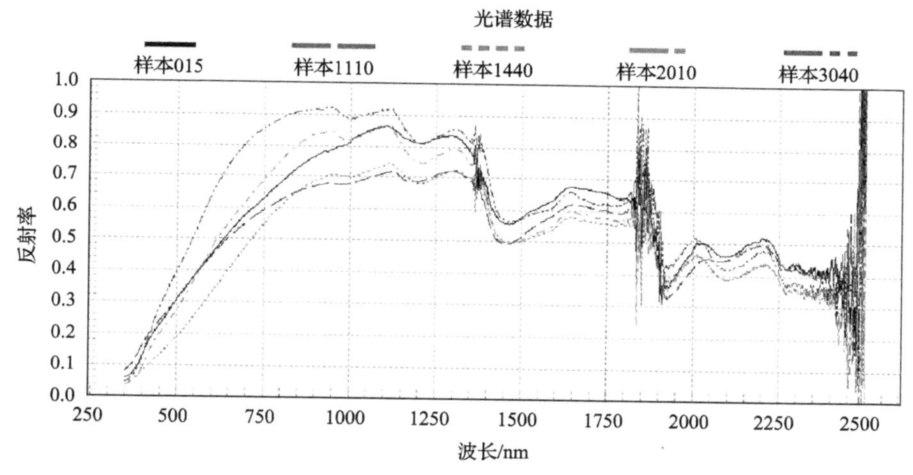

图 5-9　不同树种木材表面的光谱反射率曲线

样本 015.杨树；样本 1110.桦木；样本 1440.白松；样本 2010.落叶松；样本 3040.樟子松

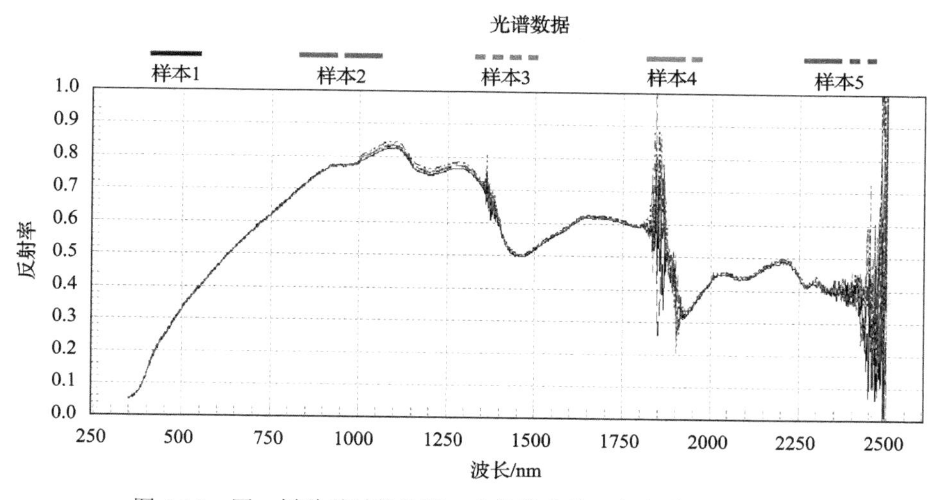

图 5-10　同一树种(杨树)的同一木块样本的 5 条光谱反射率曲线

生很大的计算代价，并且很多波长的光谱反射率的树种可分性信息较差，所以要对此高维向量进行特征选择/降维处理。

为解决上述问题，本节设计了一种基于散步矩阵的特征选择和光谱曲线滤波方法，该方法可以将光谱曲线的噪声滤波和采样波长特征选择同步完成，不再需要单独的光谱信号数据滤波过程，较大地提高了处理效率。

具体过程简述如下，由于训练时每类树种光谱反射率曲线为600条(实验时每个树种训练样本为100块，每个木块表面采集6条光谱反射率曲线)，近似正态分布，这样，每类树种就拥有600个2150D的特征向量，它对应于该树种在350～2500nm全波段内的光谱反射率。根据多维正态分布的性质，容易求出每类树种训练样本的协方差矩阵$\boldsymbol{C}_j, j=1,\cdots,5$；进而求出全部5个树种的总体类内散步矩阵：

$$\mathbf{S}_w = \sum_{j=1}^{5} P(w_j)\boldsymbol{C}_j \tag{5-1}$$

式(5-1)中的$P(w_j)=0.2$，即假定各个树种的先验概率相同。另外，由于每类树种拥有600个2150D的特征向量，则全部5个树种就拥有3000个这样的特征向量，进而求出全部5个树种的总体散步矩阵/协方差矩阵$\mathbf{S}_t$和总体类间散步矩阵$\mathbf{S}_b = \mathbf{S}_t - \mathbf{S}_w$。

最后，求解矩阵$\mathbf{S}_w^{-1}\mathbf{S}_b$的特征值并且按照从大到小的次序排序，选择前$N$个较大的特征值对应的采样波长组成新的降维后的特征向量，这样就实现了光谱曲线的噪声滤波和采样波长特征选择。

5.3.3 室内照明光源的最优化设计

ASD公司的FieldSpec ProFR[4]便携式多光谱辐射仪对于光源照明要求比较高，它配备了一种适合于室内检测的照明光源装置，它使用了卤素灯(13V/57W)，可以提供均匀稳定的光照效果。该照明装置可以固定在载物台或者三角支架上。此外，随着卤素灯安装的高度不同，它距离被测样本木块表面的工作距离就不同，这样光束到达木块表面的光照强度就产生了差别，进而多光谱辐射仪就会采集到不同的光谱反射率曲线，它们包含的模式可分性信息量也有所不同。因此，应该对卤素灯的安装高度进行最优化选择和设计，使得采集的光谱反射率曲线产生的木材树种分类识别精度最好。

本文设计了遗传算法来求解最佳工作距离。假定光源的安装高度/工作距离的区间范围是$[h_{\min}, h_{\max}]$，将该区间64等分，分别对64个安装高度/工作距离进行相应的光谱反射率曲线采集工作，具体执行下面几个步骤。步骤1：染色体编码。对光源的安装高度进行下面的变换即得到0～64的高度参数值：

$$\text{CodeValue} = \left[\frac{(h_{\text{current}} - h_{\min})}{(h_{\max} - h_{\min})} \times 64 \right] \tag{5-2}$$

式中，[ ]为取整函数，h_{current} 为光源的当前安装高度。步骤 2：初始群体产生。这里随机产生 20 个个体作为初始群体。步骤 3：染色体解码和适应度计算。将光源高度参数的二进制染色体解码，以便求解其适应度值。定义正态分布下(在光源的每个高度位置上，每类树种光谱反射率曲线采集 600 条)的散度公式：

$$J_{ij}^{k} = \frac{(m_{ik} - m_{jk})^2}{\sigma_{ik}^2 + \sigma_{jk}^2} \tag{5-3}$$

式中，k 为采样波长；J_{ij}^{k} 为第 i 类和第 j 类的散度，它的具体意义参见图 5-11，这样，共有 5 个类别的树种所以可得 C_5^2 个 J_{ij}^{k} 。

$$J^{k} = \sum_{i=1}^{c} \sum_{j=i+1}^{c} P(w_i)P(w_j)J_{ij}^{k} \tag{5-4}$$

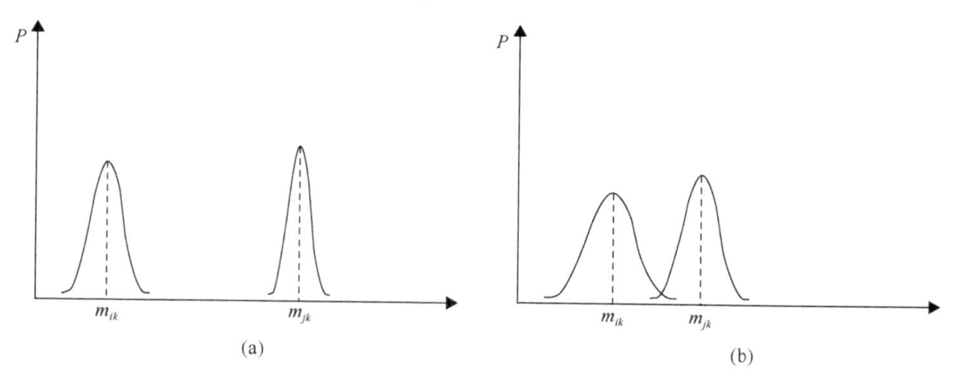

图 5-11　正态分布下散度

(a)两类别样本的两个正态分布的均值距离较远，而各自的方差较小，这样计算出来的散度比较大；(b)两个正态分布的均值距离较近，而各自的方差较大，这样计算出来的散度比较小

但上述 J^k 是 J_{ij}^{k} 的简单线性相加，可能出现一对树种散度非常大，使总的散度值很大，从而掩盖了对那些散度较小的类对的判别。为了解决这一问题，引入变换散度进行解决。定义变换散度(J_{ij}^{kT})：

$$J_{ij}^{kT} = 100\% \times (1 - \exp(-J_{ij}^{k} / Q)) \tag{5-5}$$

这里，参数 Q 一般取值为大于 1 的正整数。变换散度对散度较小的类对比较敏感，可解决“大数淹没小数”的问题(图 5-12)。然后对变换散度加和：

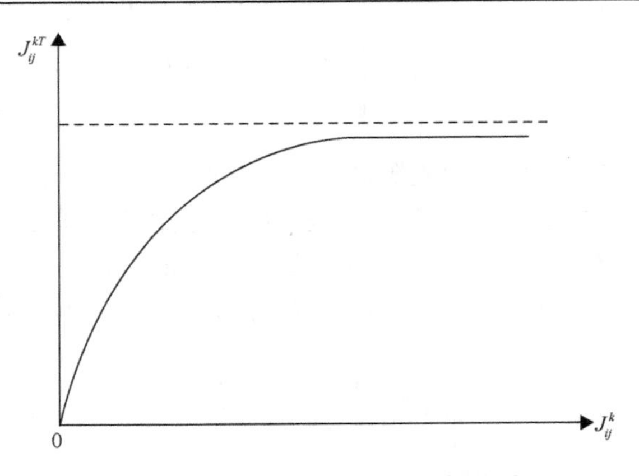

图 5-12　散度和变换散度的函数关系图

$$J^{kT} = \sum_{i=1}^{c} \sum_{j=i+1}^{c} P(w_i)P(w_j)J_{ij}^{kT} \tag{5-6}$$

这样，最终定义如下的适应度函数：

$$f(h) = \sum_{k=\lambda_1}^{\lambda_N} J^{kT} \tag{5-7}$$

式中，$\lambda_1,\cdots,\lambda_N$ 为 5.3.2 节应用散步矩阵方法求解出来的特征采样波长；h 为光源的某一个安装高度。限于篇幅遗传算法的其他步骤这里不再详述。

5.3.4　分类器设计

本文使用了马氏距离函数分类器，在分类器训练阶段，假设经过光谱波长的特征选择后特征向量降维到 N 维，那么可得每个木块有$V_1 \sim V_6$共 6 个 N 维向量 $V_i = (v_1, v_2, v_3, \cdots, v_N)^{\mathrm{T}}$（实验时每个树种训练样本为 100 块，每个木块表面采集 6 条光谱反射率曲线）。这样，每个树种可得 600 个这样的 N 维特征向量，近似成多维正态分布，可求其均值向量M_j和其协方差矩阵$\boldsymbol{C}_j, j=1,\cdots,5$。

在分类器的测试和识别阶段，本文使用了两种马氏距离对树种进行分类计算。

$$D_1 = \sqrt{(M_x - M_j)^{\mathrm{T}}(\boldsymbol{C}_j^{-1})(M_x - M_j)} \tag{5-8}$$

$$D_2 = \sqrt{(M_x - M_j)^{\mathrm{T}}(\boldsymbol{C}_x^{-1} + \boldsymbol{C}_j^{-1})(M_x - M_j)} \tag{5-9}$$

式中，M_x 为未知树种的均值向量；$\boldsymbol{C}_x^{-1}$ 为未知树种协方差矩阵的逆。代入式(5-8)或者式(5-9)中，分别与 5 个树种的均值向量和协方差矩阵运算，得出 5 个距离值，排序求出距离最小的值对应的类别即为未知树种的树种类别。实验中将对式(5-8)或者式(5-9)作比较分析。

5.3.5　实验结果与分析

本系统的计算机使用了联想笔记本 V4400A，CPU 主频为 I5 系列，内存 8G，硬盘空间 1TB，使用了 Visual Studio 2005 C++编程环境完成木材树种分类识别系统的设计与编程。首先进行了室外环境理想光照条件下的训练和测试，在木材树种分类处理的分类器训练阶段，每个树种使用了 600 条全波段的光谱反射率曲线(将其存为 csv 文件)，使用了基于散步矩阵的光谱反射率曲线滤波和特征波长选择算法。在特征波长选择中，将特征波长对应的光谱反射率向量分别降维至 5 维、10 维、15 维、20 维……60 维。实验发现，在特征波长向量为 5～25 维时，选择的波长主要集中在 1600～1700nm；在特征向量为 30～60 维时，选择的波长主要集中在 1600～1700nm 和 1300～1400nm。另外，观察图 5-9 中这两个波段区间，可以发现它们不处在噪声污染区间范围内，验证了本文的光谱波长选择算法同时也具有相应的光谱曲线滤波作用。

在测试阶段，分别使用了式(5-8)和式(5-9)进行树种分类测试，这两个公式都需要计算出 M_x，因此每次测试都是选择某一个树种的若干个特征向量进行处理计算其 M_x。实验中这样的特征向量数量取 20～35 个，并且选取是随机抽取的，具有客观性。再将特征波长向量分别降维至 5 维、10 维、15 维、20 维……60 维后进行相应的测试实验。

实验发现，应用式(5-8)时白松和樟子松的分类效果较差，两者有时出现互相误识的情况。分析其原因，多个特征向量近似成正态分布时只考虑均值向量是片面的，还应该考虑样本的分散程度，即 C_x。但是，应用式(5-9)时 5 个树种的分类识别效果比较好。例如，在降维后特征波长向量维数为 30 且特征向量数量为 35 的情况下，白松、桦木、落叶松、杨木和樟子松的正确识别率分别达到了 98%、100%、96%、100%和 99%。此种情况下，单次测试所需时间平均为 1.75s，这是一种比较理想的分类识别精度和速度。分析其原因，式(5-9)同时考虑了多个特征向量的均值 M_x 和协方差矩阵 $\boldsymbol{C}_x$，当然近似成正态分布时特征向量的数量应该比较多(本实验中应该大于等于 30)。软件系统的运行界面参见图 5-13。

最后，还进行了室内卤素灯照明光源条件下的分类识别实验，使用了遗传算法进行了照明光源安装高度的最优化选择，本实验光源的最优安装高度是28.5cm。实验中，式(5-5)中的参数 $Q=64$；相应的实验装置图参见图 5-14。同样，应用公式(5-9)时 5 个树种的分类识别效果比较好，例如，在降维后特征波长向量维数为 30 且特征向量数量为 35 的情况下，白松、桦木、落叶松、杨木和樟子松的最佳的正确识别率分别达到了 99%、98%、96%、98%和 99%，与室外晴朗条件下分类

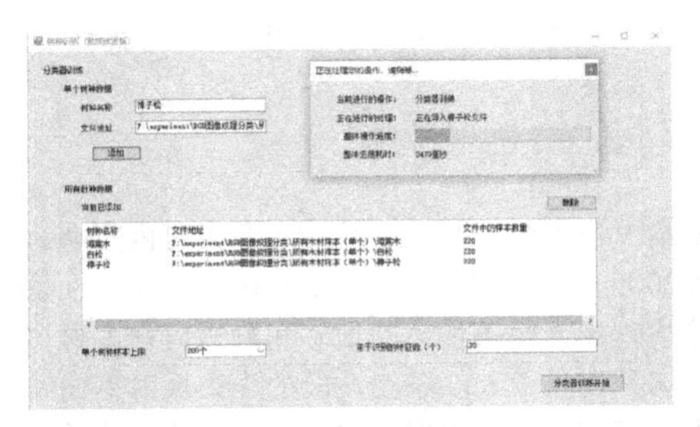

(a) 分类器训练过程图

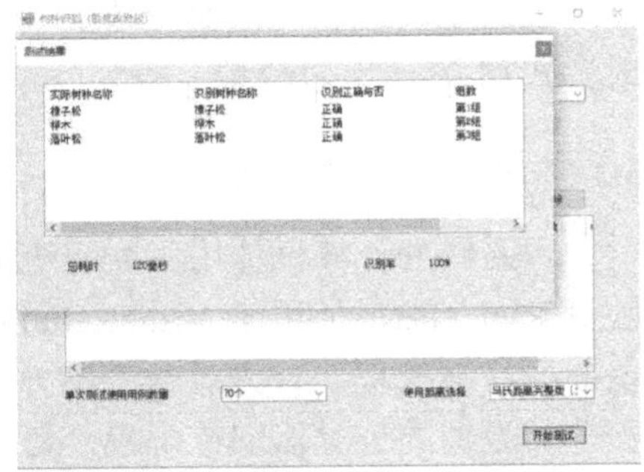

(b) 分类器测试过程图

图 5-13　木材树种识别软件系统运行界面图

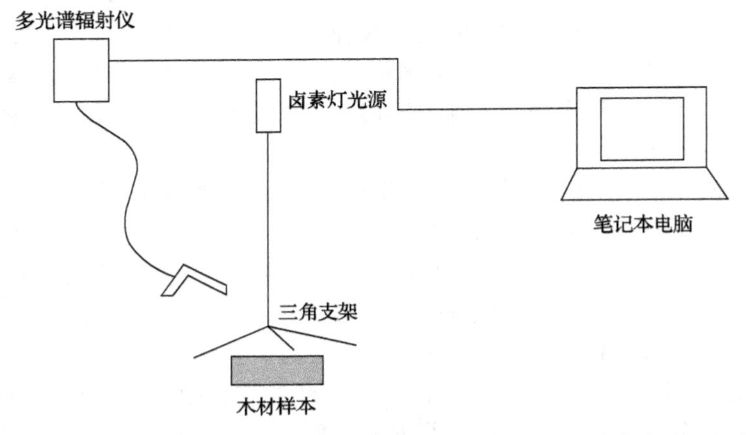

图 5-14　便携式木材树种识别系统示意图(室内环境，光源安装高度可调节)

识别精度基本相同。在其他的光源高度情况下，5 种树种的分类识别精度有所下降，例如，最差情况下的正确识别率分别达到了 88%、85%、80%、84%和 82%(特征波长向量维数为 30 且特征向量数量为 35)。

5.3.6　结论及后期工作

本节提出了一种基于光谱波长特征选择的光谱反射率曲线滤波和木材树种分类处理方法，研制的软件测试系统具有较高的分类识别精度和处理速度。我们计划针对国内常见的 50 余种树种、珍贵树种(8 类 30 种红木树种)和国外进口树种分别进行扩展研究，进一步扩大木材树种样本数据库，在大数据平台上开发出实用的快速的木材树种识别系统，应用于海关植检等部门。伴随着木材树种的增加，有些光谱反射率曲线可能出现部分重叠难以区分的情况。对于这样的一部分树种，在分类器训练阶段我们将计划使用支持向量机映射到高维向量空间，进一步增加其模式可分性信息，提高相应的分类识别精度，这是我们今后研究工作的方向。

5.4 采用高光谱遥感技术进行森林树种分类识别

基于高光谱遥感的森林树种分类识别是高光谱技术在林业遥感领域的重要研究内容，主要分为光谱特征法、光谱匹配法和统计分析法这三大类方法(吴见和彭道黎，2011)。

5.4.1 光谱特征法

在光谱特征法中，不同树种的植被一般具有独特的吸收/反射谱带，能够反映出不同树种之间的差异。光谱微分法可以得到光谱反射率最小、最大的特征波长及拐点等特征位置，在一定程度上削弱大气的吸收、辐射、散射等干扰。例如，光谱一阶和二阶微分公式为：

$$\begin{cases} \mathrm{FDR}_{\lambda_j} = \dfrac{\mathrm{d}R}{\mathrm{d}\lambda} = \dfrac{R_{\lambda_{j+1}} - R_{\lambda_j}}{\Delta\lambda} \\ \mathrm{SDR}_{\lambda_j} = \dfrac{\mathrm{d}^2 R}{\mathrm{d}\lambda^2} = \dfrac{R_{\lambda_{j+2}} - 2R_{\lambda_{j+1}} + R_{\lambda_j}}{\Delta\lambda^2} \end{cases} \tag{5-10}$$

式中，λ_j为第j个波长；R_{λ_j}为该波长下的反射率；$\Delta\lambda$为相邻波长的波长差值。

利用光谱微分法进行森林树种的研究已经比较成熟，下面仅举3例说明。王志辉和丁丽霞(2010)选取浙江林学院校内植物园四种常见树种香樟、麻栎、马尾松和毛竹进行实验，每种树种采集50个叶片样本。采集的新鲜叶片放到保鲜箱中，送回到实验室中，使用ASD的FieldSpec ProFR野外光谱辐射仪进行光谱测量，其光谱测量波段为350～2500nm。比较这四个树种的光谱反射率曲线，可以发现它们具有相似的光谱曲线形状，但是在一些波段内也有差异，这些差异反映了它们光谱特性的不同。从中选择那些差异显著的波段(波段长度10nm)，总共11个波段并且取每个树种反射率平均值(每个树种50个样本的平均值)进行比较，如图5-15所示。从图中可以看出，在波段883～892nm、970～979nm、1071～1080nm、1657～1666nm、1811～1820nm、2212～2221nm间具有明显的差异。特别的，在波段区间1657～1666nm，这四种树种的光谱差异性最大。

类似的，还可以比较这些树种的光谱一阶微分曲线，选择那些差异显著的波段(波段长度10nm)，总共11个波段，并且取每个树种的平均值进行比较，如图5-16所示(这11个波段分别是516～525nm、565～574nm、714～723nm、946～955nm、1009～1018nm、1136～1145nm、1325～1334nm、1383～1392nm、

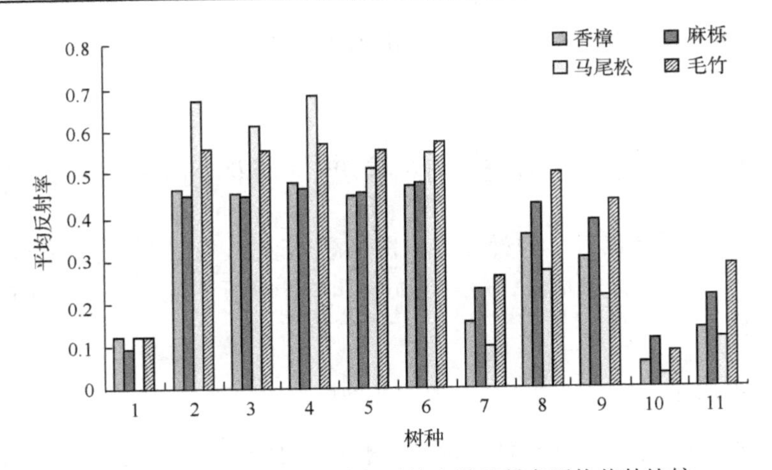

图 5-15　四种树种不同波段下的光谱反射率平均值的比较

这 11 个波段区间是 548～557nm、883～892nm、970～979nm、1071～1080nm、1193～1202nm、1264～1273nm、1443～1452nm、1657～1666nm、1811～1820nm、1922～1931nm、2212～2221nm

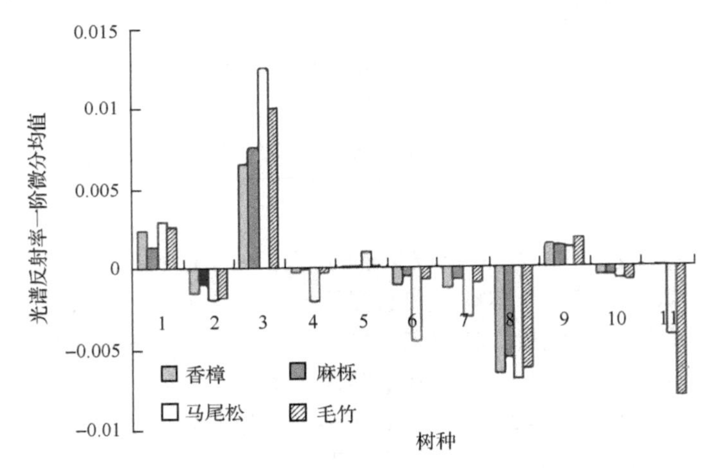

图 5-16　四种树种 11 个波段下光谱一阶微分比较

1510～1519nm、1746～1755nm、1868～1877nm；在这 3 个波段差异比较大，即 714～723nm、1136～1145nm、1868～1877nm)。光谱二阶微分曲线比较图如图 5-17 所示(这 11 个波段分别是 402～411nm、443～452nm、648～657nm、758～767nm、972～981nm、1009～1018nm、1367～1376nm、1441～1450nm、1749～1758nm、1792～1801nm、1868～1877nm；差异最大的波段是 1868～1877nm)。因此，选择上述 3 幅图中差异较大的波段进行树种分类识别，可以得到较好的可分性效果。

关于分类器的设计，作者选用了简单的欧氏距离分类器，计算时使用了每个树种光谱测量值(即原始光谱反射率、光谱反射率一阶微分值及二阶微分值)的平均值，具体的分类数据参见表 5-3～表 5-6。

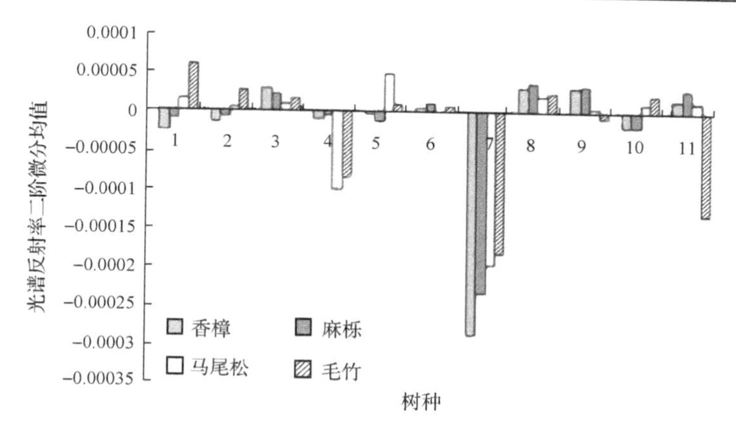

图 5-17　四种树种 11 个波段下光谱二阶微分比较

表 5-3　香樟与其他树种间欧氏距离比较值

模型	香樟与香樟	香樟与麻栎	香樟与马尾松	香樟与毛竹
原始光谱	0.084 7	0.177 1	0.393 7	0.358 5
一阶微分	0.001 3	0.002 1	0.008 8	0.008 9
二阶微分	0.000 17	0.000 20	0.000 19	0.000 26

表 5-4　麻栎与其他树种间欧氏距离比较值

模型	麻栎与麻栎	麻栎与香樟	麻栎与马尾松	麻栎与毛竹
原始光谱	0.058 2	0.190 1	0.493 4	0.271 0
一阶微分	0.000 9	0.002 3	0.008 9	0.008 7
二阶微分	0.000 18	0.000 19	0.000 17	0.000 25

表 5-5　马尾松与其他树种间欧氏距离比较值

模型	马尾松与马尾松	马尾松与香樟	马尾松与麻栎	马尾松与毛竹
原始光谱	0.095 4	0.383 4	0.480 0	0.454 3
一阶微分	0.001 5	0.008 7	0.008 8	0.006 8
二阶微分	0.000 11	0.000 24	0.000 23	0.000 21

表 5-6　毛竹与其他树种间欧氏距离比较值

模型	毛竹与毛竹	毛竹与香樟	毛竹与麻栎	马尾松与毛竹
原始光谱	0.107 1	0.352 5	0.268 9	0.458 5
一阶微分	0.001 4	0.008 8	0.008 7	0.006 9
二阶微分	0.000 13	0.000 29	0.000 28	0.000 20

总的看来，不论是原始光谱、光谱一阶微分还是光谱二阶微分，其曲线差异最大的波段都集中在近红外波段，且用于树种识别的波段大部分集中在近红外波段。

类似的，刘秀英等(2011)等采用高光谱数据进行了南方常见的针叶树种杉木和马尾松的分类识别研究，实验地点选在湖南省森林植物园内的天际岭林场，作者实测了不同龄级不同立地条件下的两树种的高光谱数据。关于原始光谱曲线的采集，这里仍然使用ASD的FieldSpec ProFR野外光谱辐射仪进行光谱测量。作者分别选用了两树种的原始光谱曲线、光谱一阶微分、光谱对数变换后一阶微分及植被指数进行了特征波长选择和分类识别实验；这两项重要的工作采用了逐步判别分析法，商业软件使用的是SPSS软件。

实验中，对于差异显著的波段区间内的每10nm进行光谱反射率数据平均化处理，这样总共得到了原始光谱的21个光谱值、一阶微分12个光谱值、对数变换后一阶微分17个光谱值及16个植被指数。求解过程中逐步选择变量的方式采用马氏距离，判决函数系数选项组选用Fisher判决方程系数，最后的实验结果如表5-7所示。

表5-7　不同光谱变换法的树种识别精度及入选波段

模型	识别精度/%	入选波段/nm
原始光谱	81.67	490～499，690～699，500～509
一阶微分	82.50	510～519，660～669，570～579，560～569等
对数一阶微分	96.67	610～619，680～689，690～699，710～719等
植被指数	89.17	NPCI, mND705, SRPI, GNDVI, GM

林海军等(2014)研究了新疆荒漠环境中的胡杨、梭梭、沙拐枣、柽柳四类树种的高光谱分类识别。采样样本来自于塔里木河下游和吐鲁番沙漠植物园，使用了美国SVC公司的HR-768型地物光谱仪，其采样波段数为768，波段范围350～2500nm。使用光谱仪自带软件对原始光谱曲线进行包络线去除、一阶微分和二阶微分变换处理。

关于光谱识别特征波段的选取，作者使用了马氏距离方法。关于分类器的设计与实现，作者仍然使用了逐步判别分析法，上述方法通过SPSS软件完成。实验表明，对于原始光谱曲线，应用马氏距离法得到的光谱差异显著波段是348～420nm、586～668nm、749～1298nm、1675～1792nm，其中的波段749～1298nm树种光谱差异最明显，对这些波段每10nm求均值，获得了90个光谱平均值。对于其他光谱包络线、一阶微分和二阶微分曲线也可以得到类似的结果。针对马氏距离法选出的光谱波段值，送入逐步判别分析法进行分类处理；变量选择使用“马氏距离法”，判决函数系数选用Fisher判决方程系数，最后的实验结果如表5-8所示。

表 5-8　不同光谱变换法的树种识别精度及入选波段

模型	识别精度/%	入选波段/nm
原始光谱	85.0	348～420，586～668，749～1298，1675～1792
包络线	93.8	483～519，595～631，1444～1507，1631～1676
一阶微分	92.4	691～709，923～959，1329～1374
二阶微分	95.5	861～951

5.4.2　光谱匹配法

光谱角度匹配法通过计算参考光谱与观测光谱之间的夹角来反映地物间的匹配程度，从而达到分类的目的；两者的夹角越小，匹配程度就越高，分类识别就越可靠。定义 n 波段的高光谱数据，设参考向量是 $\mathbf{y}=[y_1,y_2,\cdots,y_n]$，测试向量是 $\mathbf{x}=[x_1,x_2,\cdots,x_n]$，两者之间的夹角余弦定义为：

$$\cos A=\sum_{i=1}^{n}x_i y_i \Bigg/ \sqrt{\left(\sum_{i=1}^{n}x_i^2\right)\left(\sum_{i=1}^{n}y_i^2\right)} \tag{5-11}$$

光谱角度匹配对于反照率、辐照度以及地形不敏感，能够较好地削弱这些干扰性因素，在树种分类识别中得到一定的应用。

由于光谱角度匹配法无法区分正负相关性，又定义了光谱相关匹配法，该匹配度的区间范围是[−1，1]：

$$R=\sum_{i=1}^{n}(x_i-\overline{x})(y_i-\overline{y}) \Bigg/ \sqrt{\left(\sum_{i=1}^{n}(x_i-\overline{x})^2\right)\left(\sum_{i=1}^{n}(y_i-\overline{y})^2\right)} \tag{5-12}$$

式中，$\overline{x}$ 和 $\overline{y}$ 为光谱向量各个分量值的平均值。

当然，最简单最直接的光谱匹配法还是计算两个匹配的光谱向量之间的欧氏距离。总的来看，欧氏距离或者光谱角一般只适用于独立性强的光谱向量。对于某些光谱向量，其各分量的相关性较强，此时应该使用其他的数学建模方法。例如，相关拟合分析模型通过分析参考光谱和测试光谱之间的相关曲线，计算两者之间的相关曲线的截距和斜率来实现树种识别。支持向量机模型通过向量空间映射方法，能够发现不同树种间的微小光谱差异信息，从而有利于提高树种分类识别精度。

5.4.3　统计分析法

高光谱数据具有波段相关性强和数据量较大的特点，因此有必要对高光谱数据向量进行特征选择和特征提取，这是模式识别理论的重要研究内容。常用方法有主成分分析法(principal component analysis，PCA)、最小噪声变换法(minimum noise fraction，MNF)和典型变量分析法等。PCA 是常用方法，它可以降低光谱向量各个分量的相关性；MNF 不仅具有 PCA 的特征降维能力，还具有光谱降噪滤波作用，是一种重要的特征处理技术。典型变量分析法使用较少的典型变量之间的相关性，整体反映两个随机向量之间的联系度。

参 考 文 献

窦刚, 陈广胜, 赵鹏. 2016. 基于近红外光谱反射率特征的木材树种分类识别系统的研究与实现. 光谱学与光谱分析, 36(8): 2425-2429.

江泽慧, 黄安民, 王斌. 2006. 木材不同切面的近红外光谱信息与密度快速预测. 光谱学与光谱分析, 26(6): 1034-1037.

林海军, 张绘芳, 高亚琪, 等. 2014. 基于马氏距离法的荒漠树种高光谱识别. 光谱学与光谱分析, 34(12): 3358-3362.

刘君良, 孙柏玲, 杨忠. 2011. 近红外光谱法分析慈竹物理力学性质的研究. 光谱学与光谱分析, 31(3): 647-651.

刘秀英, 臧卓, 孙华, 等. 2011. 基于高光谱数据的杉木和马尾松识别研究. 中南林业科技大学学报, 31(11): 30-33.

王晓旭, 黄安民, 杨忠, 等. 2011. 近红外光谱用于杉木木材强度分等的研究. 光谱学与光谱分析, 31(4): 975-978.

王志辉, 丁丽霞. 2010. 基于叶片高光谱特性分析的树种识别. 光谱学与光谱分析, 30(7): 1825-1829.

吴见, 彭道黎. 2011. 高光谱遥感林业信息提取技术研究进展. 光谱学与光谱分析, 31(9): 2305-2312.

杨忠, 江泽慧, 吕斌. 2012a. 红木的近红外光谱分析. 光谱学与光谱分析, 32(9): 2405-2408.

杨忠, 刘亚娜, 吕斌, 等. 2013. 非接触式可见光-近红外光谱法快速预测天然高分子材料表面粗糙度的研究. 光谱学与光谱分析, (3): 682-685.

杨忠, 吕斌, 黄安民, 等. 2012b. 近红外光谱技术快速识别针叶材和阔叶材的研究. 光谱学与光谱分析, 32(7): 1785-1789.

Schimleck L R, Yazaki Y. 2003a. Analysis of Black Wattle(*Acacia mearnsii* De Wild) bark by near infrared spectroscopy. Holzforschung, 57(5): 527-532.

Schimleck L R, Yazaki Y. 2003b. Analysis of *Pinus radiata* D. Don bark by near infrared spectroscopy. Holzforschung, 57(5): 520-526.

第6章　基于多特征融合的木材树种分类识别研究

6.1　数据融合引言

在视觉计算中，信息融合逐渐受到广泛的重视(Luo and Kay，1992；Jain and Binford，1991)，融合是指将从多个传感器得到的信息特征组合起来，成为一致的表达形式的处理过程。在视觉计算上融合理论也得到了广泛应用，如将立体视觉与 Shape from Shading 相结合计算物体的三维形状等。

融合理论的特点是利用多种或者多个传感器在时空上的互补性及相关性信息，对景物进行更全面深刻的描述与理解。这里所说的传感器是广义的，甚至进行数据处理的算法过程也可以认为是一种传感器。融合处理具有不同的层次，对于机器视觉信息来说，可以为信号级、像素级、特征级及决策级。不同级别的融合处理可提供用于不同目的的系统信息：信号级融合可用于实时处理，可认为是整个信息处理过程中的一步；像素级融合可以提供更加丰富准确的景物信息；特征级和决策级融合可以为物体识别系统提供额外的特征以提高识别精度和抗干扰性。信息融合的主要优点有下面三点。

(1)冗余性。当多个传感器感知的是对环境中的同一对象的相同侧面但是又具有不同的可信度或精度时，多通道提供的信息表现为冗余信息。针对冗余信息的融合可以减少噪声等不确定因素的影响，提高感知的正确性，并且通过多个传感器通道提供冗余信息，能够在某传感器失效的情况下仍保证系统正常工作，提高了系统的容错性和抗干扰性。

(2)互补性。如果把感知对象的特征数看成是特征空间维数，每个传感器只能感知特征的子集即特征子空间，并且不同传感器感知的特征相互独立时，则多通道提供的信息表现为互补性信息。互补信息可以提供对景物更加全面深刻的认识。

(3)时效性。与单一通道比较，多信息融合处理可以提供更为详细的信息，并且单一通道由于处理时间的限制，无法在较短的时间间隔内提供足够的信息，多通道信息融合恰恰能够弥补这点。

6.2　融合处理中需要考虑的问题

多传感器信息融合不是多源信息的简单相加，而是一个综合处理过程。需要考虑的问题有很多，如果这些问题不能很好地解决，融合结果反而可能更差。需要考虑的问题主要有下面几个。

(1) 融合时空一致性。在互补性融合中，由于融合的对象来源于不同的传感器或处理算法，因此必须考虑同时性，即在时间上是同一时刻的对象(如果视觉主体和作为被观测对象的客体都是静止的，可以例外)。此外，在空间上必须变换到同一坐标系下，否则对于同一客体的描述无法融合。实际上最简单的时空一致性例子就是立体视觉中的对准问题。现在已经有很多方法可以用来衡量时空对准的程度。

(2) 传感器模型与噪声抑制。与互补性融合不同，冗余性融合的目标是利用融合得到更加可靠的信息量。应用融合处理消除噪声，但这在很大程度上依赖于传感器和噪声模型。一般情况下，噪声都假设为时间或空间上的独立高斯白噪声。通常情况下，只要噪声源不是系统内部的，则独立假设基本总是成立的。当噪声来源于多个小的独立噪声源时，高斯假设也容易得到满足。但是如果模型与实际相差甚远，就需要采用一些特殊的方法处理冗余性融合。实际上，在互补性融合中也存在这一问题。

(3) 融合处理方法。在信息融合时，由于不同信息源之间可能会产生各种不同的关系，如互相成为佐证、彼此无关或者相互抵触等。如何使得这些相容或不相容的内容融合在一起是融合理论中需要考虑的重要问题。另外，由于融合处理在不同的层次进行，不同层次的融合的具体方法也各不相同。

除了上述问题之外，融合的控制结构也是一个重要的问题，在信息融合上可以采用不同的控制结构。当然根据融合对象的不同，在控制结构选择上也会有所不同。典型的控制结构有基于 Bayes 网络的方法、基于规则的系统及黑板系统等。

(4) Bayes 网络与基于规则的系统。网络和基于规则相结合的系统是最通用的多传感器融合的控制结构，它们可以单独或者联合作为全局控制结构的一部分。当一个系统中多个传感器的功能不同时，其提供的数据需要在几个表达层次进行融合，如从信号级到决策级的融合，此时它们是非常有用的。每种结构类型各有优点，当用于高层控制时，基于规则的结构比较有效；当用于低层控制时，网络结构，如神经网络或 Bayes 网络则比较有效。例如，“决策网络”(Mitiche et al., 1988)被应用于多传感器的集成中，在这种网络中，对于基于树结构的产生式规则控制网络，在其节点上引入 Bayes 网络和神经网络进行融合评价。

采用网络可以有效地表达层次结构，并且允许采用相同的形式同时对表达和控制结构编码。例如，既可以用层次网络把一个物体模型化，又可以对多个物体识别假设进行控制决策。采用基于规则的系统可以实现许多基于 AI 的控制模式。在许多的复杂系统中，由于可以把以产生式规则形式表达的知识以模块化方式加入控制结构中，所以这些控制模式对集成多个传感器提供了相当的灵活性。在许多系统中，产生式规则本身还可以应用于决策级融合。

基于规则系统的主要问题是需要维护规则的一致性，否则就可能在推理过程中得到错误的结论，如不能正确处理双向推理，难以撤回推论，或者不能正确地对待相关的证据源。解决这类困难的方法是采用 Bayes 形式，其中采用条件概率来表达实际的或经验的信息。直接采用条件概率表达所带来的问题是为了插入一条事实，人们必须知道这条事实与其他已知事实之间的条件依赖关系，应用 Bayes 网络把这些依赖关系编码为非循环图中相邻节点间的有向弧以便快速识别。网络提供了一个完整的推理机制，它能够以多项式时间复杂度识别每个条件依赖关系。

在目标识别系统中可以用 Bayes 网络把从多个传感器获取的物体状态的连续值估计(如位置和方向信息)以层次的 Kalman 滤波形式表达为网络的节点，在确定物体状态的联合估计过程中，采用几何推理进行传播。

(5)分布式黑板。在黑板系统中，需融合的各子系统之间可以以非常低的代价实现通讯。各子系统可以在黑板上写附有时间标记的输出信息。黑板可以包含任何融合所需的信息，利用黑板的输出可以实现多种不同的融合方法。Harmon 等(1986)对利用黑板结构进行多传感器融合进行了比较。在数据融合中面向目标的程序设计以及数据驱动都是非常重要的。Johnson 等(1989)对于如何利用黑板结构实现上述思想进行了详细讨论。

6.3　融合方法概论

6.3.1　信号级融合方法

信号级融合是指为了提供与初始形式相同的信号，将一组通道的信号相结合从而提供质量高的信号。通道信号可用受到不相关噪声干扰的随机变量表示，融合过程可以认为是估计过程。与其他级别的融合比较，信号级融合要求通道之间高度一致性。一般是用融合后信号的期望方差值来度量信号级融合的质量，其值越小说明融合后信号质量越好。由于信号级融合必须保证传感器获取的信号在时空对准，因此需要对不同时间或不同平台的信息进行转换，这使得信号级融合受到一定的限制。下面讨论几种常用的方法。

1. 加权平均法

这是一种最简单的信号融合方法，它将多通道提供的冗余信息加权平均后作为融合值，这种方法能够实时处理动态低层数据。假设 n 个传感器各自的测量值为 $x_i(i=1,2\cdots,n)$，相应的权值为 w_i，则其加权后的测量值为：

$$\overline{x}=\sum_{i=1}^{n}w_i x_i \qquad \sum_{i=1}^{n}w_i=1 \tag{6-1}$$

这种方法也可以应用于单一通道的序列信息的融合，这时的权值依赖于当前时间的间隔，间隔越大则权值越小。

2. Kalman 滤波法

同加权平均法比较，Kalman 滤波可以更好地用于实时融合动态低级冗余数据。它利用估计模型的统计特点，迭代估计统计意义下的最优融合值。若这个系统可用线性模型描述，误差可用高斯噪声描述，Kalman 滤波将提供唯一的统计最优融合值。滤波的迭代性质决定了它适合于不具有大存储能力的系统。这种方法被广泛应用于序列图像处理、机器人导航及多目标跟踪。

在这些应用中，如果数据不稳定或者线性假设无法满足，则可以使用广义的 Kalman 滤波，另外在初始滤波参数无法确定的情况下，可以使用自适应的 Kalman 滤波。

3. Bayes 估计法

这种方法的本质是首先消除具有误差的传感信息，然后利用剩下的一致性传感信息计算融合值，图 6-1 表示了这种方法的一般过程。每个传感器数据可以由概率密度函数来表示，假设给定了 n 个通道的数据，通过预处理得到了一致的信息，然后计算距离矩阵，其中每个元素 (i,j) 的值是传感通道 i 与传感通道 j 之间的可信距离测度。可信距离测度定义为在传感数据 i 的密度函数下，传感数据 i 的读数与传感数据 j 读数之间的面积的 2 倍，如图 6-2 所示。这种测度的应用要求假定每个通道的密度函数是一致的。若密度函数假定为高斯函数，距离的计算可用误差函数代替。一般情况下距离矩阵是不对称的，除非所有通道的密度函数都相同。利用距离矩阵能够得到 Bayes 最优估计。

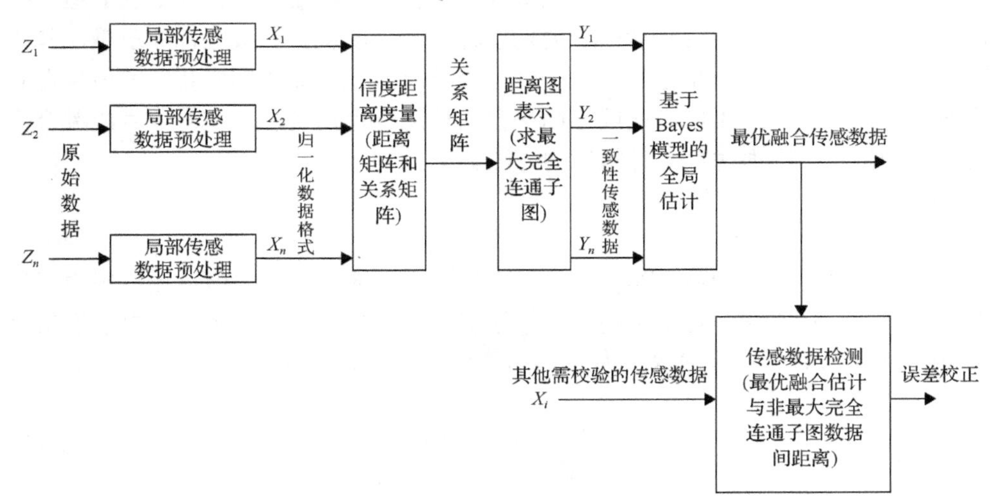

图 6-1　一致性传感数据融合方法

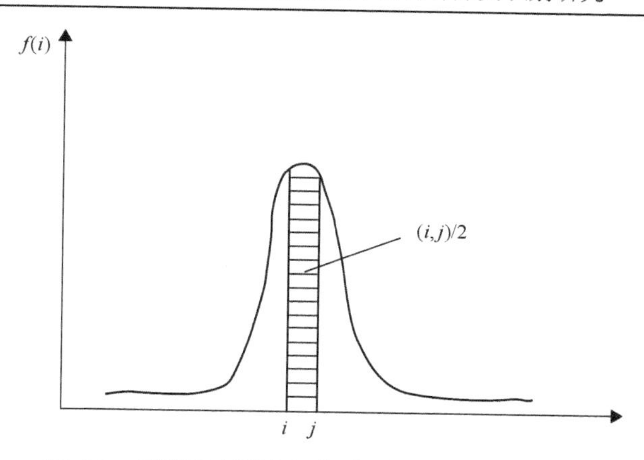

图 6-2　可信距离测度与传感器模型密度函数关系

6.3.2　像素级融合方法

像素级融合也是低层次的融合，它是特征级融合和决策级融合的基础。在像素级图像融合中，其融合算法主要有：加权融合与主成分分析(Jia，1998)、假彩色图像融合(Toet and Walraven，1996)、基于各种数学变换的图像融合(苗启广和王宝树，2005)、调制图像融合、统计图像融合(Costantini et al.，1997)、基于神经网络的图像融合(Xia et al.，2002)以及多分辨率图像融合。其中多分辨率图像融合是一类重要的融合方法，人们对其进行了大量深入的研究。

多分辨率图像融合的原理结构图见图 6-3，多分辨率结构中各级子图像(或系数)相继表示分辨率逐级降低的输入图像，此种结构中的各级子图像(或系数)越来越粗略地表示图像特征信息。有关多分辨率图像融合的研究，最初始于 Burt 和 Adelson(1983)提出的拉普拉斯金字塔方法，它是在得到一系列高斯滤波图像的基础上，与其预测图像作差分得到一系列误差图像，这种经典方法至今仍被学者使用在自己的研究领域中。

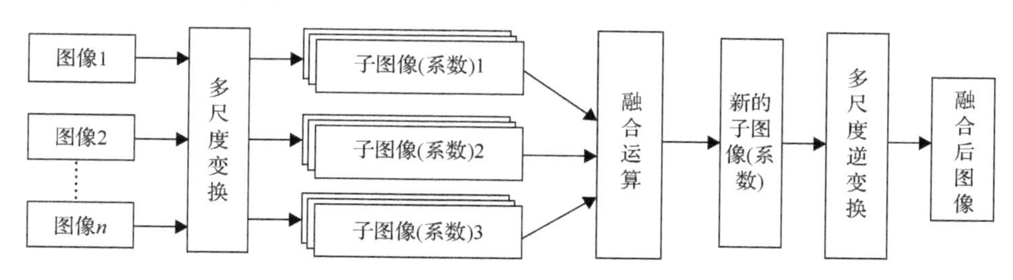

图 6-3　多分辨率图像融合结构图

Toet 在考虑人类视觉系统对局部对比度敏感性这一事实基础上，提出了对比度金字塔算法(Toet，1989a，1992)，这种算法能够较好的保留重要的图像细节。

后来又提出了不进行降采样的改进对比度金字塔算法，将其应用于 SAR/IR 图像融合中，此算法便于硬件实现。

Toet (1989b) 同时也提出了形态学金字塔算法，英国的防御评估研究机构已经完成了应用多种形式的形态学金字塔算法进行图像融合的研究。Petrovic 和 Xydeas (2004) 还提出了梯度金字塔算法，它是通过对每层图像进行梯度算子运算，以获得梯度金字塔图像分解。梯度金字塔分解能很好地提取图像的边缘信息。Barron 和 Thomas (2001) 提出了一种基于纹理单元的金字塔算法，它在每层图像中采用 24 个纹理滤波器来获取不同方向的细节信息。和梯度金字塔图像分解相比，它能够提取出更多的图像细节信息。

金字塔形分解算法虽然能够对不同传感器图像进行融合，但由于其层间分解量之间具有相关性，这导致其融合结果有时不够理想。近年来随着小波变换理论的发展，小波变换在图像融合中逐渐得到广泛应用。Li 等 (1995) 提出了应用离散小波变换作图像融合，由于离散二进制小波变换在提取图像低频信息的同时，又获得了 3 个方向的高频信息，这样在理论上比传统的金字塔融合方法有更好的效果。此后有相当多的研究利用了离散小波变换方法。

Koren 等 (1995) 又提出了可变方向 (steerable) 的二进制小波变换融合方法，它可以在任意方向上实现多分辨率分解，从而更加精确地获取图像的细节信息。Liu 等 (2001) 又在此基础上，增加了一个方向滤波器并运用拉普拉斯金字塔进行融合运算，得到了较好的融合效果。另外，Zhang 和 Blum (1999) 还提出了采用小波框架的融合算法，应用这种算法变换后的图像尺寸不变化，便于进行融合处理。类似的，Nunez 等 (1999) 采用了离散小波“Atrous”算法进行融合处理，图像尺寸也保持不变。

1. 基于形态学子带分解的图像融合法

作者提出了一种基于数学形态学滤波的多分辨率图像融合法(赵鹏和浦昭邦，2007)。这种融合方法使用了形态学开闭运算构造了低通与高通滤波器，将原始图像分解为 4 子带图像金字塔和 4 个子带方向对比度图像金字塔。然后利用方向对比度和区域标准差进行图像融合得到融合的 4 子带图像金字塔，最后应用子带图像重构得到融合图像。融合实验表明，本方法优于传统的形态学金字塔图像融合、对比度金字塔图像融合和小波分解图像融合。

Pei 和 Chen (1995) 应用数学形态学将图像分解成 4 个子带图像，构造了相应的子带图像金字塔，这种方法具有易于实现和保持各级图像细节等优点。作者对这种子带分解方法作了 2 点改进。首先，由于人类视觉系统对图像的局部对比度敏感，如果在子带图像分解中引入方向对比度可能具有更好的表示效果；其次，将子带分解图像金字塔和子带方向对比度图像金字塔应用于图像融合，取得了较好的融合效果。

Pei 和 Chen 利用交替连续的形态学开闭运算构造了一维形态学低通滤波器，显然，它能够平滑掉比结构元素小的图像噪声。相应的高通滤波器就是低通滤波器的互补形式，具体的表达形式如下：

$$H_0(X) = \text{closing}\left[\text{opening}(X)\right] = (X \circ B) \bullet B \tag{6-2}$$

$$H_1(X) = X - H_0(X) \tag{6-3}$$

式中，X 为原始图像；B 为结构性元素；$H_1(X)$、$H_0(X)$ 分别为相应的高通和低通滤波器。和线性滤波器比较，形态学滤波中的结构性元素 B 的选取很重要，它的长度和方向决定了通带带宽和滤波器谱方向，B 越大，滤波器的通带越窄。将一维的水平垂直方向滤波器通过重叠运算就形成了 2 维的 4 子带分解滤波器，具体的子带分解过程如图 6-4 所示，选用的 B 为普通条形结构性元素。

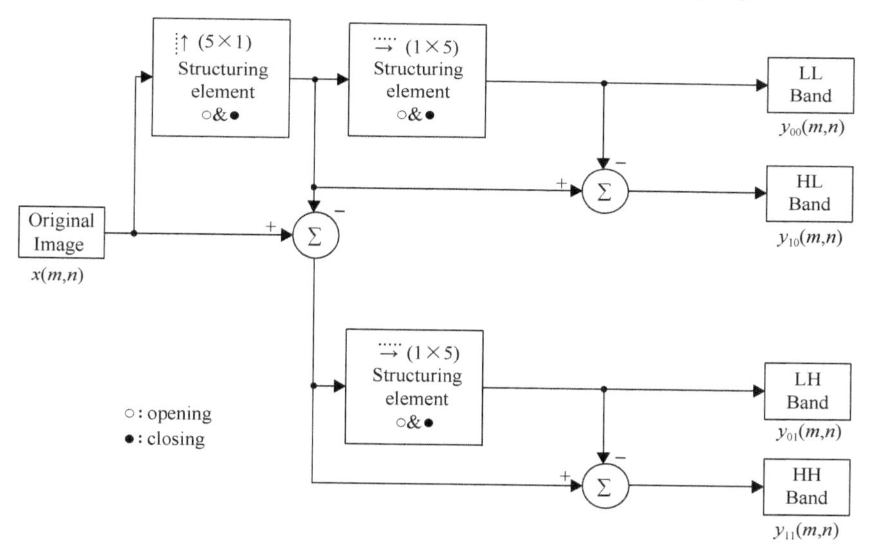

图 6-4　应用形态学滤波器的图像 4 子带分解流程图

人类的视觉系统对图像对比度变化十分敏感，人类的视网膜图像就是在不同的频率通道中进行处理的。因此，作者建立了相应的子带方向对比度图像金字塔，这里的图像对比度定义为：

$$C = (L - L_B) / L_B = L_H / L_B \tag{6-4}$$

式中，L 为图像局部灰度；L_B 为图像局部背景灰度；L_H 为图像局部高频分量，根据式(6-4)，我们将子带方向对比度图像金字塔定义为：

$$
\begin{aligned}
&C_{10}^{i}(m,n)=y_{10}^{i}(m,n)/y_{00}^{i}(m,n),\\
&C_{01}^{i}(m,n)=y_{01}^{i}(m,n)/y_{00}^{i}(m,n),\\
&C_{11}^{i}(m,n)=y_{11}^{i}(m,n)/y_{00}^{i}(m,n),\\
&i=0,1,2,\cdots,N
\end{aligned} \tag{6-5}
$$

设 A、B 为两幅源图像，相应的融合规则如下所述。

(1) 融合图像 F 的低频部分取作各源图像子带分解后低频部分的平均值：

$$
y_{00}^{N}(F)(m,n)=[y_{00}^{N}(A)(m,n)+y_{00}^{N}(B)(m,n)]/2 \tag{6-6}
$$

式中，$y_{00}^{N}(A)$、$y_{00}^{N}(B)$ 分别为源图像 A、B 在最高分解尺度 N 上的低频分量。

(2) 在最高分解尺度 N 上，根据 A、B 图像的 3 个方向高频分量的方向对比度值，对应比较 A、B 图像的各方向对比度，取绝对值大的方向对比度所对应的图像 A 或 B 的高频分量作为融合图像 F 对应方向的高频分量。

$$
\begin{cases}
y_{10}^{N}(F)(m,n)=y_{10}^{N}(A)(m,n), & C_{10}^{N}(A)(m,n)\geqslant C_{10}^{N}(B)(m,n)\\
y_{10}^{N}(F)(m,n)=y_{10}^{N}(B)(m,n), & C_{10}^{N}(A)(m,n)<C_{10}^{N}(B)(m,n)
\end{cases} \tag{6-7}
$$

式 (6-7) 给出了垂直高频分量的融合选取规则，水平和对角高频分量的融合选取类似，这里省略。

(3) 在最高分解尺度 N 以外的各子带分解尺度上，根据 A、B 图像的 3 个方向高频分量的方向对比度值，对应比较中心处理像素的局部区域的标准差值（局部区域选为 3×3 区域），取较大的标准差对应的高频分量作为融合后对应方向的高频分量：

$$
\begin{cases}
y_{10}^{i}(F)(m,n)=y_{10}^{i}(A)(m,n), & STD_{10}^{i}(A)(m,n)\geqslant STD_{10}^{i}(B)(m,n)\\
y_{10}^{i}(F)(m,n)=y_{10}^{i}(B)(m,n), & STD_{10}^{i}(A)(m,n)<STD_{10}^{i}(B)(m,n)\\
i=0,1,\cdots,N-1
\end{cases} \tag{6-8}
$$

式 (6-8) 给出了垂直高频分量的融合选取规则，水平和对角高频分量的融合选取类似。

实验使用了标准测试的多聚焦 lab 图像，如图 6-5 所示。图 6-5 中 (a) 为左聚焦图像，钟表轮廓清晰，而图 (b) 为右聚焦图像，人体与 3M 方形盒子轮廓清晰。图 6-5 (c) 为应用本方法得到的融合全聚焦图像。为了对比融合效果，我们又对多聚焦 lab 图像应用了对比度金字塔融合法 (CP)、小波变换融合法 (DWT) 以及形态学金字塔融合法 (MP) (Matsopoulos and Marshall，1995)，并且在融合过程中选择的特性局部区域均为 3×3 区域，分解层数均为 6 层。

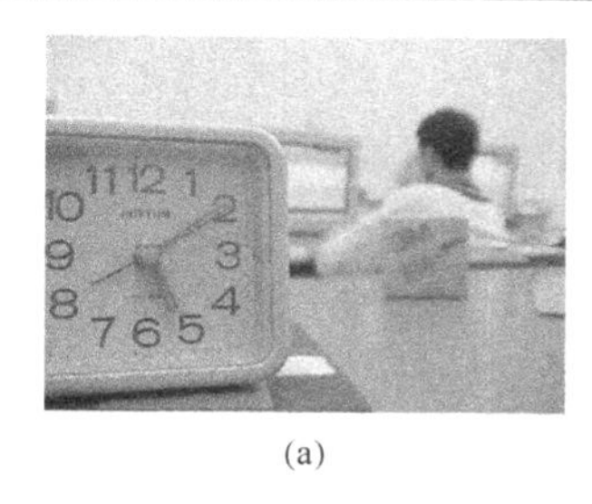

(a)

(b)

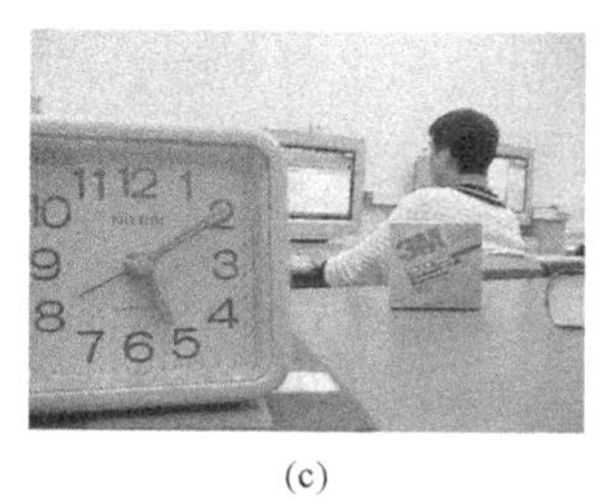

(c)

图 6-5　多聚焦 lab 图像及其融合

实验采用了融合图像的熵、交叉熵和均方根误差来评价融合图像质量，相应的评价数据示于表 6-1。对于同一组融合实验，若某种融合方法得到的融合图像的熵较大，交叉熵较小，E_{rmse} 较小，一般情形下则说明该融合方法性能相对较好。

表 6-1　多聚焦图像融合结果评价对比

融合方案	熵	交叉熵	E_{rmse}
4 band MP	4.5823	0.0031	1.5456
CP	4.4156	0.0054	1.6235
DWT	4.4263	0.0035	1.5702
MP	4.4006	0.0051	1.6121

2. 基于多尺度柔性形态学滤波器的图像融合法

Mukhopadhyay 和 Chanda(2001)提出了一种新颖的基于多尺度形态学滤波器的图像融合方法，它不仅采用了多尺度形态学开闭滤波得到足够平滑的低频图像，而且应用了多尺度 top-hat 变换和 bottom-hat 变换来提取小于该尺度的图像细节特征。这样，将源图像分解为低频平滑图像和多尺度高频细节图像，对低频和多尺度高频图像分别进行融合处理。他们将这种方法应用于 MR 和 CT 医学图像融合，得到了较好的效果。

但是，上面论述的基于数学形态学的所有图像融合方法都使用了标准形态学算子，包括标准形态学膨胀、腐蚀、开闭运算等。一般说来，稳定可靠的图像融合方法除了提取各类模式图像中的互补性信息外，还应该在各种复杂环境下表现出稳健的融合性能。实际情况下，由于受到工作环境和成像传感器噪声的影响，源图像中将可能含有大量噪声，从而产生噪声和有意义的细节信息并存的情况。现有的融合算法不能有效区分噪声和细节信息，噪声有可能作为细节信息被加入到融合图像中。Petrovic 和 Xydeas(2003)对含噪声的静态图像融合做了初步研究，对噪声源图像进行了小波子带的自适应阈值消噪，然后进行融合处理。但是，由于不可能详细了解源图像中的噪声特性，因此对含有丰富细节信息的源图像(如纹理图像)进行消噪处理可能将损失细节信息从而影响最后的融合效果。此外，杨志等(2006)等采用复数小波变换首先对源图像进行分解，在融合规则中设计了两种基于图像结构化信息熵的融合测度，使得融合处理能够自适应地增强细节信息和抑制噪声，但是该方法的融合规则稍显复杂。

相比之下，柔性形态学算子具有更好的保持图像细节和消除噪声的功能；因此，作者应用了柔性形态学算子对图像融合作了相应改进，提出了一种基于多尺度柔性形态学滤波器的图像融合方法，提高了图像融合的鲁棒性，它适用于含有各种噪声的多聚焦图像融合及红外可见光图像融合处理(赵鹏和倪国强，2009)。

多尺度标准形态学滤波器(MSMF)是利用不同尺寸或者不同形状的结构元素进行多次的标准形态学滤波，常用的滤波器结构有串联和并联两种结构。标准形态学滤波运算可以是腐蚀、膨胀、开和闭 4 种运算中的任何一种或两种的组合。其中，多尺度开闭滤波在保持图像细节方面优于多尺度腐蚀和膨胀滤波，因此在形态滤波中较多的被采用。为了得到足够平滑的图像，采用多尺度滤波中的最大尺度结构元素 B_n，这样开、闭平滑处理器 $\overline{g}(\omega,x,y)$ 表示如下：

$$\overline{g}(\omega,x,y)=\omega g\circ B_n(x,y)+(1-\omega)g\bullet B_n(x,y) \tag{6-9}$$

式中，ω 为开平滑处理器的权值；g 为输入的灰度图像；B_n 为结构元素；n 为滤波尺度。此外，平滑处理器的权值 ω 对最后的滤波结果有较大影响，一般取为 0.5。

图像经过开、闭图像平滑处理器处理后将得到足够平滑的低频图像。此外还要提取图像的高频细节信息。在 MSMF 方法中，利用不同尺度间的开或闭运算后得到的差值图像，定义为残留图像，分别用 $F_{B_j}^O$、$F_{B_j}^C$ 表示。$F_{B_j}^O$ 中包括相邻尺度间比该尺度还小的亮点图像，提取这些亮点图像的过程称为 top-hat 变换；$F_{B_j}^C$ 中包括相邻尺度间比该尺度还小的暗点图像，提取这些暗点图像的过程称为 bottom-hat 变换。此过程就完成了不同尺度间的小尺度图像特征提取处理，具体的公式表示如下：

$$F_{B_j}^O=(g\circ B_{j-1})(x,y)-(g\circ B_j)(x,y),\ j=1,2,3,\cdots,n \tag{6-10}$$

$$F_{B_j}^C=(g\bullet B_{j-1})(x,y)-(g\bullet B_j)(x,y),\ j=1,2,3,\cdots,n \tag{6-11}$$

经过多尺度标准形态学滤波后最终形成的图像由 3 部分组成：第 1 部分是运用最大尺度的结构元素进行开闭平滑滤波以后生成的低频平滑图像，此部分包含平滑后图像中的大尺度图像信息；第 2 部分是提取的比该滤波尺度还小的亮点图像高频特征；第 3 部分是提取的比该滤波尺度还小的暗点图像高频特征。这样，应用 MSMF 方法后将原始图像重建如下：

$$y(x,y)=\overline{g}(\omega,x,y)+0.5\left(\sum_{j=1}^{n}F_{B_j}^{O}-\sum_{j=1}^{n}F_{B_j}^{C}\right) \tag{6-12}$$

柔性数学形态学最早由 Koskinen 等学者提出，它与标准数学形态学的主要区别在于结构元素(SE) B 划分为两个子集：硬核 SE A，$A\subset B$ 与软核 SE B/A，这里 / 表示集合的差运算。对于输入信号 f，基本的柔性形态学腐蚀及膨胀运算定义如下(Kuosmanen et al.，1995)：

$$\varepsilon_{B,A,r}(f)=\min^{(r)}\left\{r\Diamond f(a):a\in A_m\right\}\cup\left\{f(b):b\in(B/A)_m\right\} \tag{6-13}$$

$$\delta_{B,A,r}(f)=\max^{(r)}\left\{r\Diamond f(a):a\in A_m\right\}\cup\left\{f(b):b\in(B/A)_m\right\} \tag{6-14}$$

式中，$\min^{(r)}$、$\max^{(r)}$ 为输入数据排序后的第 r 个较小值或较大值；$\left\{r\Diamond f(a)\right\}$ 为信号 $f(a)$ 重复 r 次，即 $\left\{r\Diamond f(a)\right\}=\left\{f(a),f(a),\cdots,f(a)\right\}$；$A_m$ 为移动到第 m 个信号位置上的相应的硬核区域；r 定义为阶数，当 $r=1$ 时就退化为标准形态学了，因此柔性形态学实际运算中设定 $r>1$。在定义了柔性形态学腐蚀及膨胀运算后，类似的可以定义柔性形态学开闭运算：

$$O_{B,A,r}(f)=\delta_{\tilde{B},\tilde{A},r}\left[\varepsilon_{B,A,r}(f)\right] \tag{6-15}$$

$$C_{B,A,r}(f)=\varepsilon_{\tilde{B},\tilde{A},r}\left[\delta_{B,A,r}(f)\right] \tag{6-16}$$

式中，$\tilde{A}=\left\{x\middle|x=-a,a\in A\right\}$；$\tilde{B}=\left\{x\middle|x=-b,b\in B\right\}$。可以看出，在柔性形态学运算中，落入到硬核区域中的信号数据具有较大的权重，而落入到软核区域中的信号数据权重较小。因此，和标准形态学运算比较，柔性形态学运算具有更好的保持图像细节和抗噪声功能。考虑到柔性形态学运算具有更好的保持图像细节和抗噪声功能特点，我们将其应用到多尺度形态学滤波中，进一步改进现有的 MSMF 方法。具体地讲，应用式(6-15)、式(6-16)定义的柔性形态学开闭运算替换 MSMF 中的标准形态学开闭运算。

此外，为了得到良好效果的融合图像，这里设计了一种基于最小最大选择算子的图像融合规则。设 A、B 为两幅配准后的源图像，其融合的基本步骤如下所述。

(1)应用改进的多尺度柔性形态学滤波器方法对源图像 A、B 进行图像分解，将源图像分解为低频平滑图像、高频亮点图像和高频暗点图像 3 部分。

(2)对于这 3 部分分解图像分别进行图像融合。对于低频平滑图像，采用下面融合算子：

$$\overline{g}(F)(\omega,x,y)=\omega g(F)\circ B_n(x,y)+(1-\omega)g(F)\bullet B_n(x,y) \tag{6-17}$$

$$g(F)\circ B_n(x,y)=\begin{cases} g(A)\circ B_n(x,y), if & g(A)\circ B_n(x,y)\leqslant g(B)\circ B_n(x,y) \\ g(B)\circ B_n(x,y), if & g(B)\circ B_n(x,y)< g(A)\circ B_n(x,y) \end{cases} \tag{6-18}$$

$$g(F)\bullet B_n(x,y)=\begin{cases} g(A)\bullet B_n(x,y), if & g(A)\bullet B_n(x,y)\geqslant g(B)\bullet B_n(x,y) \\ g(B)\bullet B_n(x,y), if & g(B)\bullet B_n(x,y)> g(A)\bullet B_n(x,y) \end{cases} \tag{6-19}$$

对于多尺度的高频亮点图像，采用最大融合算子：

$$F_{B_j}^{O}(F)(x,y)=\begin{cases} F_{B_j}^{O}(A)(x,y), if & F_{B_j}^{O}(A)(x,y)\geqslant F_{B_j}^{O}(B)(x,y) \\ F_{B_j}^{O}(B)(x,y), if & F_{B_j}^{O}(A)(x,y)< F_{B_j}^{O}(B)(x,y) \end{cases} \tag{6-20}$$

$$j=1,2,3,\cdots,n$$

对于多尺度的高频暗点图像，采用和式(6-20)相似的融合方法，采用最小融合算子，这里省略。

(3) 最后，应用式(6-12)对融合后的3部分分解图像进行相加合成，生成最终的融合图像 F。

实验使用了标准测试的红外可见光图像，该图像来自于比利时大学的R.S.Blum实验室的测试图像库，如图6-6所示。图6-6中(a)为可见光图像，图6-6(b)为配准后的红外图像；图6-6(c)为应用MSMF方法得到的融合图像，图6-6(d)为应用本方法得到的融合图像(r=2)，可以看出本方法的融合图像视觉效果稍好些。采用的结构元素和滤波尺度为j=3，$\omega=0.5$，采用的条形结构元素为[0 1 0]、[0 1 1 1 0]、[0 1 1 1 1 1 0]，其中数字1表示硬核区域，数字0表示软核区域，相应的评价数据示于表6-2。从表6-2可以看出，r=3的融合图像数据评价稍好于r=2的相应情况，但是r=4时的情况则保持不变了。因此，应用本方法时选择r=2或者r=3就可以了。

(a) 可见光图像

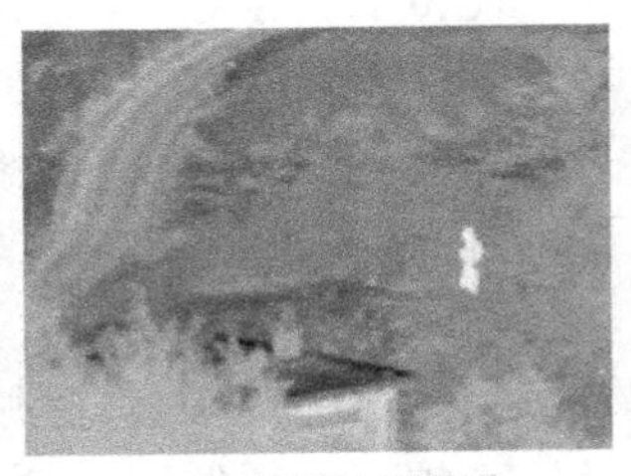

(b) 配准后的红外图像

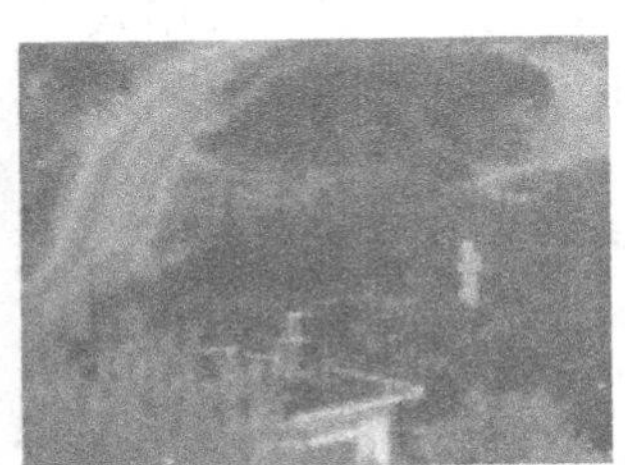

(c) 融合图像(MSMF方法)

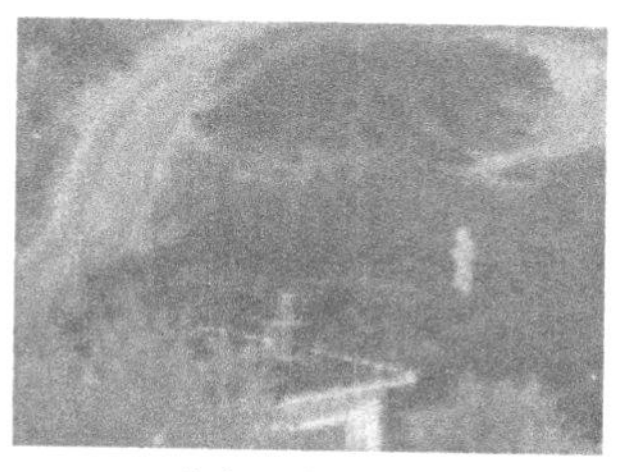
(d) 融合图像(作者方法)

(e) 可见光颗粒噪声图像

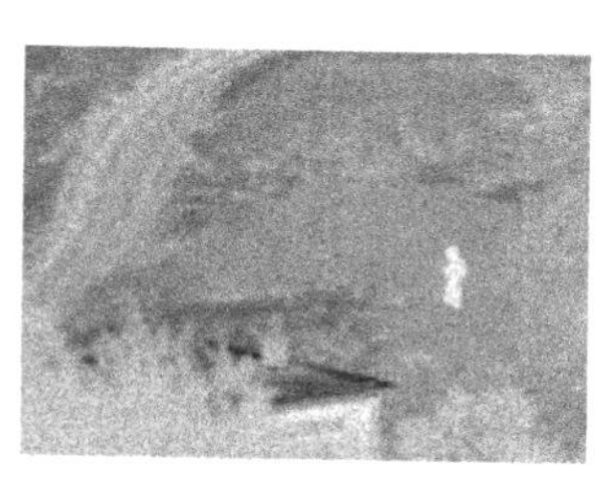
(f) 红外颗粒噪声图像

(g) 融合图像(Petrovic方法)

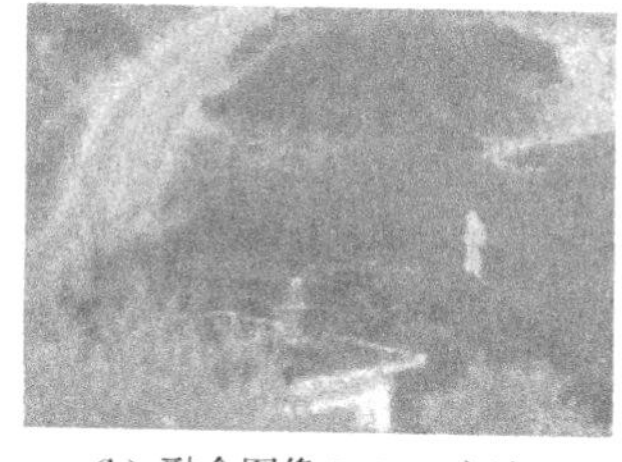
(h) 融合图像(MSMF方法)

(i) 融合图像(作者方法)

图 6-6　红外与可见光图像融合

(a)～(d) 未考虑加入噪声干扰，(e)～(i) 考虑了噪声干扰

表 6-2　红外可见光图像融合结果评价对比

融合方案	熵	交叉熵	E_{rmse}
MSMF	1.8803	0.0756	0.0505
r =2	1.8834	0.0723	0.0494
r =3	1.8868	0.0647	0.0480
r =4	1.8868	0.0647	0.0480

此外，为了比较不同融合方法的抗噪声性能，我们将原始的红外可见光图像分别加入了颗粒噪声，噪声方差为 0.02，如图 6-6 中(e)、(f)所示。图 6-6(g)为应用 Petrovic 的算法得到的融合图像，图 6-6(h)为应用 MSMF 方法得到的融合图像，图 6-6(i)为应用本方法得到的融合图像。可以看出噪声条件下本方法的融合图像视觉效果远远好于其他方法，评价数据示于表 6-3。

表 6-3　噪声条件下红外可见光图像融合结果评价对比

融合方案	熵	SNR	E_{rmse}
Petrovic 算法	1.9325	10.0049	0.1176
MSMF	1.9374	10.9928	0.1050
r =2	1.9400	13.4428	0.0706
r =3	1.9455	14.8652	0.0701

6.3.3　特征级融合方法

这种图像融合是在图像预检测、分割和特征提取以后，并且在假定各个传感器检测相互独立的前提下，将各个特征矢量组合成一个联合矢量，进而实现属性判决的处理过程。因此，特征级融合最关键的前提之一是特征关联，这通常通过配准技术来实现。

近年来，特征关联主要是采用各种算法提取各种模式图像的边缘、纹理、熵及不变矩等特征，然后对提取的特征进行描述，再按照某种相似性度量准则做匹配。由此发展起来的特征关联算法有基于图像边缘的关联算法（Yiyao et al.，2000，2001）、基于分形特征的关联算法（高世海，2000）、基于点特征的关联算法等（Zhou et al.，2002）。

目前，这种特征级融合主要应用在遥感图像处理中，它在图像特征提取、特征选择及特征匹配方面仍需进一步研究。此外，这种融合主要是对各种模式图像中的某一种特征的所有内容进行融合（如对图像中的所有边缘进行处理），处理的数据量大，因此融合一般都是对静态图像作处理。这样，如何针对动态图像（如连续的视频序列图像）中人们感兴趣的特定目标的某一特征进行快速融合处理应该做深入研究，它无疑将在目标检测识别跟踪方面具有广泛的应用前景。

6.3.4 决策级融合方法

决策级融合是图像融合的最高层次，在特征层提取出目标特征并做出单源识别后，决策级融合分别赋予这些单源识别结果不同的置信度，进而将它们融合成更加准确的识别结果。目前主要的融合方法有经典统计判决理论（Benediktsson et al.，1997）、主观 Bayes 估计（Berger，1990）、Markov 随机场模型理论（Solberg et al.，1996）、D-S 证据理论（Hong，1993）、模糊集理论（Zadeh，1985）和专家系统理论（Llinas et al.，1991）。

1. Bayes 估计法

Bayes 估计提供了一种多感知信息的融合方法，它根据概率论规则进行信息融合，不确定性用条件概率 $P(Y|X)$ 表示。Bayes 估计是基于下面的 Bayes 规则进行的：

$$P(Y|X) = P(X|Y)P(Y) / P(X) \tag{6-21}$$

使用似然率、或然率及 Bayes 估计可以进行冗余图像信息的融合，从传感器 S_i 观测得到的与 Y 有关的 X_i 的概率为 $P(X_i|Y)$，同时从传感器 S_i 观测得到的与 Y 无关的 X_i 的概率为 $P(X_i|\overline{Y})$，由似然率公式有：

$$L(X_i|Y) = P(X_i|Y) / P(X_i|\overline{Y}) \tag{6-22}$$

定义 Y 的先验或然率为：

$$O(Y) = P(Y) / P(\bar{Y}) \tag{6-23}$$

假定系统中的每个传感器通道相互独立，给定 n 个通道信息 $X_1 \cdots X_n$，则 Y 的后验或然率为：

$$O(Y|X_1 \cdots X_n) = O(Y)\prod_{i=1}^{n} L(X_i|Y) \tag{6-24}$$

后验或然率与后验概率的关系为：

$$P(Y|X_1 \cdots X_n) = O(Y|X_1 \cdots X_n) / (1 + O(Y|X_1 \cdots X_n)) \tag{6-25}$$

2. 产生式规则系统法

产生式规则可以在传感器信息与其属性之间建立起符号化的关系。间接基于传感器信息的产生式规则可以容易地与直接基于传感器信息的产生式规则组合起来，构成高层表达的推理系统。产生式系统的优点在于可以通过加入新的规则而组合新的融合对象，同时不要求修改已有的规则。一般意义的产生式系统由形如 $X \to Y$ 或者 if X then Y 的规则组成。其中的假设 X 可以由单个断言或者一组断言的合取、析取及否定组成。推理可以是正向或者逆向的。融合不是一般意义的简单推理，其目的是要消除融合对象的不确定性。因此，必须引入对不确定性的表示，一般通过引入带信度因子的产生式系统来实现。

在带信度因子的产生式系统中，每个命题 X 都和其信度因子 $CF(X)$ 联系，具体的表示为 $Xcf(CF(X))$。其中的初始信度为已知值或者零。对于一个基于规则的系统，设其规则集为 R，对于规则 $r_i \in R$，如果与其关联的信度为 CF，具体表示为：

$$r_i : X \to Y \quad cf \quad CF_i(X,Y) \tag{6-26}$$

r_i 中的前提 X 的信度定义为：

$$CF_i(X) = \begin{cases} CF(X) & X = X_1 \\ \min[CF(X_1) \cdots CF(X_n)] & X = X_1 \wedge \cdots X_n \\ \max[CF(X_1) \cdots CF(X_n)] & X = X_1 \vee \cdots X_n \\ -CF(\bar{X}) & \text{其他} \end{cases} \tag{6-27}$$

其中的 X_i 是 X 的前提，$\bar{X}$ 是 X 的否定，则规则 r_i 中结论 Y 的信度由下式决定：

$$CF_i(Y)=\begin{cases}-CF_i(X)CF_i(X,Y) & CF_i(X)<0, CF_i(X,Y)<0 \\ CF_i(X)CF_i(X,Y) & \text{其他}\end{cases} \tag{6-28}$$

如果只有一条规则 r_Y，未知命题 Y 是其结论，则有 $CF(Y)=CF_Y(Y)$。设可以导出结论 Y 的规则集为 $R_Y=\left\{r_i:x\to y\in R \middle| CF_i(x)\neq 0\ and\ y=Y\right\}$。集合 R_Y 的基数为 N，融合的信度为 $CF(Y)=CF(Y)_{j=N}$。

6.4　模式识别与信息融合

本节描述了利用不同通道信息的融合与集成来实现物体识别的几种方法。除了物体识别之外，在识别过程中获取的信息还可以用于物体的控制及景物理解。图 6-7 给出了物体识别的一般性结构。与基于单一传感器信息的物体识别比较，多传感器信息的物体识别系统中传感器信息可以在处理过程中的任一阶段加入系统。在信号层，多传感器数据可进行信号级和像素级融合，从而提高进入特征提取功能之前信号的准确性。在特征提取过程中，多传感器数据融合可以消除对分类无用的特征。在分类识别过程中，统计模式识别和模板匹配技术常用来实现物体分类。对于统计模式识别，有额外的互补性信息所提供的特征可以提高特征空间维数，使得分类更加方便精确。在模板匹配过程中，决策级融合可降低表示物体符号的不确定性。Pau (1988) 曾经描述了一些适合于多传感器数据融合的统计模式识别技术，这些技术的核心是通过使用多传感器提供的关于物体特征的冗余信息降低分类误差。为了避免由于传感器增加所造成的复杂度呈幂指数增加，关键是要求识别过程中的特征和级别数的增加速度要比传感器的增加速度慢。这样就要求改进特征提取和特征选择的方法，这些都是模式识别中的关键问题。

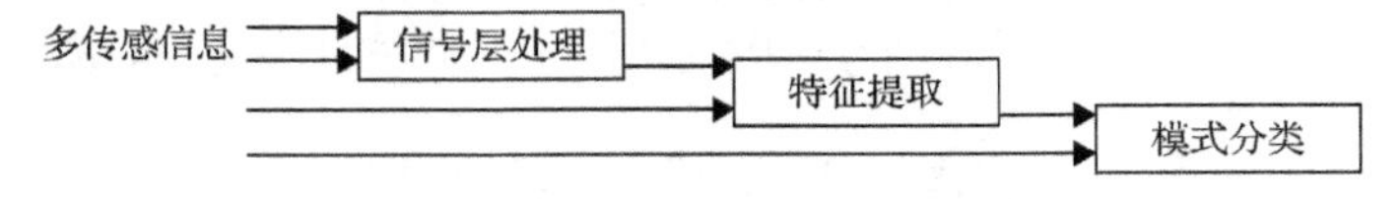

图 6-7　采用多传感器信息的物体识别功能框图

6.4.1　视觉信息融合

视觉信息是物体识别和测量的最有效的单一信息源。人类的视觉感知实际上也并非采用单一信息源。例如，人类感知形状经常是同时利用单目和双目线索的，也就是同时利用立体视差、明暗及遮挡等线索。

除了立体视差与明暗及纹理的融合外，Magee 等讨论了利用灰度信息和距离信息恢复三维物体结构的方法。在视觉计算中，除了利用多种视觉信息融合恢复三维形状外，当某一种特征信息很难获得或者获取需要很长处理时间时，还经常利用其他传感通道信息指导其处理过程。Magee 和 Aggarwal(1985)在物体识别和运动参数估计中，采用了灰度信息指导距离信息的获取。Delcroix 和 Abidi(1988)讨论了融合灰度及距离信息进行边界检测。

融合同样也在序列图像处理中得到了应用，Zhang 和 Faugeras(1992)对融合立体式的图像序列处理进行了讨论。在融合多源信息时，Bayes 方法和 Kalman 滤波器是两个很有效的工具。实际上立体视本身就是融合多视觉信息进行处理的一种典型方法。此外，视觉信息融合对非视觉信息融合产生了重大影响。

6.4.2　视觉与触觉融合

在机器人特别是工业机器人中，手眼系统是最具代表性的，这些机器人可用于物体识别、测量和控制。由于有了可以触摸的机械手，可以用视觉信息引导触觉系统的运动，同时触觉系统反过来又验证了视觉系统的判断。图 6-8 是一个典型的手眼系统，可以用来识别普通的没有明显纹理特征及颜色相近的物体。这对于单一的视觉系统来说是很困难的。如果这时只利用视觉识别系统，那么就会缺少用来匹配及深度分析的特征。通过融合视觉信息和触觉信息可以有效识别洞、坑和曲面形状等复杂信息。在这一系统中，物体表达为若干部件和特征的集合，表面可以表达为双二次样条。

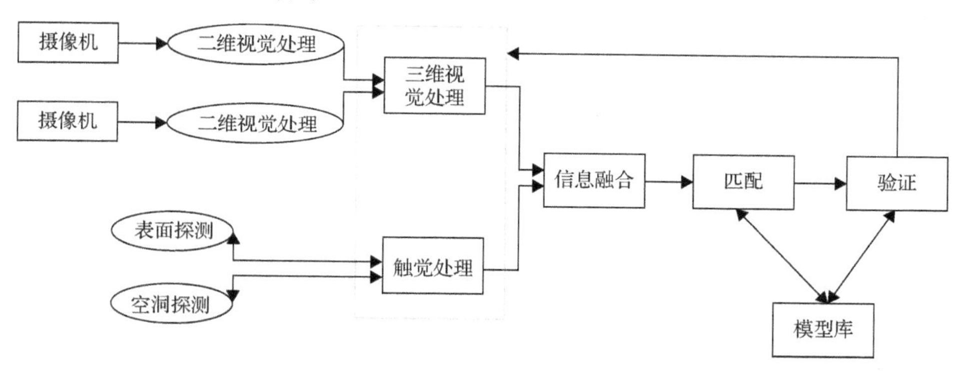

图 6-8　典型的手眼系统

这种手眼系统的一般工作过程可以分为如下五个步骤。

(1) 首先利用二维视觉处理方法确定边界区域，利用立体视觉确定物体的质心，由此作为触觉探测的起点。同时立体视觉可以提供对深度和朝向的初步计算结果，并除去由遮挡噪声等原因形成的孤立特征。在只有视觉处理的系统中，对于非稠密的深度只有通过内插来估计，借助于触觉可以大大提高内插的精度。

(2) 使用触觉系统进一步检查视觉系统识别的各个区域，以决定它是表面还是坑洞。

(3) 对于平滑区域，利用视觉和前面触觉结果及当前触觉信息相融合，生成可以与模型数据库匹配的三维表面片，从与表面相连的位置开始，触觉通道利用结点决定表面踪迹的方向，将这些点沿着每条踪迹连接成最小平方多项式曲线，用来补充立体视觉处理过程中获取的信息。

(4) 利用表面片和闭合曲线(对应孔或者坑)与模型数据库相匹配，以得到与传感信息一致的物体。若一致的物体多于一个，那么用概率测度对需要进行验证的物体进行排序。

(5) 一旦确定了与数据库对应的物体，下一步就需要对未被感知的特征进行验证。对于视觉上被遮挡的洞和坑需要用触觉感知来检测，但是只靠触觉感知也很困难，因此视觉的作用是对触觉系统的导引和确定需要触觉探测的区域。

6.4.3 视觉与红外信息融合

在目标识别中，红外与可见光是一种常用的互补手段，可用来对户外景物特别是军事目标进行分类。红外摄像机用来获取景物的红外图像，可见光摄像机用来获取灰度图像。调整两摄像机使得其在空间对应或者对红外可见光图像应用图像配准技术，能够实现对复杂环境中物体的有效识别。

6.4.4 自动目标识别

用定位在一个平台上的多种互补的传感器实现自动目标识别是当前的一个重要研究领域。大多数自动目标识别系统不但能够检测目标，而且在某种程度上又能够识别目标。在某些情况下只需要对目标进行分类，或者是某种可能的威胁，或者是属于某一类目标，如坦克；而在某些条件下则要求能够识别某一类目标的特定类型，如某种具体型号的坦克。这些具体的应用经常来自于军事领域，此时除了考虑一般目的的目标识别外，还必须考虑大量的附加需求。在军事领域中多传感器集成与融合的应用，使得自动目标识别系统能够满足这些附加条件。例如，一个系统同时用一组主动传感器和被动传感器去挫败对方可能的对策。在需要实时处理的情况下，对每个传感器捕获的数据并行处理，用不同的传感器组响应随时变化的环境条件，应用分布的传感器平台去克服可能的目标障碍。在几乎所有关于自动目标识别系统的研究中，都特别强调了多传感器的集成与融合的重要作用。

为了在各种环境条件下实际识别目标，自动目标识别系统通常总是采用多个传感器来提供互补性信息。在许多要求实时处理的系统中，信号级或者像素级融合有很多应用，这是因为相对于高层融合方法来讲，低层融合需要较少的处理能力。如果在一个系统中不同传感器提供的信息之间差别很小，并且多个传感器处于同一个平台上，如果不考虑通信带宽等问题，那么信号级或者像素级融合在许多情况下是可行的。采用决策级融合经常需要结合专家系统及其他的 AI 技术。在高层融合上，Dempster-Shafer 证据推理、Bayes 估计及模糊理论等都是常用的方法。

典型的自动目标识别及多目标跟踪系统如图 6-9 所示，它把识别和跟踪子系统的部分处理结果应用于其他子系统的不同处理阶段。把一个图像传感器(如红外或者可见光摄像机)和一个提供目标范围的传感器放在同一个传感平台上(如直升机)，为了检测出图像中的潜在目标，通过测量平台运动导出图像相对于地面坐标的位置。用图像范围信息去标定检测窗口。在多目标跟踪子系统中，用候选目标的运动特征，如速度和位置来实现跟踪，而把非运动特征(如像素数量、几何不变矩及目标与背景的灰度对比)用在自动目标识别子系统中进行目标的分类，而且非运动特征也可以用在跟踪子系统以更新跟踪对象的状态，同时也可以把运动特征用在识别子系统辅助目标分类。识别和跟踪处理的结果是指示目标类型的符号和相对平台的位置信息。

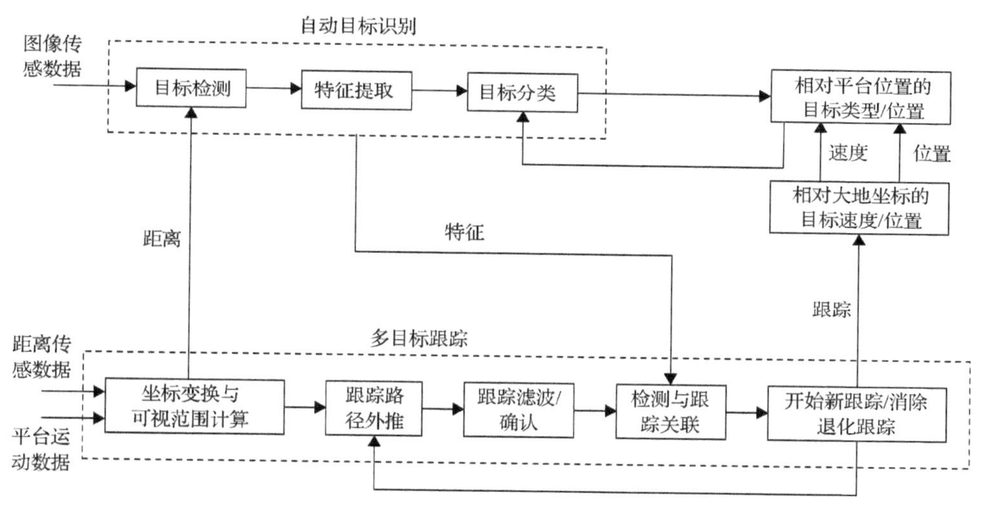

图 6-9　自动目标识别与多目标跟踪系统结构图

6.4.5　移动机器人的感知信息融合

在移动机器人中，如果以摄像机作为视觉传感器，那么几乎所有的这类机器人都装备了超声或激光测距系统，实现对道路和障碍等信息的融合。一个典型的实例是卡内基梅隆大学的移动式机器人 Navlab，其上同时装备了摄像机、激光测距仪及声呐等设备，其中与感知有关的结构如图 6-10 所示。

摄像机信号的处理结果、激光测距仪测量的深度信息及声呐信号在作为黑板系统的 Sun 3/75 上进行融合，其作用是当光学摄像机由于某种原因(如阴影及光照的影响)生成错误的输出信号时，根据从激光测距仪和声呐获得的信息对其结果进行纠正，同时又能够对远距离的景物进行感知。由于声呐和激光测距仪的工作距离有限，而光学摄像机可以获取更远距离的信息，因此它们的融合表现为一种互补式的融合。

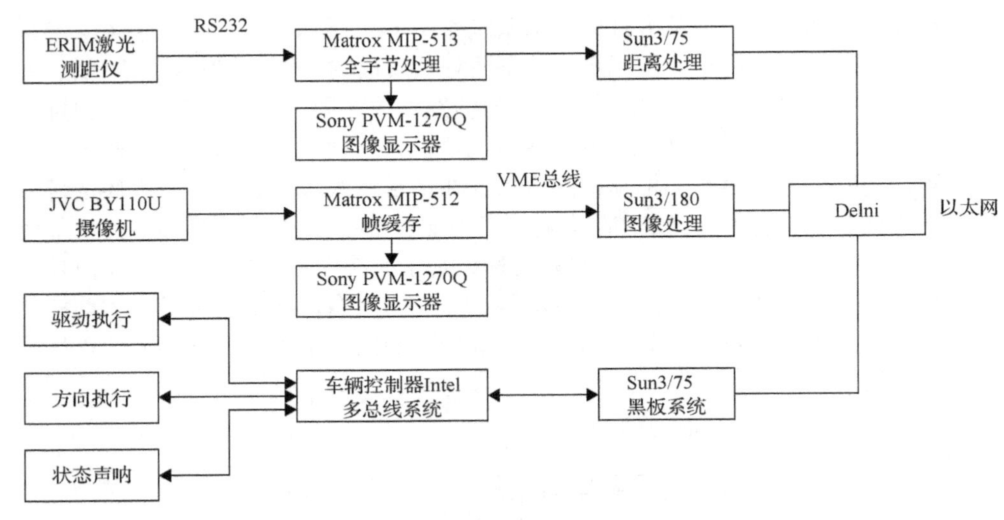

图 6-10　Navlab 与感知融合有关的结构图

在 Navlab 中采用黑板系统进行融合，优点在于扩充性好，并且只有当每个传感器获得的信息在各自处理器或计算机处理之后再进行融合，因此主要表现为特征级融合。这种融合方式相对于数据级融合来说可靠性增加了。实际上融合对于在复杂环境下工作的视觉系统来说的确是不可缺少的组成部分。

6.5　采用颜色纹理及光谱特征进行木材树种的分类识别

本节将数据融合技术应用到木材树种分类识别研究中，提出了一种基于模糊 BP 综合神经网络的新型木材树种分类识别方法，该方法具有下面几点优点。首先，它使用了分类特征的模糊化处理，充分考虑了木材的分类特征本身存在的不确定性。其次，它使用了一种特征级数据融合方法，该综合神经网络包括颜色特征、纹理特征和光谱特征四个 BP 子网络。使用了散度进行光谱特征波段的特征选择，还使用遗传算法对网络结构进行优化处理，提高了该综合神经网络的收敛性和稳定性。实验时针对东北地区常见的 5 种树种(白松、樟子松、落叶松、杨木和桦木)木材进行分类测试，实验结果表明 5 种树种木材的混合识别率达到了 89%，具有较好的分类识别精度(窦刚等，2015)。

6.5.1　木材表面分类特征提取

1. 颜色特征

首先采集木材表面的彩色可见光图像，然后经大量测试和优化，发现下面 4

个典型的颜色特征组合分类效果较好，即 RGB 空间的 $(2R+G+3B)/6$、$(4R+G+B)/6$ 和 HSI 空间的 H variance、S variance。将这 4 个特征作为木材树种识别颜色子网络的输入量，分别用 $T_1,\cdots,T_4$ 表示。

2. 纹理特征

先将原始图像的 RGB 空间转换到 HSI 空间，得到 S 分量矩阵，为减少计算量，将其灰度级重新分为 6 档。为了避免木材样本的方向对于纹理特征量的影响，采用 0°、45°、90°、135°四个方向上相距为 d 个像素的四个共生矩阵的和定义为木材表面纹理共生矩阵，本文中 d=1，使用的 4 个主要纹理特征统计量如式(6-29)所示，另外 4 个次要纹理特征统计量如式(6-30)所示。

$$\begin{cases} T_5=\sum_{i=1}^{N_g}\sum_{j=1}^{N_g} iP(i,j) \\ T_6=\sum_{i=1}^{N_g}\sum_{j=1}^{N_g}(1-i)^2 P(i,j) \\ T_7=\sum_{i=1}^{N_g}\sum_{j=1}^{N_g} P(i,j)^2 \\ T_8=-\sum_{i=1}^{N_g}\sum_{j=1}^{N_g} P(i,j)\log_{10}P(i,j) \end{cases} \tag{6-29}$$

$$\begin{cases} T_9=\max(P(i,j)) \\ T_{10}=\sum_{i=1}^{N_g}\sum_{j=1}^{N_g}\frac{1}{1+(i-j)^2}P(i,j) \\ T_{11}=\sum_{i=1}^{N_g}\sum_{j=1}^{N_g}(i-j)^2 P(i,j) \\ T_{12}=\sum_{i=1}^{N_g}\sum_{j=1}^{N_g}(i+j-2u)^4 P(i,j) \end{cases} \tag{6-30}$$

式中，N_g 为灰度级的档数；u 为像素平均灰度。其中的 $T_5,\cdots,T_8$ 为基本特征，在木材树种分类中起主要作用；另外的 $T_9,\cdots,T_{12}$ 是在前几个特征基础上定义的，定义为次要特征，在树种分类中起辅助作用。

3. 光谱特征

利用 ASD 生产的 FieldSpec ProFR 便携式多光谱辐射仪测量木材表面的光谱

反射率，测量波长范围是 350～2500nm，从中选择差异较大的波段用于树种识别。采集的光谱经过 ASD 的专业软件转换成光谱数据文件，根据实验数据分析，将光谱反射率特征选择在红外和近红外波长范围内比较合适。这里选 354～373nm、700～719nm、1668～1687nm、1750～1769nm 四个波段的反射率的和作为木材表面的光谱特征 $T_{13},\cdots,T_{16}$。

6.5.2　模糊 BP 神经网络设计

木材树种自动识别 BP 神经网络的输入特征包括颜色、纹理和光谱总共 16 个特征分量，这 16 个分量如果组合成一个特征向量并且直接作为神经网络的输入向量，则将导致网络结构过于庞大和网络训练过于复杂。因此，本文提出了一种新颖的包括颜色特征子网络、主要纹理特征及次要纹理特征子网络和光谱特征子网络的新型综合网络分类识别系统。该综合网络不仅实现了木材各种特征的特征级数据融合处理，而且降低了网络的复杂程度和网络学习训练时间，提高了 BP 网络的实用性和效率。

该模糊 BP 神经网络由 5 层组成，具体的网络结构如图 6-11 所示。网络的第 1 层为输入层，如果将 $T_1,\cdots,T_{16}$ 直接用一个特征向量表示并且作为网络的输入向量，则会导致网络结构过分庞大复杂。此外，由于颜色纹理及光谱的各类特征分量的取值范围差别较大，将各类特征分量直接混合在一起必然引起网络权重的混乱，从而造成网络分类识别能力的下降。因此需要按照特征分量的类别将神经网络分解为四个特征子网络。

网络的第 2 层实现输入特征分量的模糊化，每个输入特征分量 $T_i(i=1,\cdots,16)$ 模糊化为 3 个模糊子集，分别用 $\boldsymbol{L}$、$\boldsymbol{M}$、$\boldsymbol{S}$ 表示。$U_L(T_i)$、$U_M(T_i)$、$U_S(T_i)$ 分别表示输入分量 T_i 隶属于 3 个模糊子集的隶属度，其隶属函数取为梯形函数，函数形式分别为：

$$U_L(x)=\begin{cases}1, x<a\\ \dfrac{b-x}{b-a}, a\leqslant x<b\\ 0, x\geqslant b\end{cases}\quad U_M(x)=\begin{cases}0, x<a\\ \dfrac{x-a}{b-a}, a\leqslant x<b\\ 1, b\leqslant x<c\\ \dfrac{x-d}{c-d}, c\leqslant x<d\\ 0, x\geqslant d\end{cases}\quad U_S(x)=\begin{cases}0, x<c\\ \dfrac{x-c}{d-c}, c\leqslant x<d\\ 1, x\geqslant d\end{cases}\tag{6-31}$$

式中，x 为各个特征分量值；$a=1/5(x_{\max}-x_{\min})$；$b=2a$；$c=3a$；$d=4a$，隶属函数曲线如图 6-12 所示。

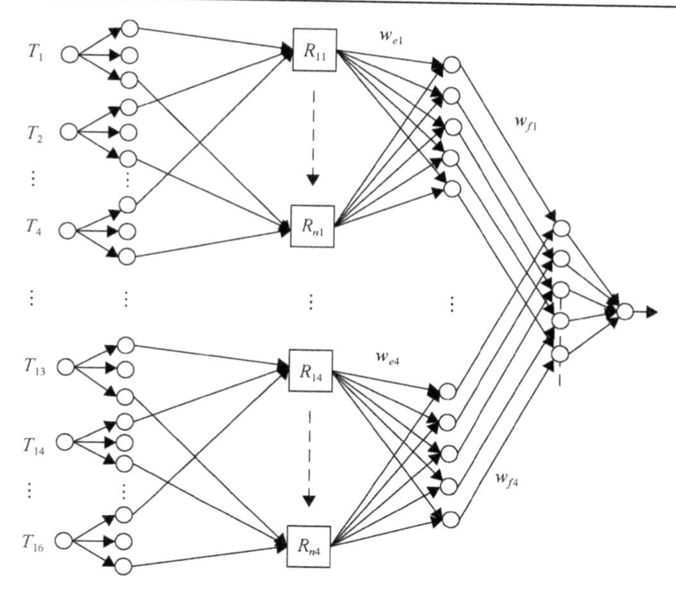

图 6-11　模糊 BP 综合神经网络结构图

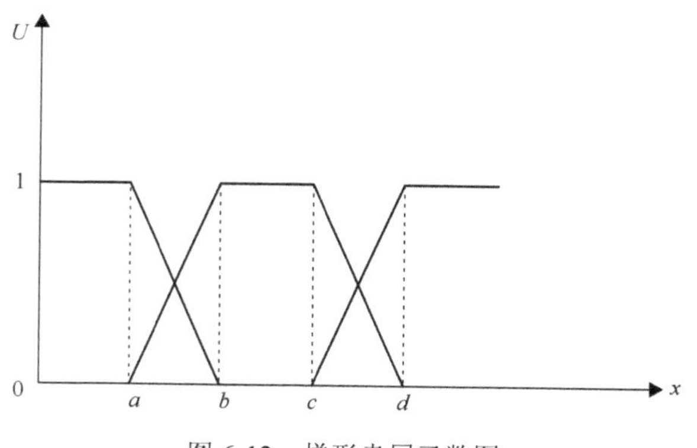

图 6-12　梯形隶属函数图

网络的第 3 层实现模糊集运算，其中 $R_{11},\cdots,R_{n1}$ 是第 1 个子网络的模糊规则，$R_{14},\cdots,R_{n4}$ 表示第 4 个子网络的模糊规则。理论上，每个子网络模糊规则应该遍历输入模糊集的每一种组合，这时每个子网络的模糊规则数目是 3^4=81。在实际设计中，为了降低网络的复杂程度和网络学习训练时间，使用遗传算法进行模糊规则的优化选取。经过优化选取，删除那些对分类没有作用或者作用力很小的规则。在遗传算法中，编码形式采用十进制编码方式；适应度函数定义为 1/MSR，MSR 定义为网络的期望输出与实际输出的均方差。在上述编码基础上，采用轮盘赌选择机制和两点交叉随机突变的遗传操作，对网络结构进行寻优。最后按照模糊规则的适应度大小，每个子网络优先保留适应度较大的 25 条模糊规则，这层的网络输出为各条模糊规则的适用度。

网络的第 4 层为四个子网络的归一化层，每个子网络共有 5 个节点，分别对应于每个子网络中判别分属于5种树种的隶属度(实验中我们对常见的5种树种作分类识别)。w_{e1}、w_{e4} 分别表示第 1 个子网络和第 4 个子网络的归一化系数。

网络的第 5 层为四个子网络的综合输出层，图 6-11 中的 w_{f1}、w_{f4} 分别表示第 1 个子网络和第 4 个子网络的网络权重，该层的输出表示综合四个子网络后分属于 5 种树种的隶属度。这里取 $w_f=(0.2,0.4,0.2,0.2)^{\mathrm{T}}$，分别对应于颜色、主要纹理、次要纹理和光谱这四个子网络的网络权重。

在网络的训练过程中，网络输出 $(0,0,0,0,1)^{\mathrm{T}}$、$(0,0,0,1,0)^{\mathrm{T}}$、$(0,0,1,0,0)^{\mathrm{T}}$、$(0,1,0,0,0)^{\mathrm{T}}$、$(1,0,0,0,0)^{\mathrm{T}}$ 分别对应于白松、樟子松、落叶松、杨木和桦木这 5 种树种。实际的网络训练很难达到理想值 0 和 1，因此训练中分别用 0.02 和 0.98 作为目标值。网络的第 6 层实现解模糊，即把模糊量转化为确切的输出值。

6.5.3 实验分析与讨论

1. 实验系统与材料

根据机器视觉木材树种自动识别原理，建立了由摄像机、图像采集卡、多光谱辐射仪、计算机等构成的实验平台。本系统采用日本 Sony 公司生产的 DCR-PC5E 数码摄像机，分辨率为 40 万像素，内置 i.LINK(IEEE 1394)数码输入输出端子，120 倍数码变焦。数码摄像机拍摄的图像，经过 1394 卡送入到计算机，再利用 Ulead Videostudio 6.0 软件完成图像采集工作。多光谱辐射仪用于测量木材的光谱反射率，采用美国 ASD 公司的 FieldSpec ProFR 便携式分光辐射光谱仪，该仪器工作波长范围 350～2500nm；采样频率 10 次/s，光谱采样间隔 1.4nm。本系统的计算机 CPU 主频为 1.6GHz，内存 256MB，硬盘空间 100G，使用了 Matlab 6.5 编程环境完成木材树种分类识别系统。

数据采集包括木材样本图像采集和光谱反射信息的测量，在大庆市木材批发市场购买了 5 种常见树种白松、樟子松、落叶松、杨木和桦木。每种树种的木材加工成大约 20cm×15cm×5cm 的木材横切面木块，选取 5 种树种共 1000 块木块作为实验样本，其中 500 块作为神经网络分类器训练样本，其余的作为测试样本。

2. BP 综合神经网络性能对比实验

本节进行了模糊 BP 神经网络和普通 BP 神经网络的收敛性能对比实验。收敛性是网络系统的重要指标，它受学习速率和网络结构等因素的影响，其中学习速率影响最大。本节主要研究学习速率对于收敛性的影响。使用训练样本的 16 个特征分量作为输入量，分别送到网络结构为 4-3-25-5-5 的四个模糊 BP 神经子网络和网络结构为 4-3-25-5-5 的四个 BP 神经子网络所组成的 BP 综合网络中，进行网络性能对比性实验。两个综合网络的学习速率都是 $lrater(N)=lrater(N-1)\times 0.999$，$lrater(0)=0.4$。其中 N 是网络训练次数，对比结果如图 6-13 所示。

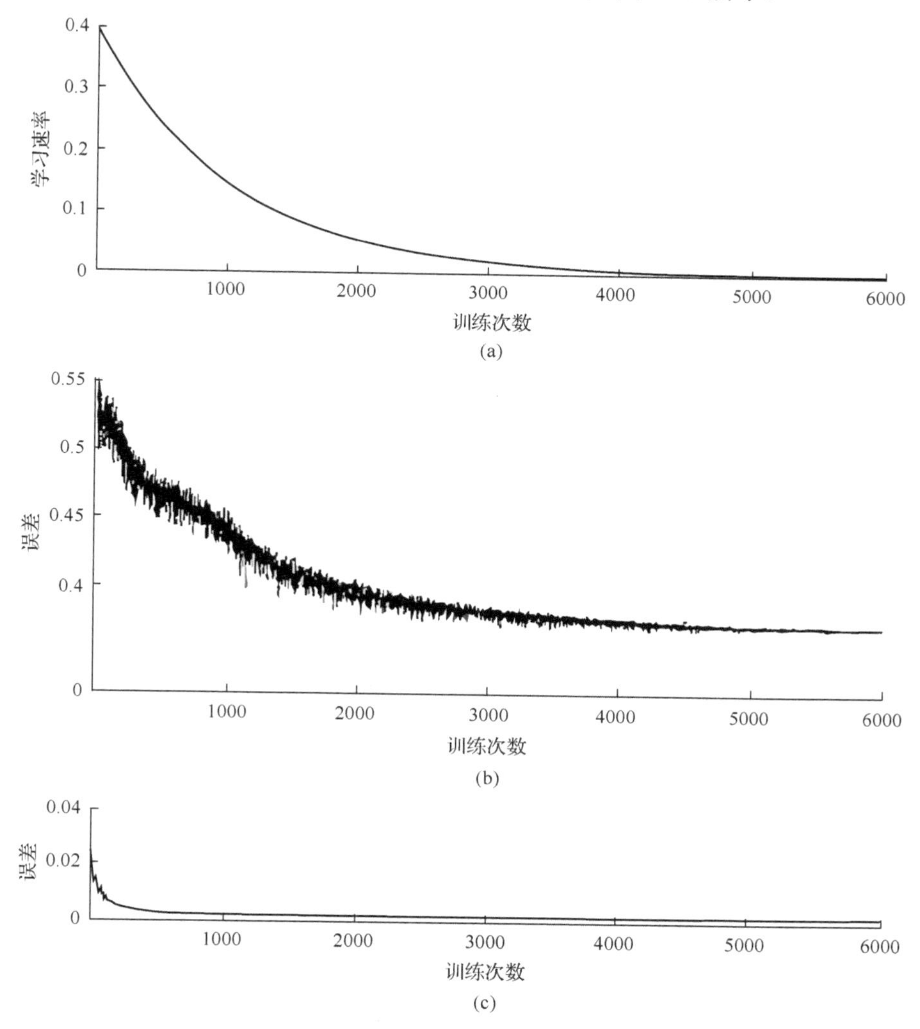

图 6-13　学习速率对网络收敛性的影响[$lrater(0)=0.4$]

(a)学习速率图；(b)普通 BP 综合网络的收敛误差；(c)模糊 BP 综合网络的收敛误差

从图 6-13 可以看出模糊 BP 综合神经网络可以在较高的学习速率下进行学习，并且网络很快收敛，例如训练到第 500 次时，均方根误差就收敛到 0.003。但是普通 BP 综合神经网络训练到 5500 次时，均方根误差才收敛为 0.375。可见本文提出的模糊 BP 综合神经网络的收敛性能优于普通 BP 综合神经网络。

此外，本实验还将学习速率的初始值由 0.4 增加到 0.5，实验对比结果如图 6-14

所示。可以看出，模糊 BP 综合神经网络在增加学习速率时，系统在训练 4000 次后开始收敛，最后的均方根误差为 0.078。普通 BP 综合神经网络训练 5650 次后稳定，在此之前网络振动幅度较大，最后的均方根误差 0.365。可见模糊 BP 综合神经网络可以在较高的学习速率下稳定学习，它在系统收敛性方面也优于普通 BP 综合神经网络。因此，模糊 BP 综合神经网络的训练时间(它指达到相同的均方根误差而停止训练，训练过程中所消耗的时间称作神经网络的训练时间)远远小于普通 BP 综合神经网络的训练时间。

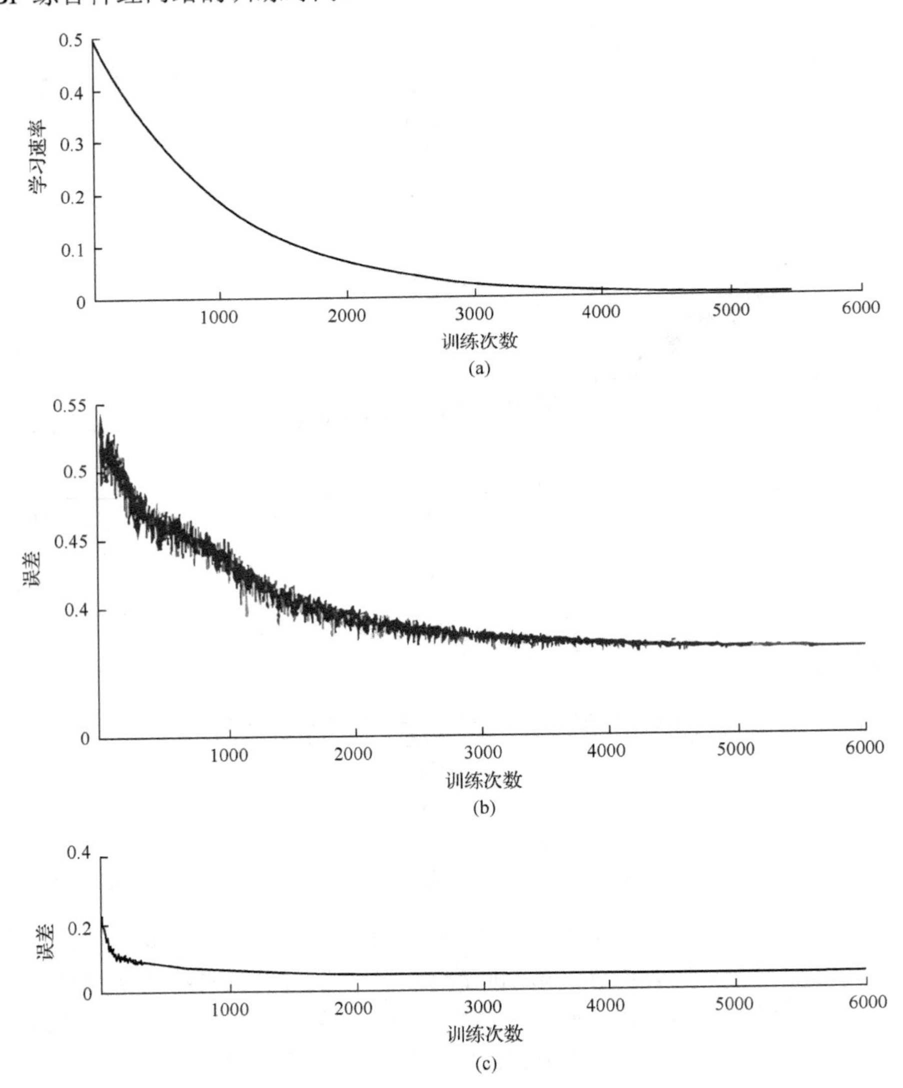

图 6-14　学习速率对网络收敛性的影响[*lrater*(0)=0.5]

(a)学习速率图；(b)普通 BP 综合网络的收敛误差；(c)模糊 BP 综合网络的收敛误差

3. 木材树种分类识别对比实验

使用的测试样本选用训练样本以外的样本，选取 5 种树种木块每种各 100 块总共 500 块进行分类识别实验。利用本文的模糊 BP 综合神经网络进行识别，单一树种的识别率在 92%以上，5 种树种混合识别率达到 89%。利用普通 BP 综合神经网络进行识别，单一树种的识别率大约为 85%，5 种树种混合识别率达到 83%。

关于 5 种树种木材表面的光谱反射率采集，为了减少实验时光照变化和光散射作用等外界干扰因素的影响，每个木块表面共多次采集 6 条光谱反射率曲线。图 6-15 给出了 5 种树种木块的 5 条光谱反射率曲线的实例。根据实验数据分析，将光谱反射率特征选择在红外和近红外波长范围内比较合适。这里选 354～373nm、700～719nm、1668～1687nm、1750～1769nm 四个波段的反射率的和作为木材表面的光谱特征 $T_{13},\cdots,T_{16}$ 。

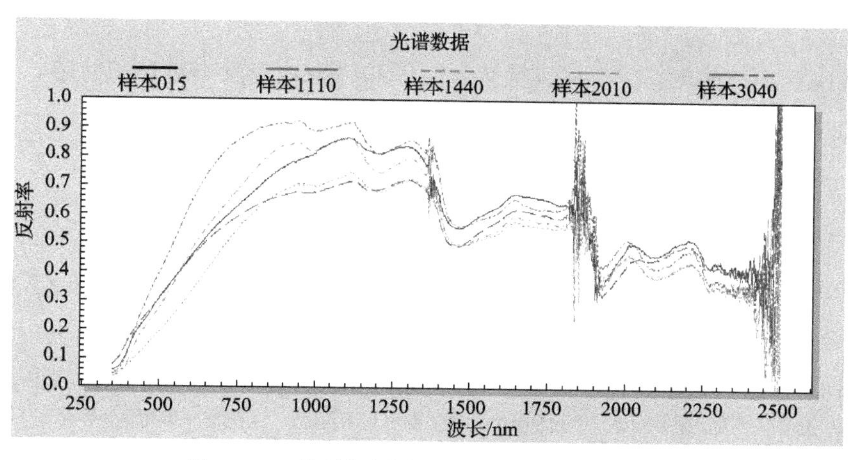

图 6-15　不同树种木材表面的光谱反射率曲线

样本 015. 杨树；样本 1110. 桦木；样本 1440. 白松；样本 2010. 落叶松；样本 3040. 樟子松

关于木材检测的光谱反射率的四个特征波段区间的选取，这里使用了基于散度的特征选择方法，具体过程简述如下。实验收集到的木材光谱反射率曲线波段为 350～2500nm，所以每条曲线的原始实验数据为一个 2150 维的向量(光谱采样间隔设定为 1nm)。所以要对实验数据进行特征选择/降维处理。由于训练时每类树种光谱反射率曲线为 600 条，可以近似正态分布，能求出该树种在每个采样点上的均值、方差，所以本文采用散度求出两两类别间的不一致性，并得出总的平均可分性信息。定义正态分布下的散度公式：

$$J_{ij}^{k} = G_k = \frac{(m_{ik} - m_{jk})^2}{\sigma_{ik}^2 + \sigma_{jk}^2} \tag{6-32}$$

式中，k 为采样波长；G_k 为第 i 类和第 j 类的散度，共有 5 个类别的树种，所以可得 C_5^2 个 G_k。

$$J^k = \sum_{i=1}^{c} \sum_{j=i+1}^{c} P(w_i)P(w_j)J_{ij}^k \tag{6-33}$$

对已算出的 10 个散度 J_{ij}^k 加和，得到在 k 波长下 C=5 个树种总体可分性，$P(w_i)P(w_j)$ 为先验概率，此处取 0.2。得出 J^k 的值按从大到小排序，在选择特征分量时，应选择前面较大的 J^k 对应的特征分量。但上述 J^k 是 J_{ij}^k 的简单线性相加，可能出现一对树种散度非常大，使总的散度值很大，从而掩盖了对那些散度较小的类对的判别。为了解决这一问题，引入变换散度。定义变换散度：

$$J_{ij}^{kT} = 100\% \times (1 - \exp(-J_{ij}^k / 8)) \tag{6-34}$$

对于散度较小的类对，J_{ij}^{kT} 比较敏感。可解决“大数淹没小数”的问题。对变换散度加和：

$$J^{kT} = \sum_{i=1}^{c} \sum_{j=i+1}^{c} P(w_i)P(w_j)J_{ij}^{kT} \tag{6-35}$$

这样，最终得到了 $J^{350T}, J^{351T}, J^{352T}, \cdots, J^{2500T}$，按值从大到小排序，取前面若干个较大的 J^{kT} 对应的特征分量及相应的采样优选波长。最后，选择特征波段区间时应该选择包含尽可能多的采样优选波长所构成的波段区间。经过实验，最终选取 354～373nm、700～719nm、1668～1687nm、1750～1769nm 作为特征波段区间。

本实验测试的 5 种树种共计 500 个样本，分别送入模糊 BP 综合神经网络和普通 BP 综合神经网络进行分类实验，学习速率初始值为 $lrater1 = 0.4$，$lrater2 = 0.5$，实验结果如表 6-4 所示。可以看出，网络的学习速率越高，正确识别率就越低。另外，模糊 BP 综合神经网络的处理速度略低于普通 BP 综合神经网络，但是在分类识别率方面前者明显优于后者。

表 6-4　两种神经网络分类性能的比较

性能指标	模糊 BP 综合神经网络		普通 BP 综合神经网络	
	*lrater*1	*lrater*2	*lrater*1	*lrater*2
处理时间/(s/木块)	0.0252	0.0195	0.0229	0.0177
混合识别率/%	89	86	83	79

参考文献

窦刚, 陈广胜, 赵鹏. 2015. 采用颜色纹理和光谱特征的木材树种分类识别. 天津大学学报, 48(2): 147-154.

高世海. 2000. 应用分形特征的景象匹配仿真. 中国图像图形学报, 5(9): 730-733.

苗启广, 王宝树. 2005. 基于非负矩阵分解的多聚焦图像融合研究. 光学学报, 25(6): 755-759.

杨志, 毛士艺, 陈玮. 2006. 基于图像局部结构化信息熵的多分辨率多模图像融合. 电子与信息学报, 28(5): 883-889.

赵鹏, 倪国强. 2009. 基于柔性形态学多尺度滤波器的图像融合. 光电子激光, 20(9): 1243-1247.

赵鹏, 浦昭邦. 2007. 基于形态学 4 子带分解金字塔的图像融合. 光学学报, 27(1): 40-44.

Barron D R, Thomas O D J. 2001. Image fusion through consideration of texture components. IEEE Trans on Electronics Letters, 37(12): 746-748.

Benediktsson J A, Sveinsson J R, Swain P H. 1997. Hybrid consensus theoretic classification. IEEE Trans on Geo-science and Remote Sensing, 35(7): 833-843.

Berger J. 1990. Statistical decision theory: foundations, concepts and methods. London: Springer-Verlag: 25-86.

Burt P J, Adelson E H. 1983. The Laplacian pyramid as a compact image code. IEEE Trans on Communications, 31(4): 532-540.

Costantini M, Farina A, Zirili F. 1997. The fusion of different resolution SAR images. Proceedings of the IEEE, 85(1): 139-146.

Delcroix C J, Abidi M A. 1988. Fusion of range and intensity edge maps. Proc of SPIE, 1003: 145-152.

Harmon S Y, Bianchini G L, Pinz B E. 1986. Sensor data fusion through a distributed blackboard. Proc of IEEE ICRA. New Jersey: IEEE Press: 1149-1154.

Hong L. 1993. Recursive temporal-spatial information fusion with application to target identification. IEEE Trans on Aerospace and Electronic Systems, 29(2): 435-445.

Jain R C, Binford T O. 1991. Dialogue ignorance, myopia, and naivete in computer vision systems. CVGIP: Image Understanding, 53(1): 112-117.

Jia Y H. 1998. Fusion of Landsat TM and SAR images based on principal component analysis. Remote Sensing Technology and Application, 13(1): 46-49.

Johnson D, Shaw S, Reynolds S, et al. 1989. Real time blackboards for sensor fusion. Proc of SPIE, 1100: 61-73.

Koren I, Laine A, Taylor F. 1995. Image fusion using steerable dyadic wavelet transform. Proceedings of International Conference on Image Processing. New Jersey: IEEE Press: 232-235.

Kuosmanen P, Koivisto P, Huttunen H, et al. 1995. Shape preservation criteria and optimal soft morphological filtering. Journal of Mathematical Imaging and Vision, 5(4): 319-335.

Li H, Manjunath B S, Mitra S. 1995. Multi-sensor image fusion using the wavelet transform. Graphical Models and Image Processing, 57(3): 235-245.

Liu Z, Tsukadak K, Hanasaki K, et al. 2001. Image fusion by using steerable pyramid. Pattern Recognition Letters, 22(9): 929-939.

Llinas J, Neal J, Kuperman G. 1991. Systemic and practical views on intelligent interfacing for data fusion applications. Proceedings of the 8th International Conference on Computing in Aerospace. New Jersey: IEEE Press: 623-644.

Luo R C, Kay M G. 1992. Data fusion and sensor integration: state-of-the-art 1990s. Data fusion in robotics and machine intelligence. New York: Academic Press, Inc.

Magee M J, Aggarwal J K. 1985. Using multi-sensory images to derive the structure of three-dimensional objects-A review. CVGIP, 32(2): 145-157.

Matsopoulos G K, Marshall S. 1995. Application of Morphological Pyramids: Fusion of MR and CT Phantoms. Journal of Visual Communication and Image Representation, 6(2): 196-207.

Mitiche A, Henderson T C, Laganiere R. 1988. Decision networks for multi-sensor integration in computer vision. Proc of SPIE, 1003: 291-299.

Mukhopadhyay S, Chanda B. 2001. Fusion of 2D grayscale images using multi-scale morphology. Pattern Recognition, 34(12): 1939-1949.

Nunez J, Otazu X, Fors O, et al. 1999. Multi-resolution-based image fusion with additive wavelet decomposition. IEEE Trans on Geo-science and Remote Sensing, 37(3): 1204-1211.

Pau L F. 1988. Sensor data fusion. Journal of Intelligent Robotics System, 1: 103-116.

Pei S C, Chen F C. 1995. Hierarchical image representation by mathematical morphology subband decomposition. Pattern Recognition Letters, 16(2): 183-192.

Petrovic V S, Xydeas C S. 2003. Sensor noise effect on signal-level image fusion performance. Information Fusion, 4(3): 167-183.

Petrovic V S, Xydeas C S. 2004. Gradient-based multi-resolution image fusion. IEEE Trans on Image Processing, 13(2): 228-237.

Solberg A H S, Taxt T, Jain A K. 1996. A Markov random field model for classification of multi-source satellite imagery. IEEE Trans on Geo-science and Remote Sensing, 34(1): 100-113.

Toet A. 1989a. A morphological pyramidal image decomposition. Pattern Recognition Letters, 9(4): 255-261.

Toet A. 1989b. Image fusion by a ratio of low-pass pyramid. Pattern Recognition Letters, 9(4): 245-253.

Toet A. 1992. Multi-scale contrast enhancement with applications to image fusion. Optical Engineering, 31(5): 1026-1031.

Toet A, Walraven J. 1996. New false color mapping for image fusion. Optical Engineering, 35(3): 650-658.

Xia Y, Leung H, Boss E E. 2002. Neural data fusion algorithms based on a linearly constrained least square method. IEEE Trans on Neural Networks, 13(2): 320-329.

Yiyao L, Venkatesh Y V, Ko C C. 2000. Multi-sensor image fusion using influence factor modification and the ANOVA methods. IEEE Trans on Geo-science and Remote Sensing, 38(4): 1976-1988.

Yiyao L, Venkatesh Y V, Ko C C. 2001. A Knowledge-based Neural Network for Fusing Edge Maps of Multi-sensor Images. Information Fusion, 2: 121-133.

Zadeh L A. 1985. Syllogistic reasoning in fuzzy logic and its application to usuality and reasoning with dispositions. IEEE Trans on System, Man and Cybernetics, 15(6): 754-763.

Zhang Z, Blum R S. 1999. A categorization of multi-scale decomposition based image fusion schemes with a performance study for a digital camera application. Proceedings of the IEEE, 87(8): 1315-1326.

Zhang Z, Faugeras O. 1992. 3D dynamic scene analysis-a stochastic approach. London: Springer-Verlag.

Zhou J, Shi J Y. 2002. A robust algorithm for feature point matching. Computers and Graphics, 26(3): 429-436.

第7章　采用显微高光谱成像技术进行木材树种分类识别

7.1　基于支持向量机复合核函数的高光谱显微成像木材树种分类

7.1.1　引言

在本书前面的章节中，我们已经介绍了一些木材树种分类识别的主流方法。综合来看，基于计算机分析处理的木材树种识别技术主要分为两大类，即微观的木材组织结构分析处理法(Ibrahim et al.，2017；Yusof et al.，2013a)和宏观的木材表面特征分析处理法(Piuri and Scotti，2010)。从使用的技术手段来看，也可以分成图像颜色特征分类法、图像纹理特征分类法和光谱曲线特征分类法。例如，Yusof的研究组使用木材样本图像的管孔纹理分布特征，开展了50余种热带木材树种的分类识别研究。他们使用BGLAM来计算管孔分布纹理特征，再应用模糊分类或者模糊推理方法进行两级的层次化的分类处理。Yusof等(2013a)还使用了核遗传算法提取了管孔纹理的非线性特征，进一步用于木材树种分类处理。

高光谱成像技术拥有波段多、分辨率高和图谱合一的优点，集光谱维信息和空间维信息于一体，它已经在远程遥感分类领域和样本组织成分检测领域得到应用。例如，刘平和马美湖(2018)利用高光谱成像技术和偏最小二乘回归模型进行全蛋粉掺假检测处理。王斌等(2013)利用高光谱成像技术，对比线性逐步判别分析法和非线性偏最小二乘支持向量机进行建模，完成对腐烂、病害及正常梨枣的分类。孙俊等(2014)对原始光谱做特征提取和特征选择，建立支持向量机模型对大米掺假问题进行检测。邓小琴等(2015)融合高光谱图像光谱、纹理和形态特征对水稻种子单粒进行品种快速鉴别。又如，远程遥感中人们使用高光谱图像中的空间维和光谱维信息进行数据融合，提高了地物分类(如沙地、灌木、耕地、林地、草地等类别)识别的精度。

当前，国内对于木材树种光谱分类的研究主要集中在使用近红外波段的光谱反射率或者透射率特征进行分类研究(窦刚等，2016；杨忠等，2012)。本节利用高光谱成像技术对20种木材树种进行分类，使用了SVM(support vector machine)的复合核函数，实现了木材样本高光谱图像的光谱维和空间维特征的数据融合，提高了木材树种的分类识别精度。

7.1.2　材料与方法

本实验采用东北常见的 5 种树种，它们分别是杨木、桦木、樟子松、白松、落叶松和 15 种其他树种(分别为巴西花梨、红花梨、印尼菠萝格、美国红橡、非洲卡斯拉、缅甸柚木、海棠木、克隆木、金丝柚木、漆木、水煮柚木、南美柚木、唐木、香樟木、白蜡木)作为实验样本。将其加工成 2cm×2cm×3cm 的木块，每个树种采集 80 幅高光谱图像，则共有 1600 幅高光谱图像作为实验样本。

图 7-1 为显微高光谱成像系统示意图，该系统主要是由便携式高光谱成像仪(SOC710VP，USA)和 CCD 相机两部分构成，成像波段为可见光/近红外波段，光谱分辨率为 5.2nm，光谱范围 372.53～1038.57nm。本文采集木材横切面的显微高光谱影像，所采集的高光谱图像尺寸是 520×696×128。台式计算机配置为 i7 处理器，4GB 运行内存。这里强调一点，考虑到仪器的价格，我们使用了价格较低的便携式高光谱成像仪，它的成像波段在可见光和少部分近红外波段内。因此，实验时应该保持外界环境，如温度、湿度、样本保存时间等因素尽量恒定，尽量确保各个木材树种样本的颜色保持不变。否则，可能造成可见光波段内的光谱图像产生变化，影响后续的特征提取和分类识别精度。

(a)　　(b)

图 7-1　木材体视显微高光谱成像系统

(a) 高光谱成像系统；(b) 采集的木材显微高光谱图像立方体(木材树种是印尼菠萝格)

由于 CCD 相机暗电流及不均匀照明强度会影响高光谱图像质量，应校准原始图像。校正公式如下：

$$R = \frac{I_O - I_B}{I_W - I_B} \tag{7-1}$$

式中，I_O 为原始未修正的高光谱图像；I_B 为扫描得到的黑板校正图像；I_W 为白板校正图像，从而得到校正后的图像 R。采用 ENVI 5.1 软件中 region of interest 工具进行高光谱图像 ROI 的提取，以此增加实验样本数量。本实验在样本中心区域手动选取 80 像素×80 像素的正方形区域作为 ROI，每个图像选取 3 个 ROI，共提取 4800 个 ROI，然后计算 ROI 内所有像素点光谱反射率的平均值。

为了提取高光谱图像中光谱的有效信息，提高建模稳健性和预测精度，需要对光谱数据进行预处理来减少光谱信号中的光散射、高频噪声等干扰信息。常用的预处理方法有中值滤波平滑、变量标准化校正(standard normal variate，SNV)、多元散射校正(multiplicative scatter correction，MSC)、Savitzky-Golay 平滑算法(SG)、一阶导数(first derivative，FD)等。本节对采集波段高光谱图像采用 SNV、MSC、SG 三种预处理方法，根据模型的预测精度选择最佳的预处理方法进行建模。

所获得的高光谱图像样本具有波段多、数据量大等特点，因此数据信息存在大量冗余和多重共线性问题，在采集波段光谱中很多波长与分类预测无关，因此删除这些不相关波长可以提高运行速度。本实验采用连续投影算法(successive projection algorithm，SPA)和竞争性自适应重加权算法(competitive adaptive reweighted sampling，CARS)进行特征波长选择。

高光谱图像具有图谱合一的特点，除了对高光谱图像的光谱维进行特征选择外，还需要对其空间维进行纹理计算。这里采用经典的灰度共生矩阵(gray level co-occurrence matrix，GLCM)，GLCM 基于像素灰度的空间相关性表示纹理特征。本文首先对高光谱图像样本进行主成分变换，最后选择第一主成分图像，距离参数值设为 1。对第一主成分图像基于 GLCM 分别提取图像中的 0°、45°、90°、135°方向上的能量、熵、惯性矩、相关性 16 个特征值作为纹理特征。

支持向量机(support vector machine，SVM)由 Vapnik 等(1995)提出，是一种以结构风险最小化原则为基础的模式识别算法，克服了在传统机器学习中的维数灾难问题，实验表明它在小样本数据集中的分类问题上有显著优势。SVM 求解最优分类超平面问题等价求解如下方程式(C,ε_i 是相应参数，$\varnothing$ 是非线性映射函数，$y_i \in [-1,1]$)：

$$\min_{w,b,\varepsilon_i}\left[\frac{1}{2}\|\boldsymbol{w}\|^2 + C\sum_i \varepsilon_i\right],\quad \text{s.t.}\ y_i\left(\left\langle \varnothing(\boldsymbol{x}_i),\boldsymbol{w}\right\rangle + b\right) \geqslant 1-\varepsilon_i,\quad \varepsilon_i \geqslant 0,\quad \forall i=1,\cdots,n \tag{7-2}$$

引入 Lagrange 乘子 a_i 可以推导得出二次规划问题：

$$\max_{a_i}\left[\sum_i a_i - \frac{1}{2}\sum_{i,j} a_i a_j y_i y_j K(\boldsymbol{x}_i,\boldsymbol{x}_j)\right],\quad \text{s.t.}\ \sum_i a_i y_i = 0,\quad 0 \leqslant a_i \leqslant C,\quad i=1,2,\cdots,n \tag{7-3}$$

其中 $K(\cdot)$ 是满足 Mercer 条件的核函数，相应的 SVM 判别函数为：

$$f(\boldsymbol{x}) = \operatorname{sgn}\left(\sum_{i=1}^{n} y_i a_i K(\boldsymbol{x}_i, \boldsymbol{x}) + b\right) \tag{7-4}$$

为了提升 SVM 分类器的性能，选择合适的核函数至关重要。因此，Valls 等(2006)提出了基于复合核函数的新型 SVM 分类器，将其应用于高光谱遥感图像的地物分类中。在遥感图像的地物分类中，处理的基本数据单元是像素，Valls 等重新定义一个新的像素点特征矢量 $\boldsymbol{x}_i = \{\boldsymbol{x}_i^s, \boldsymbol{x}_i^w\}$，它是由光谱维特征 $\boldsymbol{x}_i^w \in R^{N_w}$ 和空间维特征 $\boldsymbol{x}_i^s \in R^{N_s}$ 组成，其中 N_w 代表光谱维特征个数，N_s 代表空间维特征个数。相应的，K_s 代表空间核函数，K_w 代表光谱核函数，用它们或者复合核函数替换式(7-3)和式(7-4)中原始的核函数 K，具体的 4 种复合核函数表示形式参见相关文献。

SVM 采用这些复合核函数以后，可以明显提高高光谱遥感图像的地物分类精度。但是，这类方法并不能直接应用到本文的高光谱显微图像的木材树种分类识别中。这是因为，在遥感影像地物分类中，基本任务是将每个像素分类到合适的地物类别中(如沙地、河流、耕地、林地、建筑物等)，它处理的基本数据单元是像素。在这种情况下，单个像素的光谱维特征是各个波长下的光谱反射率值，而其空间维特征是该像素邻域窗口(如 3×3、9×9 邻域)的均值和标准差。

为了将基于复合核函数的 SVM 应用到本文的木材树种显微高光谱图像的分类识别任务中，需要做以下的转换工作。首先，这里处理的基本数据单元是手动选取的 ROI 区域。其次，对于 ROI 区域的光谱维特征提取，采用了光谱降维和计算 ROI 区域平均光谱值的方法。最后，对于 ROI 区域的空间维特征提取，采用了基于 GLCM 的纹理特征参数计算方法。为了准确评价分类模型的精度，从 4800 个样本中，随机挑选 3000 个样本作为训练集，1800 个样本作为测试集。分类器评价指标是以训练集分类准确率、测试集分类准确率、KAPPA 系数(KC)和测试时间四个指标为评价标准。

7.1.3　实验结果与讨论

1. 光谱维分类

本节利用 Matlab 2016b 软件对光谱进行建模和分类，图 7-2 所示是 20 种木材树种样本的平均光谱曲线图。每种木材几乎都和其他树种类别有交叉，光谱重叠严重，而且部分光谱走势相似，这对树种分类造成困难，故必须对木材光谱数据做进一步处理。

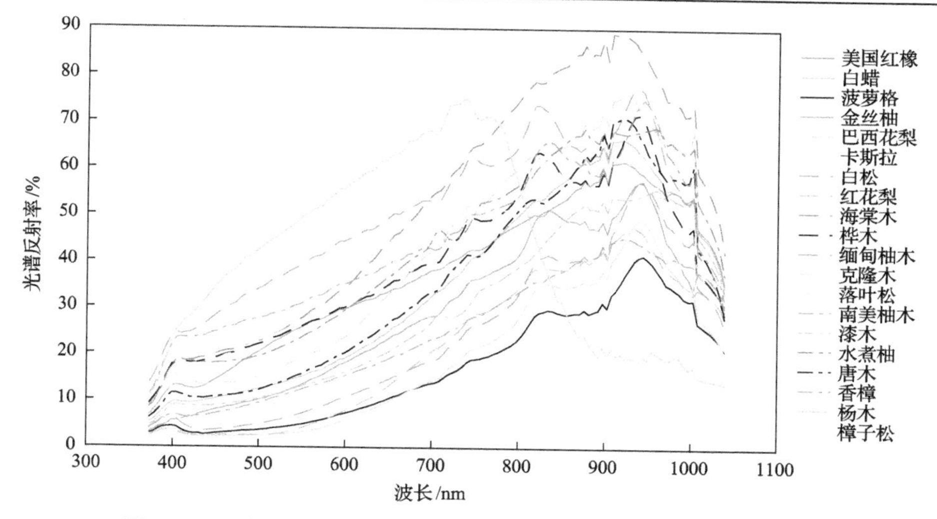

图 7-2 20 种木材树种样本的平均光谱曲线(彩图请扫封底二维码)

首先，对采集波段光谱数据进行建模分类，采用 SVM 和 BP 神经网络建立判别模型，分类准确率如表 7-1 所示。由表 7-1 可知，BP 神经网络的测试时间少于 SVM 的测试时间，但分类准确率和 SVM 相比较低。SVM 方法训练集和测试集分类准确率都在 90%以上，说明采集波段范围内利用 SVM 模型对木材树种分类是可行的。SVM 核函数采用了径向基核函数，最终利用交叉验证法和网格搜索法确定惩罚因子 C 和径向基核函数中的参数 σ 的值。

表 7-1 采集波段光谱建模分类对比

模型	训练集正确率/%	测试集正确率/%	KC	测试集花费时间/s
SVM	98.80	92.22	0.92	0.41
BP	90.33	85.78	0.85	0.01

采用 3 种预处理方式对原始光谱进行预处理，然后基于各种预处理光谱建立 SVM 模型。从表 7-2 中可以看出，通过不同预处理，分类模型的精度几乎得到了不同程度的提升。由表 7-2 可知，采用 SNV 预处理的训练集和测试集分类准确率最高，精度达到 98.77%和 93.00%，而且所需测试时间也最短，因此后续建模都采用这种方式。

表 7-2 不同预处理下采集波段光谱 SVM 模型分类结果

预处理	训练集正确率/%	测试集正确率/%	KC	测试集花费时间/s
NONE	98.80	92.22	0.92	0.41
SNV	98.77	93.00	0.93	0.36
MSC	67.87	52.50	0.50	1.05
SG	98.90	92.28	0.92	0.38

连续投影算法(SPA)是由 Araujo 等(2005)在多元校正的背景下提出的，通过对向量的投影分析，确定投影向量最大的为待选波长，最后基于校正模型选择最终特征波长。本实验在 Matlab 2016b 软件中对经过 SNV 预处理后的样本进行特征波长挑选，根据 RMSE 最小原则选取特征波长的集合。如图 7-3 所示，波长数目为 19 个时 RMSE=0.45656，接近最小值。因此我们挑选 19 个波长，分别是 372nm、382nm、387nm、392nm、397nm、412nm、417nm、432nm、457nm、580nm、637nm、699nm、725nm、762nm、778nm、800nm、816nm、961nm、1000nm。

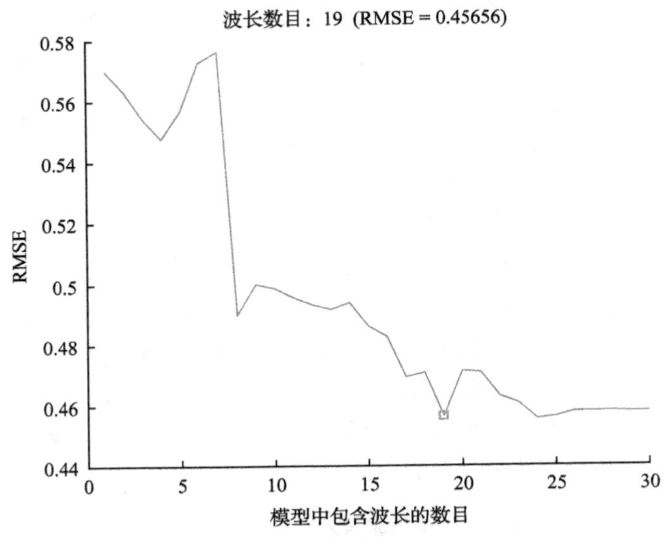

图 7-3 SPA 波长数量与均方根误差关系图

竞争性自适应重加权算法(CARS) (Li et al., 2009) 是效仿达尔文进化论中“适者生存”的原则提出的变量优选方法，是对采样次数反复迭代并寻找每次采样的 RMSECV 的最小值，所对应的变量视为优选出来的变量子集。图 7-4(a)表示选取变量数与运行次数的关系，由图可知呈递减趋势。图 7-4(b)表示 RMSECV 的变化趋势，当 RMSECV 变大时表示剔除了有效信息；当 RMSECV 变小时表示剔除了无效信息。图 7-4(c)表示当运行次数 30 时(中位线的位置)，得到 RMSECV 最小。反复进行参数选取调试，筛选中，蒙特卡洛采样次数设为 100 次。最终 CARS 选择的特征波长分别是 392nm、397nm、427nm、432nm、437nm、447nm、452nm、462nm、467nm、549nm、554nm、564nm、569nm、590nm、595nm、605nm、611nm、616nm、637nm、642nm、668nm、673nm、678nm、683nm、710nm、741nm、773nm、842nm、869nm、885nm、891nm、902nm、907nm、912nm、934nm、950nm、956nm、989nm 波长处。表 7-3 给出了采用这些特征波长进行 SVM 分类识别的具体结果。综合对比两种特征波长选择方法，CARS 的特征波长选择效果和运行速度较好一些。

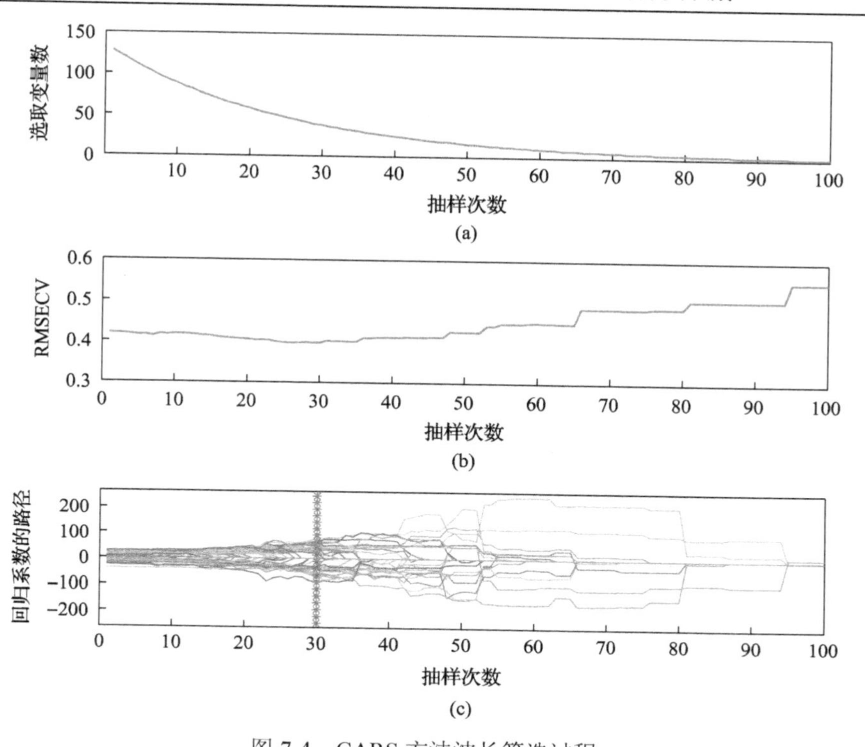

图 7-4　CARS 方法波长筛选过程

(a)选取变量数与运行次数的关系；(b)RMSECV 的变化走势图；(c)RMSECV 的最小值选取

表 7-3　特征波长下 SVM 模型分类结果

预处理	方法	训练集正确率/%	测试集正确率/%	KC	测试集花费时间/s
SNV	SPA	98.30	91.94	0.92	0.14
	CARS	98.97	92.17	0.92	0.13

2. 空间维分类

高光谱数据可表示为 3D 立方体，不仅包含丰富的光谱维信息，同时包含丰富的空间维/纹理信息。本节采用灰度共生矩阵计算纹理特征。先对高光谱图像样本进行主成分变换，选取前 3 个主成分图像 PC1～PC3，PC1 图像保留很多原始图像信息，而 PC2 和 PC3 的木材管孔射线等特征显示不清晰。因此我们采用 PC1 对 GLCM 的纹理特征进行提取，分别把 0°、45°、90°、135°四个方向上的能量、熵、惯性矩、相关性总共 16 个特征参数输入到 SVM 和 BP 神经网络中。SVM 的训练集和测试集分类精度最高达到 99.80%和 60.33%，但测试时间却稍高于 BP 神经网络(表 7-4)。为了能准确对木材树种分类，采用 SVM 对木材高光谱图像纹理进行建模分类。

表 7-4　纹理建模分类比较

模型	训练集正确率/%	测试集正确率/%	KC	测试集花费时间/s
SVM	99.80	60.33	0.58	0.13
BP	82.83	54.67	0.52	0.04

3. 光谱维空间维特征融合及 SVM 复合核函数建模分类

将木材高光谱成像样本的 38 个特征波长下光谱值与 16 个纹理特征参数进行融合，融合前对光谱和纹理特征做归一化处理，融合后的特征参数作为输入数据进行复合核函数 SVM 建模分类，识别结果如表 7-5 所示。

表 7-5　光谱和纹理信息融合的 SVM 分类结果

方法	复合核	训练集正确率/%	测试集正确率/%	KC	测试集花费时间/s
CARS+纹理	复合核 1	100.00	93.33	0.93	0.18
CARS+纹理	复合核 2	95.52	94.17	0.94	0.25
CARS+纹理	复合核 3	93.77	92.61	0.92	0.26
PCA+纹理	复合核 4	89.47	82.16	0.81	0.43

从表 7-5 可知采用四种复合核函数后 SVM 建模分类正确率有所上升，这是由于综合考虑了光谱维和空间维的分类特征。第四个复合核函数分类精度较低，这是因为第四核函数要求光谱与纹理同维限制，为满足同维要求，在方法选择上最终我们采用 PCA 方法，因为通过对比 CARS、SPA、PCA 这 3 种降维方法选取 16 维光谱信息，PCA 方法对本数据集的处理效率较高，精度较好。第二个复合核函数训练集和测试集分类效果最好可达到 95.52%和 94.17%。综合分析，本实验中 CARS 能够较好用于可见光/近红外高光谱的选择，该方法有效去除光谱中的无信息变量，同时也能有效剔除共线性变量，所以 CARS+纹理模型优于其他模型，同时也说明在高光谱图像上融合光谱和纹理特征对木材树种进行识别是可行的。整体实验过程的流程图参见图 7-5。

7.1.4　结论

高光谱成像技术具有图谱合一的特点，本节将其应用在木材树种分类识别中。使用 SVM 的 4 种复合核函数，构造了融合光谱与纹理特征的 SVM 分类器。实验中还对比了不同的光谱预处理方法和特征波长选择算法的实际效果，验证了使用复合核函数 SVM 能够在一定程度上提高木材树种分类精度。特别的，采用第二个复合核函数的 SVM 训练集分类准确率达到 95.52%，测试集分类准确率达到 94.17%，KC 为 0.9386，测试时间为 0.2547s。因此，本节的方法相比单独使用光谱特征或纹理特征进行的木材树种分类准确率有一定程度的提升，这种情况在

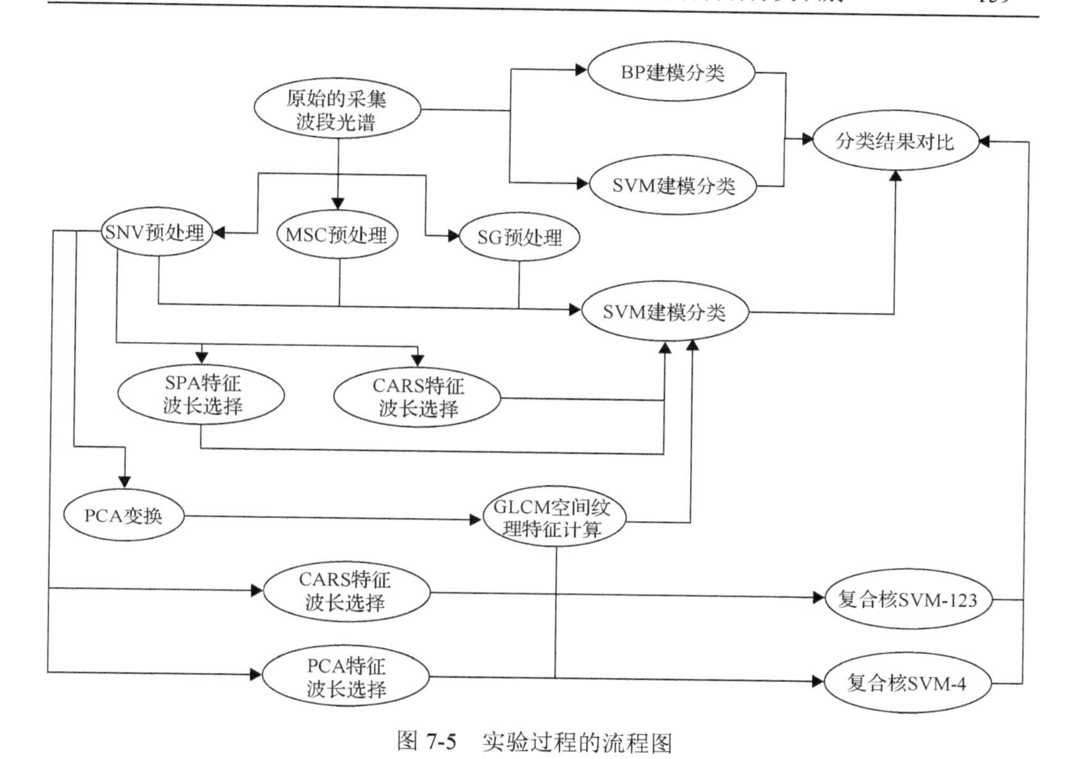

图 7-5　实验过程的流程图

遥感领域的高光谱成像地物分类识别中也有类似的体现。因此，如果采集的不同树种木材样本图像的纹理特征和光谱特征具有互补性的特点，采用复合核函数 SVM 就能够有效地融合这两类特征并且提高木材树种的分类精度(赵鹏等，2019)。

7.2　基于阔叶木材横截面微观结构的高光谱图像木材树种识别方法

7.2.1　引言

在木材的微观树种识别方法中，利用其木材微观结构中的管孔分布、管孔大小、木射线走势等特征对木材进行树种识别的方法被大量学者所提出。Pan 和 Kudo(2011)和刘子豪等(2013)以木材横截面的切片为研究对象，利用形态学分析讨论了不同木材管孔的特点，指出了不同的木材在管孔结构上具有很大的差异。这类方法的优点在于不同木材的微观结构差异较大，分类识别精度高。但是样本制备复杂，往往需要进行切片和染色，这就使木材树种识别变得十分困难和复杂，而且无法实现无损检测。

为了能够在不对木材进行切片的情况下对木材树种进行识别，我们使用小倍率放大镜采集了木材横截面的高光谱图像，由于针叶木材横截面的结构特征较弱，所以在本节我们主要以阔叶木材的横截面结构为研究对象。阔叶木材的横截面主要包括管孔、木射线、轴向薄壁组织等结构，图 7-6(a)是一个印茄木木材样本的横截面图片，图中以黑色部分为中心的圆形小孔是木材的管孔，近似于平行的密集细线被称为木射线，垂直于木射线较粗的线条是轴向薄壁组织。图 7-6(b)给出了木材横截面不同结构处所对应的光谱曲线，通过直观观察我们可以发现，木材横截面不同结构处的光谱曲线是有一定差异的。如果直接按像素点取某一个区域内所有像素点的平均值，势必会造成识别精度的下降。

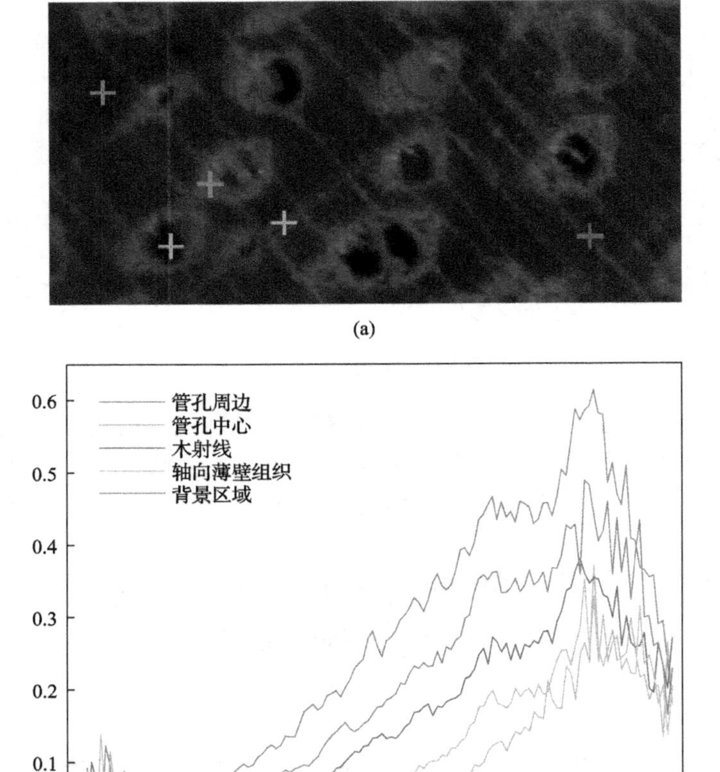

图 7-6　木材横截面的结构特征和光谱特征(彩图请扫封底二维码)

(a)印茄木微观横截面示意图；(b)不同结构所对应的光谱曲线

在本节我们以 6 种阔叶木材的显微高光谱图像为研究对象，来讨论木材横截面不同结构处的光谱曲线在木材树种识别上的识别效果。主要讨论了以下三个方面的光谱信息。

(1)利用形态学分析提取管孔周边的光谱信息(以下简称管孔周边)。

(2)利用自动识别管孔中心像素点的方法提取出管孔中心的光谱信息(以下简称管孔中心)。

(3)随机提取高光谱图像中固定ROI窗口区域的平均光谱(以下简称随机选取)。

通过比较管孔周边、管孔中心、随机选取的光谱相似度，我们发现管孔周边的光谱信息可分性最强，管孔中心光谱信息的可分性最弱，使用管孔周边的光谱信息可以进一步提高木材识别的正确率。

7.2.2　材料与方法

本实验以美国红橡、白蜡木、印茄木、金丝柚、巴西花梨、非洲卡斯拉6种阔叶木材作为实验样本，同时将其加工成 2cm×2cm×3cm 的木块。每个树种采集240幅高光谱图像，共采集1440幅高光谱图像作为实验样本。前900幅高光谱图像作为训练集(每个树种150个样本)，后540幅高光谱图像作为测试集(每个树种90个样本)，所采集的高光谱图像尺寸是520×696×128。使用的高光谱图像采集系统与7.1节相同，这里不再赘述。

1. 基于数学形态学的木材管孔周边光谱提取

数学形态学(师文等，2013)是在图像处理中应用最为广泛的一门技术，可以用于从图像中提取出有意义的图像分量，突出感兴趣区域图像，消除背景区域图像。

假设背景图像为 $\boldsymbol{B}(x,y)$，原始图像为 $\boldsymbol{H}(x,y)$，感兴趣区域图像为 $\boldsymbol{F}(x,y)$，指定形状为“disk”的结构元素 $\boldsymbol{A}$，其尺寸 $r\in(20,35)$。因每种木材管孔尺寸大小并不一致，故针对不同木材采取了不同尺寸的结构元素，其具体尺寸请看7.2.3节。定义背景图像为：

$$\boldsymbol{B}(x,y)=\boldsymbol{H}(x,y)\circ\boldsymbol{A}(x,y) \tag{7-5}$$

式中，$\circ$ 代表 $\boldsymbol{H}$ 被 $\boldsymbol{A}$ 的形态开运算。则

$$\boldsymbol{F}(x,y)=\boldsymbol{H}(x,y)-\boldsymbol{B}(x,y) \tag{7-6}$$

为消除高光谱图像的“同谱异物”的影响，对得到的 $\boldsymbol{F}(x,y)$ 还需进行腐蚀运算。最后使用阈值二值化的方法对 $\boldsymbol{F}(x,y)$ 进行处理，得到二值图像 $\boldsymbol{G}(x,y)$。

利用上述方法对高光谱图像的每一个波段所对应的灰度图像进行处理，可以得到128张二值图像 $\boldsymbol{G}(x,y)$。

但是，我们采集到的高光谱图像只有在可见光波段拥有稳定的图像特征。所以我们只保留了第19～70波段(462～731nm)，共计52个波段的信息，这样做不

仅可以消除一定干扰，同时还可以加快运行效率。若每一张 $\boldsymbol{G}(x,y)$ 尺寸为 M×N，这 52 张 $\boldsymbol{G}(x,y)$ 可以构成一个 M×N×52 的立方体，如图 7-7(b)所示。

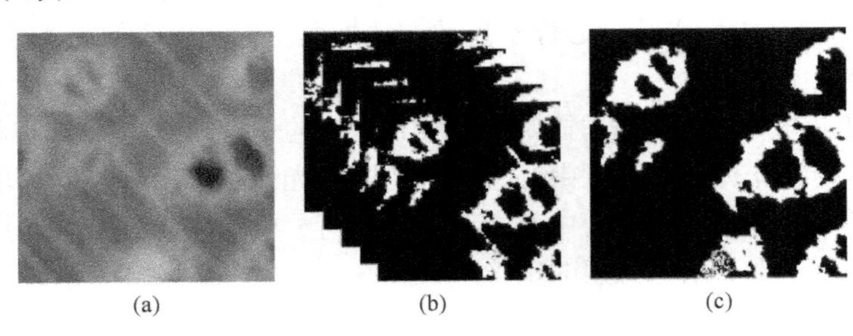

图 7-7　形态学提取管孔周边像素点结果

(a)高光谱第 56 波段示意图；(b)二值图像立方体；(c)形态学提取结果

这个立方体可以认为是由 $M \times N$ 个 52 维向量组成的，每一个向量中的元素非 0 即 1。统计每一个向量中 1 出现的次数，将统计得到的次数构成一个矩阵 $\boldsymbol{D}(x,y)(x \in [0,M], y \in [0,N])$。

设置一个阈值 k，逐一判断 $\boldsymbol{D}(x,y)$ 中的每个元素，满足大于 k 的位置为 1，否则为 0。最后可得到高光谱图像所对应管孔周边处二值图像 $\boldsymbol{E}(x,y)$，如图 7-7(c)所示。

根据二值图像 $\boldsymbol{E}(x,y)$，将像素点为 1 处的光谱提取出来构成一个 C×52 的矩阵 $\dot{\boldsymbol{X}}$，其中 C 代表二值图像 $\boldsymbol{E}(x,y)$ 中像素值为 1 的像素数量总和。图 7-7(c)所示的是 ROI 区域大小为 100×100 时的提取效果。

将 ROI 窗口的初始位置设定在整幅高光谱图像的左上角，利用上述方法求出 ROI 区域的二值图像 $\boldsymbol{E}(x,y)$。然后将 ROI 区域向右移动固定步长，若移动后超过高光谱图像的右边界，则将窗口放置到下一行的初始位置，直到遍历整幅高光谱图像，就可以得到多个 $\dot{\boldsymbol{X}}$ 矩阵，将这些矩阵按列拼接后可得 $\boldsymbol{X}_1$。最后将 $\boldsymbol{X}_1$ 按列取平均值，得到一个样本向量 $\boldsymbol{x}_i$。重复上述过程，可得管孔周边的数据样本 $\boldsymbol{X} = [\boldsymbol{x}_1, \boldsymbol{x}_2, \cdots, \boldsymbol{x}_i, \cdots, \boldsymbol{x}_n]$。其中 n 值代表总的样本数量。

图 7-8 是 ROI 大小为 100×100 时，通过上述方法所得到的不同树种在管孔周边处所有训练样本的平均光谱，通过平均光谱曲线可直观看出，不同树种在管孔附近的光谱反射率具有很大差异。

2. 基于 K-L 散度的木材管孔中心光谱提取

根据每一个像素点的光谱特征，可以将整幅高光谱图像聚类成若干个部分，但是如果直接进行聚类会由于数据量太大导致运行时间过长，所以首先要对数据源进行降维处理，高光谱图像降维方法分为特征提取和波段选择两种，在这里采用波段选择作为降维的方法(Shu et al.，2018)。

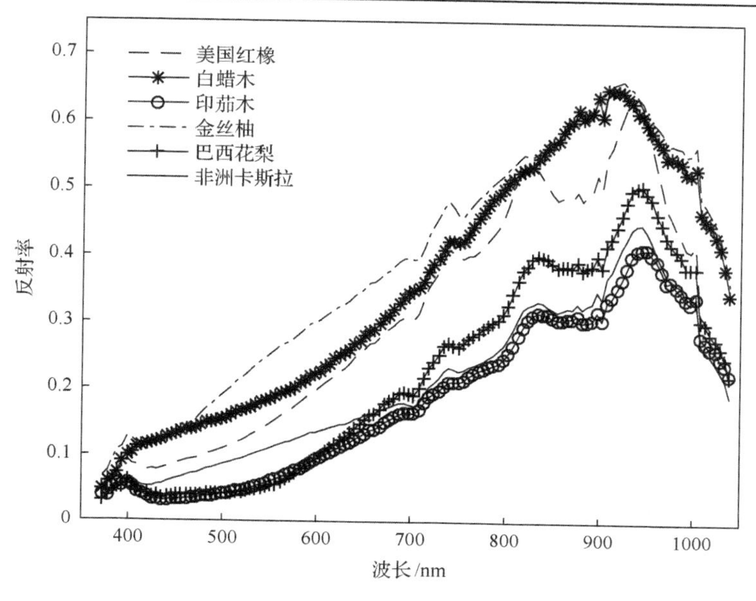

图 7-8　不同木材在管孔周边处的光谱

K-L 散度是一种在信息论中得到广泛应用的信号相似度测量手段(Wei et al., 2018；刘雪松等，2012)，K-L 散度的定义如下：若两个离散随机信号的概率分布分别为 $\boldsymbol{X}=\left[x_1,x_2,\cdots,x_n\right]^{\mathrm{T}}$ 和 $\boldsymbol{Y}=\left[y_1,y_2,\cdots,y_n\right]^{\mathrm{T}}$，则定义 $\boldsymbol{Y}$ 相对于 $\boldsymbol{X}$ 的 K-L 散度为：

$$D_{KL}(\boldsymbol{X}\,\|\,\boldsymbol{Y})=\sum\nolimits_{i=1}^{n}x_i\log_a\frac{x_i}{y_i}\left(\sum\nolimits_{i=1}^{n}x_i=\sum\nolimits_{i=1}^{n}y_i=1\right)\tag{7-7}$$

式(7-7)的物理意义是用 $\boldsymbol{Y}$ 中的元素表示 $\boldsymbol{X}$ 中的所有元素所需要的额外信息量大小。如果将 K-L 散度应用到两个波段之间就可以表示波段之间信息量的差异。

假设一组高光谱图像的数据 $\boldsymbol{X}=[\boldsymbol{x}_1,\boldsymbol{x}_2,\cdots,\boldsymbol{x}_i,\cdots,\boldsymbol{x}_L]^{\mathrm{T}}\in R^{L\times N}$，其中 $\boldsymbol{x}_i=[x_{i1},x_{i2},\cdots,x_{iN}]$，$L$ 和 N 分别表示图像的波段个数和像素个数。对 $\boldsymbol{X}$ 中的数据进行归一化后可定义第 j 个波段相对于第 i 个波段的 K-L 散度为：

$$D_{KL}(\boldsymbol{x}_i\,\|\,\boldsymbol{x}_j)=\sum\nolimits_{K=1}^{N}x_{ik}\log\frac{x_{ik}}{x_{jk}}\tag{7-8}$$

以此计算高光谱图像中任意两个波段的 K-L 散度，得到对称矩阵 $\boldsymbol{D}$，设 $\boldsymbol{D}$ 中的第 i 行为 $\boldsymbol{a}_i=[\boldsymbol{D}(i,1),\cdots,\boldsymbol{D}(i,\mathrm{L})]$，$\boldsymbol{a}_i$ 中元素的平均值代表将第 i 个波段从数据集中删除后，所带来的损失。找到平均值最小的 $\boldsymbol{a}_i$，去除该波段后重复上述算法流程再次去除波段，就可以得到含有信息量最大的 10 个波段的矩阵立方体 $\tilde{\boldsymbol{X}}=[\boldsymbol{x}_{\lambda1},\boldsymbol{x}_{\lambda2},\cdots,\boldsymbol{x}_{\lambda10}]$，如图 7-9(a)所示。对 $\tilde{\boldsymbol{X}}$ 中所对应的每一幅灰度图像

$\boldsymbol{x}_{\lambda i}(i\in[1,10])$ 取负片图像，构成新的矩阵立方体 $\breve{\boldsymbol{X}}$，如图 7-9(b)所示。

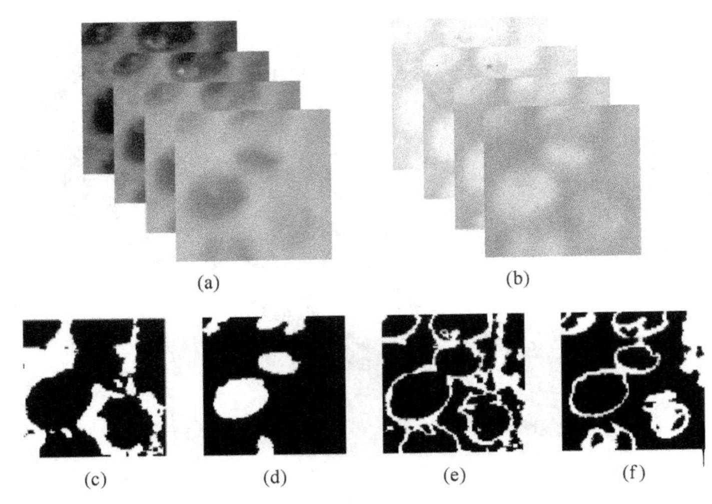

(a)　(b)

(c)　(d)　(e)　(f)

图 7-9　光谱聚类结果

$\breve{\boldsymbol{X}}$ 可以看成是由 N 个 10 维向量组成的矩阵立方体，使用 K-means 聚类方法将这 N 个 10 维向量分成 4 类，从而可以使整幅高光谱图像的像元分割为 4 个部分。图 7-9(c)～(f)是 ROI 区域大小为 100×100，即 N=10 000 时，巴西花梨木材的聚类结果，图中白色像素点代表此处的像素点属于该类。

从图 7-9 中可知，图 7-9(d)所对应的二值图像便是管孔中心处的二值图像，其余三个图像中所代表的部分包含管孔周边区域和背景区域，从结果上看，管孔周边区域被分别聚类到了不同的结果当中，故用此方法不适用于提取管孔周边区域。这里值得注意的是，由于该方法是利用每个像素点的几个波段作为聚类依据，并不能说明管孔周围区域的像素点所对应的光谱曲线具有可分的特点。为了让数据更加准确，还需要对提取的结果做腐蚀运算，保证提取到的光谱曲线均是管孔中心处的数据。

由于在高光谱图像上选择 ROI 区域时，并不能保证选择到的区域内一定存在管孔，而且从图 7-9 中也可以看出，利用上述方法得到的聚类结果并不唯一，而真正表示管孔中心处的结果只有唯一的一幅图像。

为了可以实现自动识别管孔，设一个大小为 $S\times S$ 的正方形 ROI 区域 $\boldsymbol{W}$；K-means 聚类所产生的二值图像为 $\boldsymbol{B}_1, \boldsymbol{B}_2, \boldsymbol{B}_3, \boldsymbol{B}_4$；利用 K-L 散度提取到的波段为 $\lambda_1,\lambda_2,\cdots,\lambda_{10}$；$\lambda$ 波段二值化后的图像记为 $\boldsymbol{X}_n(n\in 1,2,3,\cdots,10)$；$C_p(\boldsymbol{X})(p=0|1)$ 代表计算矩阵 $\boldsymbol{X}$ 中 p 出现的次数；$C(\boldsymbol{X},\boldsymbol{W})$ 代表矩阵 $\boldsymbol{X}$ 和矩阵 $\boldsymbol{W}$ 中对应位置元素相同的数量。

$$\mathrm{b1}_k = \frac{\frac{1}{10}\sum_{i=1}^{i=10} C_0(\boldsymbol{X}_i)}{C_0(\boldsymbol{B}_k)} (k \in \{1,2,3,4\}) \tag{7-9}$$

$$\mathrm{b2}_k = \frac{\frac{1}{10}\sum_{i=1}^{i=10} C_1(\boldsymbol{X}_i)}{C_1(\boldsymbol{B}_k)} (k \in \{1,2,3,4\}) \tag{7-10}$$

$$\mathrm{b3}_k = \frac{\frac{1}{10}\sum_{i=1}^{i=10} C(\boldsymbol{X}_i, \boldsymbol{B}_k)}{N \times N} (k \in \{1,2,3,4\}) \tag{7-11}$$

$$\mathrm{b}_k = \frac{1}{3}\left(\|\mathrm{b1}_k\| + \|\mathrm{b2}_k\| + \|\mathrm{b3}_k\|\right) \tag{7-12}$$

式中，$\|x\|$代表的含义如式(7-13)所示。

$$\|x\| = \begin{cases} x & x \leqslant 1 \\ \dfrac{1}{x} & x > 1 \end{cases} \tag{7-13}$$

按照式(7-12)所给出的形式计算每一个 $\boldsymbol{B}_k$ 的 b 值，得到集合$\{b_1, b_2, b_3, b_4\}$，将集合中最大的元素记为 g。设置一个适当的阈值 t，当 g 大于阈值 t 时即为寻找到所需要的管孔中心所对应的二值图像。如果不满足，继续将窗口向右移动固定步长 S，若移动步长 S 后超过高光谱图像的右边界，则将窗口放置下一行的初始位置，直到遍历整幅高光谱图像，找到所有管孔中心所对应的光谱曲线 $\boldsymbol{X}_2$。

$\boldsymbol{X}_2$ 是一个 C×128 的矩阵，C 代表管孔中心处的像素点个数。对 $\boldsymbol{X}_2$ 按列取平均可得到一个样本向量 $\boldsymbol{x}_i$。重复上述过程，可得管孔中心的数据样本 $\boldsymbol{X} = [\boldsymbol{x}_1, \boldsymbol{x}_2, \cdots, \boldsymbol{x}_i, \cdots, \boldsymbol{x}_n]$。其中 n 值代表总的样本数量。

图 7-10 所示的是管孔中心处所有训练样本的平均光谱曲线。从图 7-10 中可以看出光谱曲线具有较大差异。值得一说的是，在选择 ROI 的移动步长时尽量要确保移动步长大于 ROI 窗口的长和宽，防止同一个像元的光谱信息被重复性使用。

7.2.3　实验结果与讨论

1. 算法时间对比

使用管孔中心、管孔周边、随机选取三种方法的时间对比，结果如表 7-6 所示。本实验使用的计算机配置为 CPU：Intel Core I7-6700，内存：8G，硬盘：1T，显卡：AMD Radeon R7 200 Series。

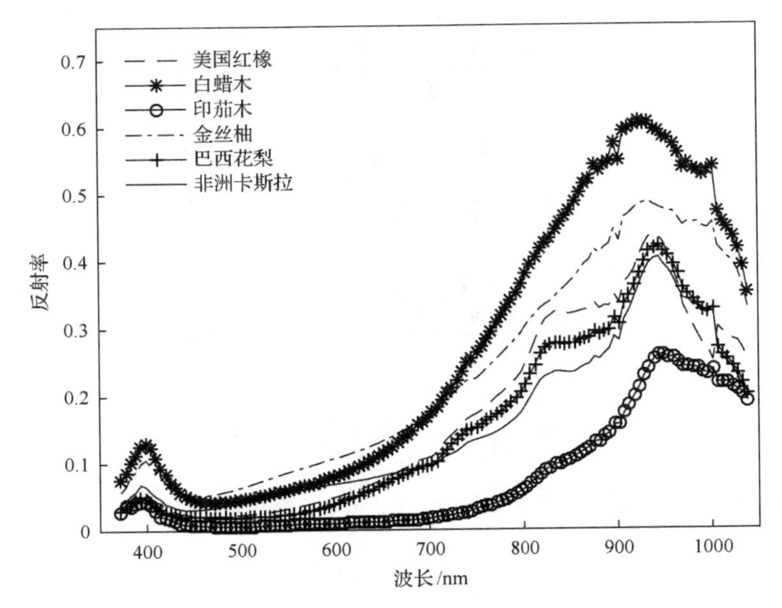

图 7-10　不同木材在管孔中心处的光谱曲线

表 7-6　三种方法时间对比

方法	过程	计算时间/s	方法	过程	计算时间/s
管孔周边	$\boldsymbol{G}(x,y)$	0.6095	管孔中心	$\boldsymbol{D}$	0.7714
	$\boldsymbol{D}(x,y)$	0.0056		K-means 计算	0.2252
	$\boldsymbol{E}(x,y)$	0.0008		中心区域选择	0.0087
	合计	0.6199		合计	1.0181
随机选取 ROI	总计	0.0874			

2. r 和 k 对管孔周边提取的影响

在这一小节我们将讨论结构元素尺寸(r)与阈值(k)对管孔周边提取的影响，并给出本实验中每种木材所对应的最佳 r 值与 k 值。

图 7-11 是印茄木木材的一个 ROI 区域在 r=30 的情况下不同 k($k\in[1,51]$)值时得到的二值图像 **E** 的提取效果，从左向右 k 值依次为 2～47(增加步长为 5)。从图 7-11 中可以看出 k 如果太小会导致木射线或轴向薄壁组织被划分到结果之中，k 值过大将会导致管孔周边的像素点数量减少。

图 7-12 给出了在 k=43 时，r 值从 1 到 46 逐渐增加的结果(增加步长为 5)，从结果中可以看出，元素尺寸 r 可以去除木射线及其他结构成分，r=26 时基本可消除木射线。但是若 r 值太小不仅不会去除木射线，管孔周边的像素点也会消失，若 r 值过大会导致管孔周边的像素点数量减少。

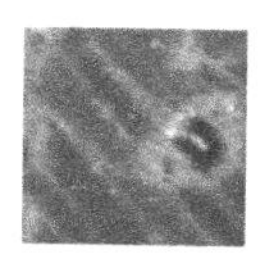

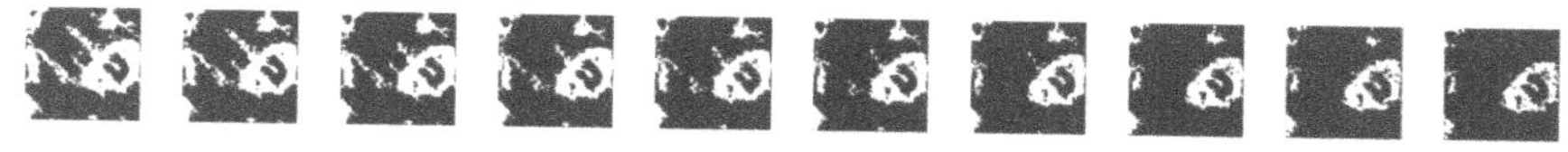

图 7-11　不同 k 值所对应的二值图像 **E**

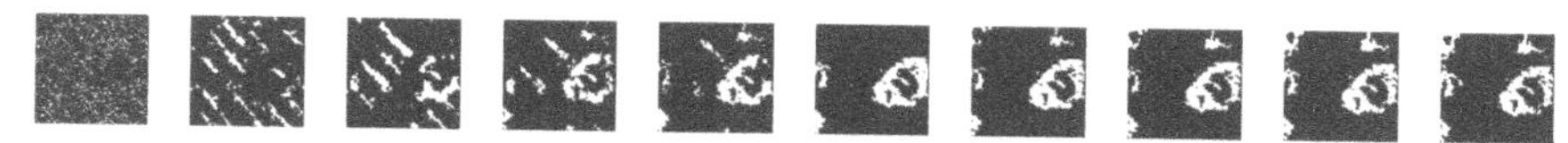

图 7-12　不同 r 值所对应的二值图像 **E**

通过上述实验我们发现，r 与 k 主要影响木射线是否能够被覆盖或管孔周边的像素点数量 k 值与 r 值越小木射线或轴向薄壁组织越容易被暴露。k 值与 r 值越大木射线会被完全覆盖但是管孔周边的像素点会变少，通过实验我们给出了 6 个树种最合适的 k 值与 r 值，详见表 7-7。图 7-13 给出了表 7-7 中所给的 k 值与 r 值的管孔周边提取效果。

表 7-7　最佳 k 值与 r 值

树木名称	k	r	树木名称	k	r
美国红橡	45	26	金丝柚	45	30
白蜡木	30	35	巴西花梨	50	45
印茄木	43	30	非洲卡斯拉	20	30

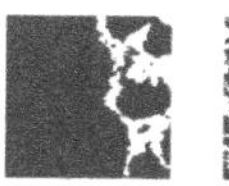

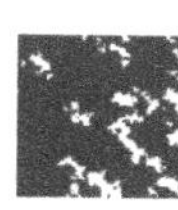

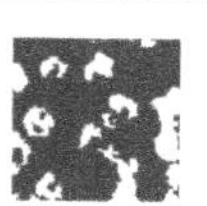

图 7-13　使用表 7-7 中给出的 r 值与 k 值的提取效果

3. 识别正确率对比

将数据送入分类器之前，还需要对光谱数据做降维处理。我们采用了 PCA (principal components analysis)、KPCA (kernel principal component analysis) 以及 MDS (multidimensional scaling) 三种较为常见的降维方法做数据的分析及对比。首先我们先使用马氏距离 (Xiang et al.，2008) 对数据进行分类测试。

图 7-14 所表示的是在不同降维方法下，利用马氏距离所得到的分类正确率。从图 7-14 中可以看出，降维后数据的维数会影响分类正确率，使用 MDS 进行降维时，只有当降维后的数据维数大于 7 维时，正确率才逐渐趋于平稳。而使用 PCA 和 KPCA 降维后的数据在维数大于 3 维后正确率即可趋于平稳。从正确率上可以

看出，管孔周边的正确率高于随机选取和管孔中心的正确率，正确率趋近于 100%。管孔中心的正确率最低，平均只有 70%～80%。随机选取的正确率介于两者之间，正确率在 90%左右波动。

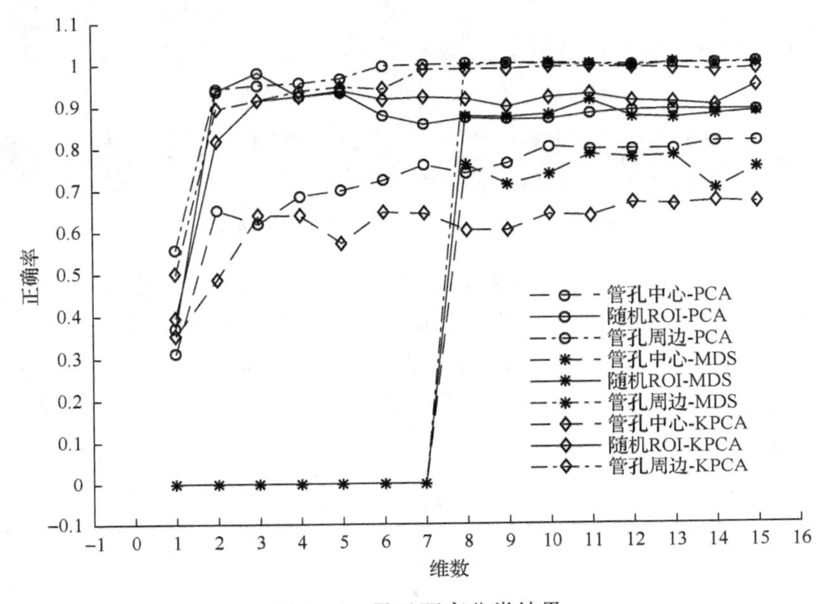

图 7-14　马氏距离分类结果

接下来我们再使用 BP 神经网络对数据进行分类。由于 BP 神经网络初始化的权值和阈值是随机的，所以使用训练的网络模型的分类结果可能略有不同，为了能够得到一个较为准确的正确率，将 25 次 BP 神经网络所得到的正确率取平均值得到最终的正确率。图 7-15 是 BP 神经网络在不同降维方法下所得到的平均正确率。从图 7-15 中可以看出，管孔中心的分类精度最差，正确率为 70%～80%，而管孔周边和随机选取的正确率基本相同，正确率趋近于 100%。

最后我们使用 SVM 对数据进行分类。核函数使用径向基核函数，在确定惩罚因子(C)和参数(γ)值时，可以使用网格搜索法找到最佳的参数。图 7-16 是利用网格搜索法搜索到的最佳 C 和 γ 值时所对应的测试集正确率。

从图 7-16 中可以看出，管孔中心的分类精度最差，只有 80%左右，除了使用 KPCA 降维后的随机选取数据分类效果较差外，管孔周边和随机选取的正确率基本一致，正确率趋近于 100%。

综合上述三种分类方法我们可以得出，利用管孔中心的光谱信息进行分类的分类精度最低。在使用马氏距离进行分类时，管孔周边的分类精度要高于随机选取的分类精度。使用 BP 神经网络和 SVM 支持向量机进行分类时两者的分类精度相对较为接近。

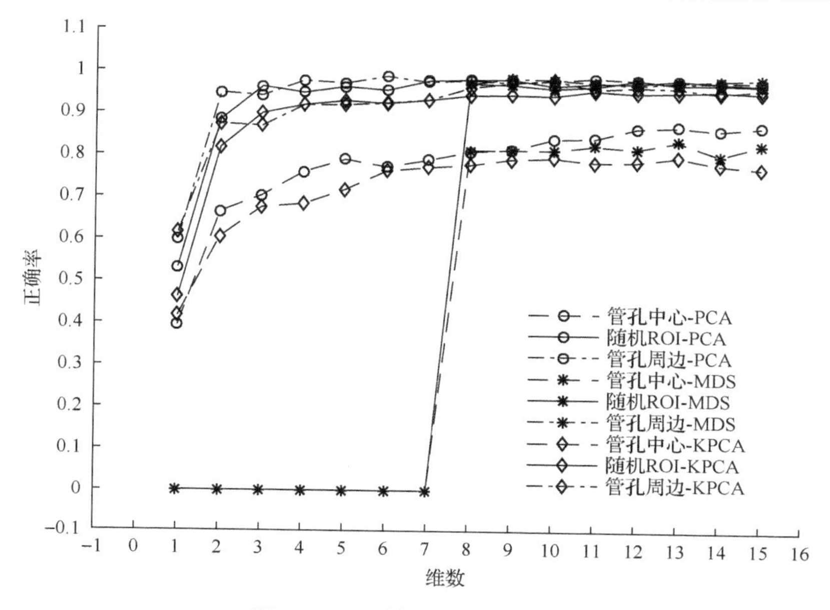

图 7-15　BP 神经网络分类结果

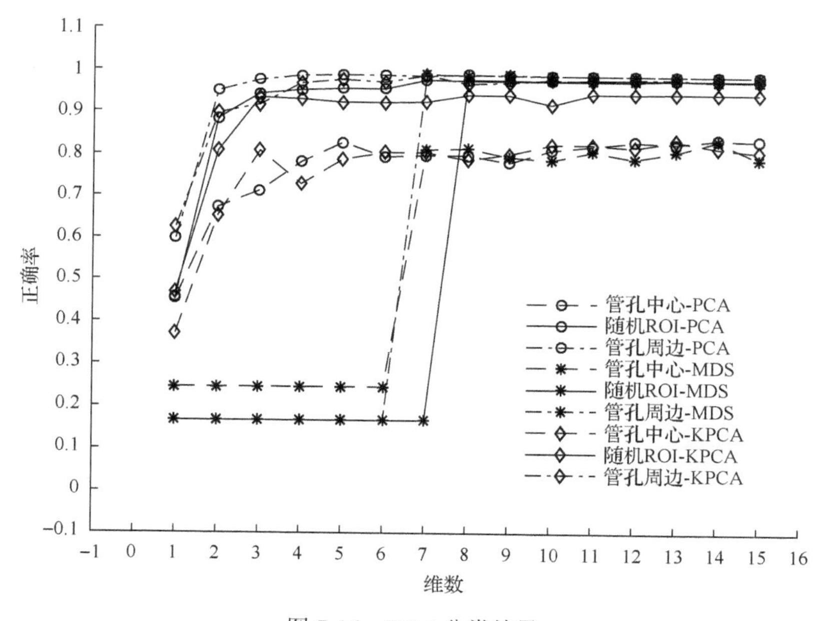

图 7-16　SVM 分类结果

从降维方法上来看，PCA 和 KPCA 可以在较低维度表示原始数据，而 MDS 需要维数大于 7 维时才可以较好地表示原始数据，三种降维方法对分类精度略有影响，从整体上看 PCA 要略优于 MDS，MDS 略优于 KPCA。下面我们列出上述分类方法中测试集所对应的最大正确率时的相关数据，如表 7-8 所示。

表 7-8　最大识别正确率

分类器	光谱区域	PCA		MDS		KPCA	
		正确率/%	维数	正确率/%	维数	正确率/%	维数
BP	管孔中心	81.78	13	80.42	13	79.4	13
	随机选取	97.80	9	97.57	9	94.25	9
	管孔周边	98.67	7	98.14	8	97.65	9
MD	管孔中心	81.29	14	78.14	11	66.48	12
	随机选取	88.88	13	91.11	11	94.44	15
	管孔周边	100	8	100	9	98.70	7
SVM	管孔中心	83.70	15	83.33	14	83.33	13
	随机选取	97.78	7	97.78	8	94.62	12
	管孔周边	99.07	8	99.07	7	98.88	7

注：PCA、MDS、KPCA 是降维方法。

从表 7-8 中可以看出，所有分类器和降维方法都给出了管孔周边的分类正确率最高，随机选取其次，最差的分类效果是管孔中心。管孔周边在较低的数据维度上即可以得到较高的分类正确率。利用管孔周边的数据且使用马氏距离进行分类，可以得到最大分类正确率，正确率可达 100%。从降维方法上来看，使用 PCA 降维方法进行降维，分类效果要略好于其他两种降维方法。

综上所述，在现有实验数据情况下，以管孔周边区域的高光谱数据为树种识别依据，使用 PCA 降维和马氏距离进行分类，可达到最佳树种识别效果。

4. 抗干扰性分析

木材往往因体积庞大只能放在室外。而室外环境多变，温度、湿度以及光照均会对木材的光谱采集造成一定的影响，这些影响我们可以看作是光谱曲线的噪声。因为训练集是提前已知的，所以我们完全有条件在稳定的室内环境训练模型，但是测试集的分类结果却是未知的，所以我们只对测试集加入一定的白噪声。

白噪声的加入强度使用 SNR(信噪比)，SNR 值越小说明加入的噪声越多，SNR 值越大说明加入的噪声越少。

为了能够清晰地看到加入不同强度的 SNR 对分类正确率的影响，我们使用错误率来衡量每一种方法的抗噪声能力，这里的错误率指加入噪声前的正确率减去加入噪声后的正确率，显然错误率越小越好。图 7-17 中是不同分类方法下管孔中心、管孔周边、随机选取三种方法的错误率。

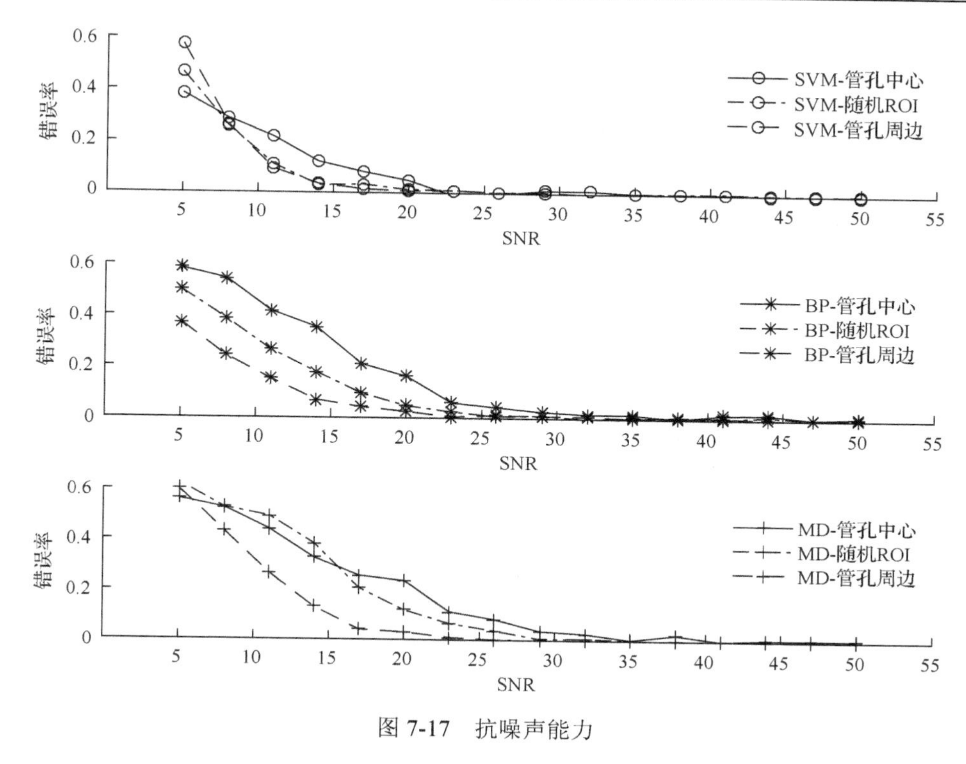

图 7-17　抗噪声能力

图 7-17 中的曲线下降速度越快说明抗噪声能力越强，即在较小的信噪比中仍然具有良好的分类效果。从图 7-17 可以看出使用马氏距离和 BP 神经网络分类器均满足管孔周边抗噪声能力最强，随机选取其次，管孔中心最差。使用 SVM 分类器的管控周边抗噪声能力略高于随机选取，管孔中心抗噪能力最差。综上所述，利用管孔周边进行分类可拥有较好的抗噪声能力。

7.2.4　结论

在本节，我们利用形态学分析提取了木材横截面管孔周边的光谱曲线，利用 K-L 散度和聚类分析提取了管孔中心的光谱曲线。对比了管孔周边、管孔中心以及随机选取三种不同方法在木材树种识别上的情况，通过实验我们发现，使用管孔周边的光谱信息进行木材树种识别，测试集分类识别率最高可达 100%，使用随机选取的方法也可以得到 97.8%的正确率，利用管孔中心处的光谱信息对木材树种进行识别正确率最低只有 83.7%。除此之外，我们还考虑了光谱曲线在受到外界干扰时对木材树种识别的影响，同样得出了管孔周边的光谱信息最优这一结论（Zhao and Wang，2019）。

7.3　对光照变化不敏感的微观高光谱图像木材树种识别算法研究

7.3.1　引言

我们还可以使用木材横截面的微观纹理特征对木材的树种进行识别。Mohd Iz'aan Paiz Zamri 等(2016)利用木材微观结构中的纹理特征 IBGLAM(improved basic gray level aura matrix)对木材的树种进行了识别，但是该方法在木材横截面纹理较为相似时，无法得到较高的识别正确率。Yusof 等(2013b)利用 GA(genetic algorithm)对木材横截面的 IBGLAM 和 SPPD 融合后的特征做了第一次特征提取，降低了一定的特征维度之后又使用 KDA(kernel discriminant analysis)和 GSVD(generalized singular value decomposition)分解对 GA 提取到的特征向量做了第二次非线性特征提取，最后使用 LDA(linear discriminant analysis)对木材进行了树种识别，但是这种方法同样不适用于温带和寒带树种识别。

另外，根据学者们的研究(杨希峰等，2004；Saranwong et al.，2003)，在采集近红外光谱或高光谱图像的过程中，湿度、温度以及光照等因素均会导致光谱的失真。在这些因素之中，光照因素对光谱采集的影响最大。在工业化生产过程中，为了避免光照的影响，通常使用遮光罩或使用黑白校验板减少光照对高光谱图像采集的影响。但是，即使使用上述方法仍无法完全避免光谱失真的情况发生。例如，木材表面的某些结构对光照具有极强的反射率，这就造成了光谱采集过程中极易出现某些像素点饱和的现象。

为了解决上述问题，在本小节我们以 8 种木材的显微高光谱图像为研究对象。使用 LBP(local binary pattern)和 PLS(pattern lacunarity spectrum)提取高光谱图像中可见光波段图像的纹理信息和近红外波段的光谱信息做融合，提出了一种对光照变化不敏感的木材树种识别方法。并通过仿真实验验证了该方法可以在光照不定的情况下对木材树种进行正确识别。

7.3.2　材料与方法

本实验以美国红橡、印尼菠萝格、非洲卡斯拉、红花梨、南美柚木、水煮柚、桦木以及香樟木 8 种阔叶木材作为实验样本，同时将其加工成 2cm×2cm×3cm 的木块。每个树种采集 60 幅高光谱图像，共采集 480 幅高光谱图像作为实验样本。384 幅高光谱图像作为训练集(每个树种 45 个样本)，96 幅高光谱图像作为测试集(每个树种 12 个样本)，所采集的高光谱图像尺寸是 200×200×128。使用的高光谱图像采集系统与 7.1 节相同，这里不再赘述。

1. 基于图像相似度的高光谱波段选择方法

为了能够充分考虑木材高光谱图像的图像特征，在本节我们将介绍一种基于图像相似度的波段选择方法。图像相似度是指两幅数字图像相近的程度，常用的图像相似度衡量方法主要包括：频率分布直方图法(frequency distribution histogram method，FDHM)(Wang et al.，2004)、结构相似性(structural similarity index method，SSIM)法(Brunelli and Mich，2001)、信息量法(mutual information method，MIM)(Maharana，2016)以及图像指纹法(different hash method，DHashM)(Du and Yang，2008；Russakoff et al.，2004)。这些方法广泛地应用于图像检索和图像质量检测中，FDHM、SSIM、DHashM 其值越大说明两幅图像越相似，值越小说明两幅图像越不相似。MIM 则相反，其值越小反而越相似，其值越大越不相似。

图 7-18 给出了美国红橡横截面高光谱图像中第 48 个波段(611.10nm)的灰度图像与其余波段的灰度图像之间的相似度关系。由于 SSIM 的相似度都趋近于 1，特此单独列出了坐标系放大的情况下，相似度变化的走势。通过图 7-18 我们可以清晰地发现，无论采用其他哪种相似度衡量方法，第 48 个波段的灰度图像与其相邻的几个波段的灰度图像最为相似。纵观整个高光谱图像，我们发现大多数波段也满足这一结论，即高光谱图像中的某一波段所对应的灰度图像，与其相邻波段所对应的灰度图像最为相似。

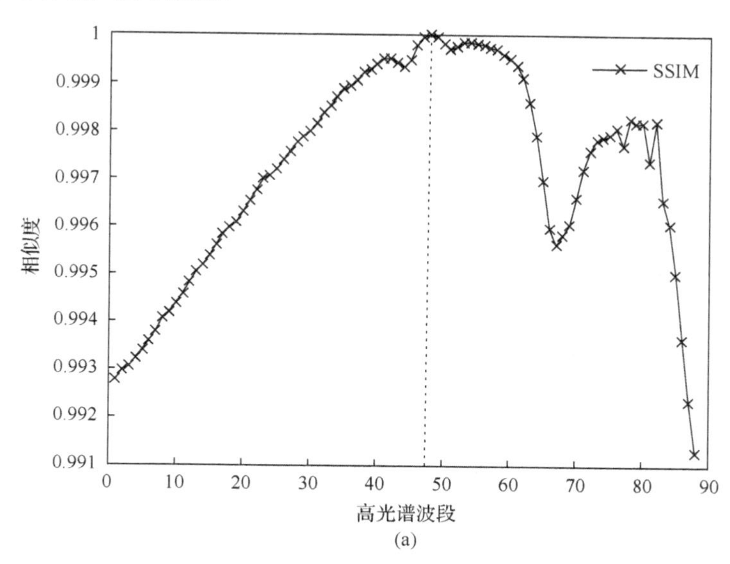

(a)

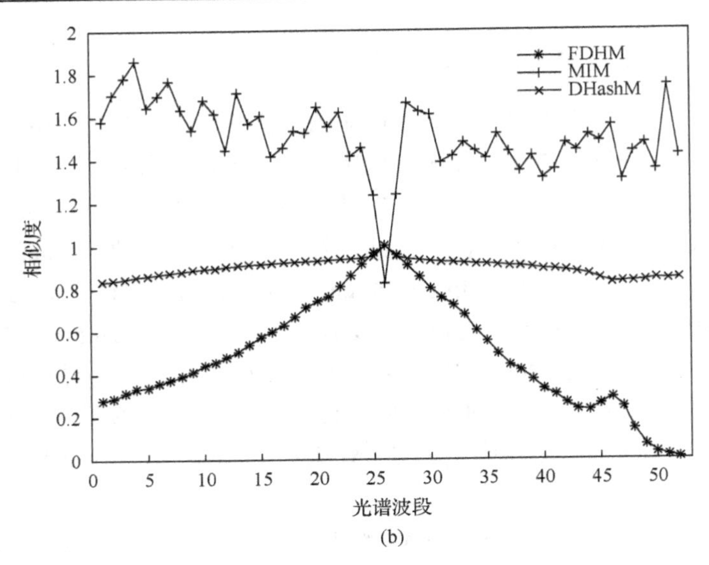

(b)

图 7-18 高光谱图像中某一波段与其余波段的相似度对比

(a) SSIM 相似度对比；(b) FDHM、MIM 和 DHashM 相似度对比

根据上述结论，我们提出了一种基于图像相似度的高光谱波段选择方法，该方法具体描述如下：设波段选择后留下的高光谱波段数量为 m，高光谱图像为 $\boldsymbol{X}=[\boldsymbol{x}_1,\boldsymbol{x}_2,\cdots,\boldsymbol{x}_i,\cdots,\boldsymbol{x}_n]$ (n=52)，其中 $\boldsymbol{x}_i$ 代表高光谱图像 n 个波段中的第 i 个波段所对应的灰度图像，其尺寸大小为 200×200。利用上述求解图像相似度的方法，计算高光谱图像中每一个 $\boldsymbol{x}_i$ 与 $\boldsymbol{x}_{i+1}$ 之间的相似度，得到相似度向量 $\boldsymbol{s}=[s_1,s_2,s_3,\cdots,s_{n-1}]$，寻找到相似度向量中 $\boldsymbol{s}$ 的最大值 s_m(使用 MIM 时应寻找最小值)，将高光谱图像 $\boldsymbol{X}$ 中的第 m 个波段删除掉，此时 $\boldsymbol{X}$ 中的波段数量应为 n–1。重复上述过程，不断去除波段，直到 $\boldsymbol{X}$ 中的波段数量为 m+1 时停止循环。最后将 $\boldsymbol{X}$ 中的最后一个波段删除掉，得到降维后的高光谱图像 $\dot{\boldsymbol{X}}$。表 7-9 是美国红橡的一个样本在使用不同方法时所得到的最佳的 10 个波段组合。

表 7-9 不同波段选择方法所选择出的最佳波段组合

	1	2	3	4	5	6	7	8	9	10
FDHM	3	9	18	28	29	35	46	47	48	49
SSIM	9	17	18	28	29	35	46	47	48	49
MIM	1	2	3	5	7	14	17	21	23	49
DHashM	9	17	18	28	29	35	46	47	48	49

2. 基于 LBP 和几何分形的高光谱图像纹理特征提取

本小节我们来介绍如何使用 LBP 和 PLS 提取图像的纹理特征，在介绍纹理特征提取之前，我们要先对 7.3.2 节中 1.所提取出的多个波段的图像用小波变换的方法做图像融合。具体方法如下：设波段选择后留下的 m 个波段图像分别为 $\{\boldsymbol{X}_1,\boldsymbol{X}_2,\cdots,\boldsymbol{X}_j,\cdots,\boldsymbol{X}_m\}$，其中 $\boldsymbol{X}_j$ 的图像尺寸大小为 200×200。由于各个波段图像均来自于一幅高光谱图像，所以并不需要对上述图像进行图像配准。对每一幅图像做小波变换，分别得到每一图像的低频小波系数 $\{\boldsymbol{A}_1,\boldsymbol{A}_2,\cdots,\boldsymbol{A}_j,\cdots,\boldsymbol{A}_m\}$ 和高频小波系数 $\{\boldsymbol{H}_1^k,\boldsymbol{H}_2^k,\cdots,\boldsymbol{H}_j^k,\cdots,\boldsymbol{H}_m^k\}(k\in\{1,2,3\})$，高频小波系数中包含了水平高频系数、垂直高频系数以及对角线高频系数。然后按照式(7-14)的方法进行融合，得到新的小波系数 $\boldsymbol{A}'$ 与 $\boldsymbol{H}'$。

$$\begin{cases} \boldsymbol{A}'=\dfrac{1}{\mathrm{m}}(\boldsymbol{A}_1+\boldsymbol{A}_2+\cdots+\boldsymbol{A}_j+\cdots+\boldsymbol{A}_m) \\ \boldsymbol{H}^{k'}=\boldsymbol{H}_j^k,\text{s.t.}\left|\boldsymbol{H}_j^k\right|=\max\left(\left|\boldsymbol{H}_1^k\right|,\left|\boldsymbol{H}_2^k\right|,\cdots,\left|\boldsymbol{H}_j^k\right|,\cdots,\left|\boldsymbol{H}_m^k\right|\right) \end{cases} \tag{7-14}$$

利用得到的新的小波系数进行小波逆变换，得到融合后的数字图像 $\boldsymbol{X}'$。该图像的尺寸大小依旧为 200×200，使用的小波基为“haar”，分解层次为 4 层。图 7-19 是 m=5 时的图像融合结果，从图 7-19 中可以看出，融合后的图像汇聚了前五幅图像的所有纹理信息。

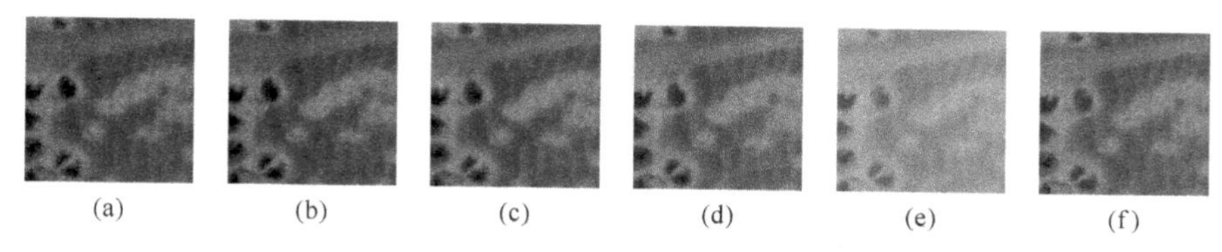

图 7-19　波段选择图像融合结果

(a)～(e)分别为波段选择留下的 5 个波段；(f)代表融合后的图像

接下来我们就可以使用 LBP 和 PLS 对融合后的图像进行纹理提取了。LBP 是一种有效的纹理描述算子，这里使用等价 LBP+旋转不变模式的 LBP 对图像纹理进行描述，该方法具有亮度不变性以及旋转不变性，其具体描述如下：

设融合后的图像为 $\boldsymbol{I}$(M×N, M=200, N=200)，圆域 LBP 定义为式(7-15) (Ojala et al.，1996)：

$$\mathrm{LBP}_{P,R}(x_c,y_c)=\sum\nolimits_{p=0}^{P-1}s\big(\boldsymbol{I}(p)-\boldsymbol{I}(c)\big)\times 2^p \tag{7-15}$$

式中，p 为以 R 为半径的圆形区域中总计 P 个采样点中的第 $p+1(p\in[0,P-1])$ 个采样点；$\boldsymbol{I}(p)$ 为邻域内第 p+1 个像素点的灰度值；$\boldsymbol{I}(c)$ 为中心像素点的灰度值。其中 $s(x)$ 代表的含义如式(7-16)所示：

$$s(x)=\begin{cases}1, & x\geqslant 0\\ 0, & \text{其他}\end{cases} \tag{7-16}$$

根据上述描述定义旋转不变 LBP 为式(7-17)(Ojala et al.，2000)：

$$\mathrm{LBP}_{P,R}^{rot}=\min\{ROR(\mathrm{LBP}_{P,R},i)\mid i=0,\cdots,P-1\} \tag{7-17}$$

式中，$ROR(x,i)$ 为将 x 循环位移 i 位。使用旋转不变的 LBP 最大的问题在于模式太多，所以我们还要降低模式数量，在此基础之上，使用等价旋转不变 LBP 模式。

等价 LBP 是计算一组二进制数从前到后 0,1 的跳变次数(如 0000，跳变 0 次，0101，跳变 3 次，0011，跳变 1 次)，将跳变次数超过两次的记为一类，首先按式(7-18)定义函数 U，该函数的作用是计算一组二进制数跳变的次数。

$$\begin{aligned}U\left(\mathrm{LBP}_{P,R}^{rot}\right)=&\left|s\left[\boldsymbol{I}(P-1)-\boldsymbol{I}(c)\right]-s\left[\boldsymbol{I}(0)-\boldsymbol{I}(c)\right]\right|\\&+\sum_{p=1}^{P-1}\left|s\left[\boldsymbol{I}(p-1)-\boldsymbol{I}(c)\right]-s\left[\boldsymbol{I}(p)-\boldsymbol{I}(c)\right]\right|\end{aligned} \tag{7-18}$$

在旋转不变基础上加上等价 LBP 后定义如式(7-19)所示(Ojala et al.，2002)：

$$\mathrm{LBP}_{P,R}^{ui+rot}=\begin{cases}\mathrm{LBP}_{P,R}^{rot} & \mathrm{U}\left(\mathrm{LBP}_{P,R}^{rot}\right)\leqslant 2\\ P+1 & \text{其他}\end{cases} \tag{7-19}$$

图 7-20 是对图 7-19(f) 中的图像做上述复合 LBP 算法运算所得到的结果。

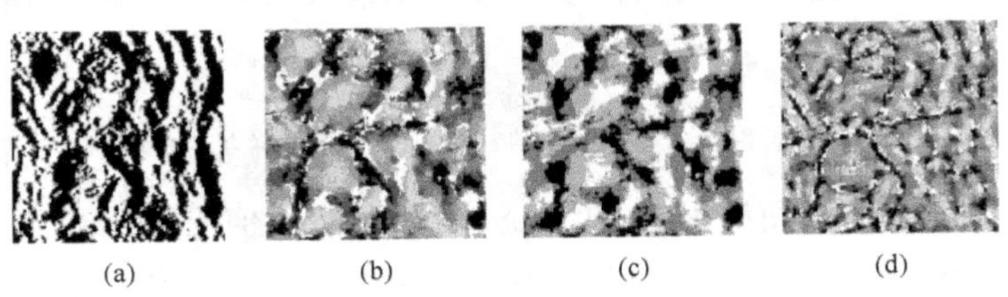

图 7-20　复合 LBP 结果

(a) P=4，R=1；(b) P=16，R=5；(c) P=16，R=3；(d) P=8，R=5

最后，我们要使用 PLS 提取图像的纹理特征，该算法是借助分形思想，利用分形维数表征一幅图像的复杂程度，其本质思想是图像频数分布直方图的延伸(Xu et al.，2009)。

第一步，我们先计算一幅图像的多个 $\mathrm{LBP}_{P,R}^{ui+rot}$ 图像，这些图像是根据不同的 (P, R) 得到的。根据文献(Quan et al.，2014)所述，P 和 R 只有少量的值可以良好地表示图像的纹理信息，故只选择{(4,1)，(16,2)，(16,3)，(8,5)，(16,5)}五组数据。将这五组的 LBP 图像设为 $\boldsymbol{J}_1$、$\boldsymbol{J}_2$、$\boldsymbol{J}_3$、$\boldsymbol{J}_4$、$\boldsymbol{J}_5$，即：

$$\boldsymbol{J}_i = \mathrm{LBP}_{P,R}^{ui+rot}(\boldsymbol{I}), i \in \{1,2,\cdots,5\} \tag{7-20}$$

利用式(7-20)计算出的 $\boldsymbol{J}_i$ 中像素值均为整数，接下来按式(7-21)将每一幅 $\boldsymbol{J}_i$ 二值化，产生若干个二值图像。

$$\boldsymbol{B}_{i,j}(x,y) = \begin{cases} 1, \boldsymbol{J}_i(x,y) = j \\ 0, \text{ 其他} \end{cases} \quad (i \in \{1,2,\cdots,5\}) \tag{7-21}$$

第二步，我们定义长为 $r \in \{2^1, 2^2, 2^3, 2^4, \cdots, 2^m\}(2^m \leqslant M \&\& 2^m \leqslant N)$ 的正方形小窗口，将正方形小窗口铺满整个 $\boldsymbol{B}_{i,j}$，以小窗口内的点数 $p \in [0, r^2]$ 为横坐标，以整幅图像中小窗口内的点数为 p 的小正方形数量为纵坐标，建立频数分布直方图，并将该频数分布直方图中每一个 p 值所对应的频数存入向量 $\boldsymbol{y}_r$ 中。这里要注意的是每一个 r 都会对应一个频数向量，故 $\boldsymbol{y}_r$ 的数量为 m。

第三步，定义以尺度为 r 的间隙度(lacunarity)为式(7-22)：

$$\Lambda_r(\boldsymbol{y}_r) = \frac{E[(\boldsymbol{y}_r)^2]}{(E[\boldsymbol{y}_r])^2} \tag{7-22}$$

根据上述定义，我们可以得到 m 个 $(r, \Lambda_r(\boldsymbol{y}_r))$ 点。使用这些点做最小二乘法估计，我们可以将式(7-22)表示为：

$$\ln \Lambda_r(\boldsymbol{y}_r) = k \ln r + b \tag{7-23}$$

式中，k, b 为根据最小二乘法得到的估计直线的斜率与截距，将这些看成一组数据 (k, b)，按照顺序，重复上述过程可以得到每一幅二值图像 $\boldsymbol{B}_{i,j}$ 的 (k, b)，将这些数据串联成一组数据，构成一条曲线，这条曲线即是提取到的高光谱图像纹理特征。图 7-22 是图 7-21 中 6 个样本所对应的特征曲线。

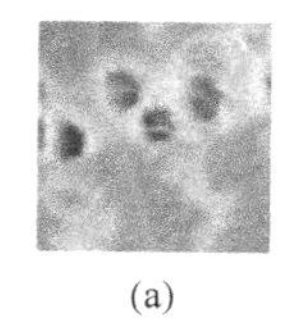
(a)

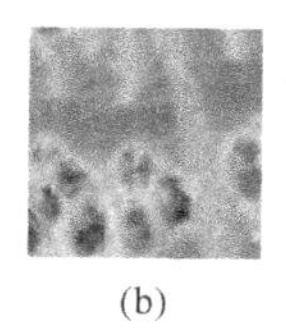
(b)

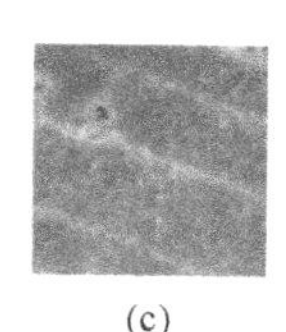
(c)

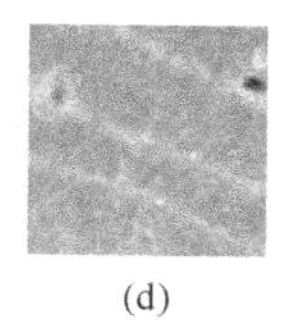
(d)

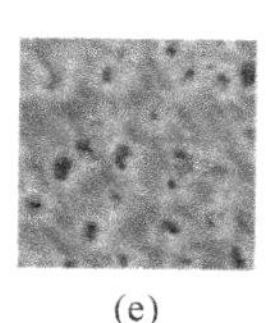
(e)

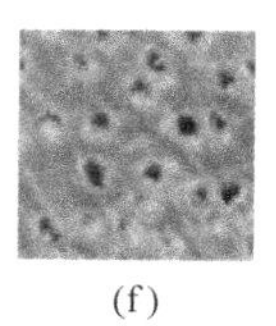
(f)

图 7-21　木材树种样本图像

(a)和(b)是美国红橡；(c)和(d)是红花梨；(e)和(f)是非洲卡斯拉

从图 7-22 中可以看出，每一种木材的特征均被详细区分开来，但是值得注意的是，也并不是所有的类内样本全部都能拥有极其相似的特征曲线。原因是样本图像尺寸较小，图像中可能会包含较大管孔或较小的管孔，也可能不包含管孔，这些管孔大小或分布都会影响特征曲线。

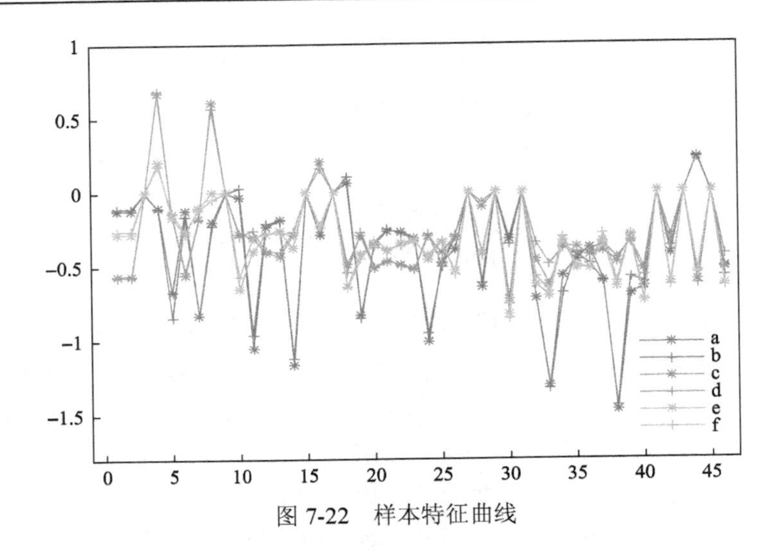

图 7-22　样本特征曲线

3. 光照对高光谱图像采集的影响与特征融合

湿度、温度以及光照的变化，往往会对高光谱图像的采集带来一定的影响。经研究发现，在这些外界影响的条件之中，光照对分类正确率的影响最为明显。室外环境中，光照强度与时间、云层厚度、季节、湿度、温度众多因素相关，这就导致光照变化呈现一定的随机性。

太阳辐射主要集中在可见光部分，波长小于400nm和大于760nm的部分较少，有学者发现光照对光谱的影响主要集中在400～900nm，这是因为空气中氧气等对光的倍频反应导致光谱曲线受影响范围向右移动了100nm左右。另外光谱失真程度随着光照强度的增加而增加，整体影响呈正态曲线变化。

为了模拟光照对高光谱图像的影响，我们使用正态分布曲线与原始图像相加，致使光谱曲线失真，以证明本算法对光照变化具有很强的鲁棒性。正态分布曲线具有四个参量，分别是对称轴 u，方差 σ，强度 I 以及噪声强度 PSNR。根据文献(Gueymard，2004)，设随机参数 $a = \text{RAND}(a \in (0,1))$，并令 $u = 650 + 100(a - 0.5)$，$\sigma = 200 + 50(a - 0.5)$，$I$ 值代表光照强度，PSNR=50。注意这里的 a 值始终是动态变化的。图 7-23 中给出了不同 I 值下光谱曲线失真的情况。

由于光照对光谱的影响主要集中在可见光波段附近，所以我们将整个高光谱图像的光谱分割成两个部分，即可见光波段(372.53～789.48nm)和近红外波段(794.80～1038.57nm)两个部分，光照的影响主要集中在可见光波段，使用 7.3.2 节中 2.的方法提取的纹理特征在光照影响下是不变的。另一方面光照影响对近红外部分的影响并不大，所以我们继续使用该部分波段的光谱信息作为特征信息。对近红外部分的光谱信息做 SNV 处理后将其串联接入纹理特征后作为新的特征向

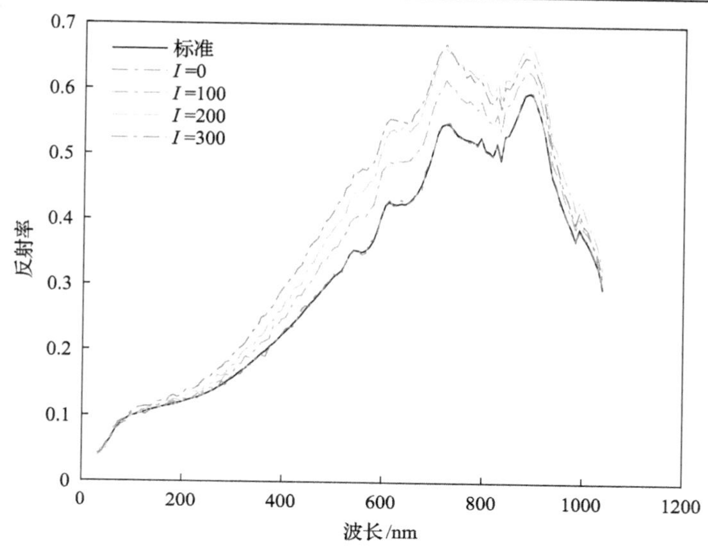

图 7-23　不同光照强度下的光谱曲线对比(彩图请扫封底二维码)

PSNR=50，u=650，σ=200

量。经实验证明该方法不仅具有良好的识别正确率，同时也能够在光谱失真的情况下获得良好的识别正确率，图 7-24 中所表示的是两种特征值串联在一起的新特征值。

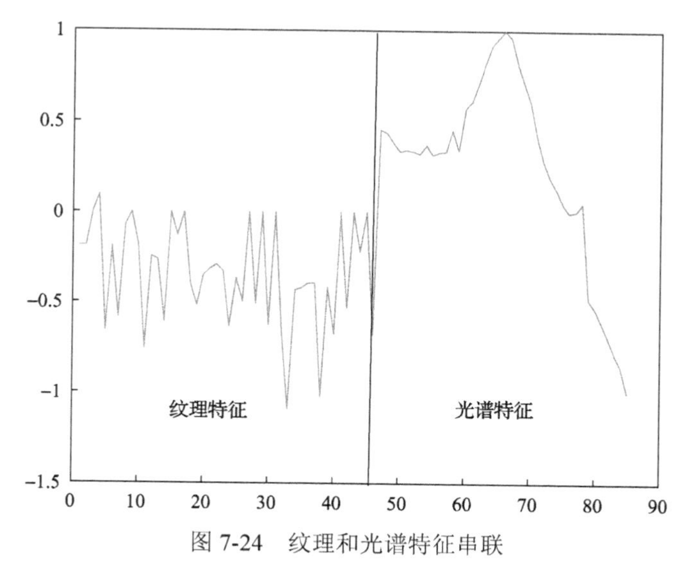

图 7-24　纹理和光谱特征串联

7.3.3　实验结果与讨论

在本节，我们将使用 SVM 和 BP 神经网络分类器，对上一节中所述的算法进行实验，主要包含五个部分。第一个部分：主要讨论所述算法的执行时间效率。第二个部分：主要分析不同的波段选择方法对识别正确率的影响。第三个部分：主要与经典和最新的木材树种横截面微观识别算法进行对比。第四个部分：主要探究在不同强度光照下本算法的正确率变化。第五个部分：主要讨论纹理相似树种在本算法中的识别情况。

1. 算法的执行时间

在本节我们将给出上述所有算法的具体运行时间，本实验所用计算机硬件配置为 CPU：Intel I7-6700，内存：8G，显卡：AMD Radeon R7 200，使用机械硬盘容量为 1TB。表 7-10 中给出的是上述降维算法中，维度降至 10 维时各方法所需要的执行时间以及算法中主要步骤的执行时间。

表 7-10　降维算法的执行时间

方法	FDHM	SSIM	MIM	DHashM	ABS	图像融合	LBP	PLS
时间/s	0.945	2.084	0.586	2.185	0.185	0.315	0.738	2.023

从表 7-10 中可以看出，使用 ABS 降维方法执行速度最快，DHashM、SSIM 执行速度最慢。FDHM 与 MIM 方法执行速度适中，另外计算 PLS 所花费的时间也比较多。表 7-11 中给出了各个算法处理一个样本所需的时间。

表 7-11　处理一个样本的算法时间

方法	PLS+LBP				
	FDHM	SSIM	MIM	DHashM	ABS
时间/s	3.873	4.174	3.715	4.212	3.613

从表 7-11 中可以看出，处理一个样本花费时间最长的是以 DHashM 作为降维方法的木材树种识别方法，而使用 ABS（adaptive band selection）作为降维方法的木材树种识别方法耗时最短。ABS 是一种常用的波段选择方法，为了直观对比下面我们也讨论了 ABS 降维方法所对应的正确识别率。

2. 不同波段选择方法对识别正确率的影响

在本节我们将使用 SVM 和 BP 神经网络分类器，验证上述多种波段选择方法在纹理特征识别中的正确率情况。首先我们先不考虑光谱信息，只利用纹理特征（textural features，TF）对木材进行识别。图 7-25 中给出了以 FDHM、DHashM、SSIM、MIM 作为相似度评判指标的波段选择方法在选择不同波段数量下的识别正确率。同时用虚线给出了使用 ABS 方法进行波段选择的识别正确率。由于 BP

神经网络每一次的识别正确率会有一定的差异，所以重复训练 BP 神经网络 25 次，以 25 次的平均正确率作为识别正确率。

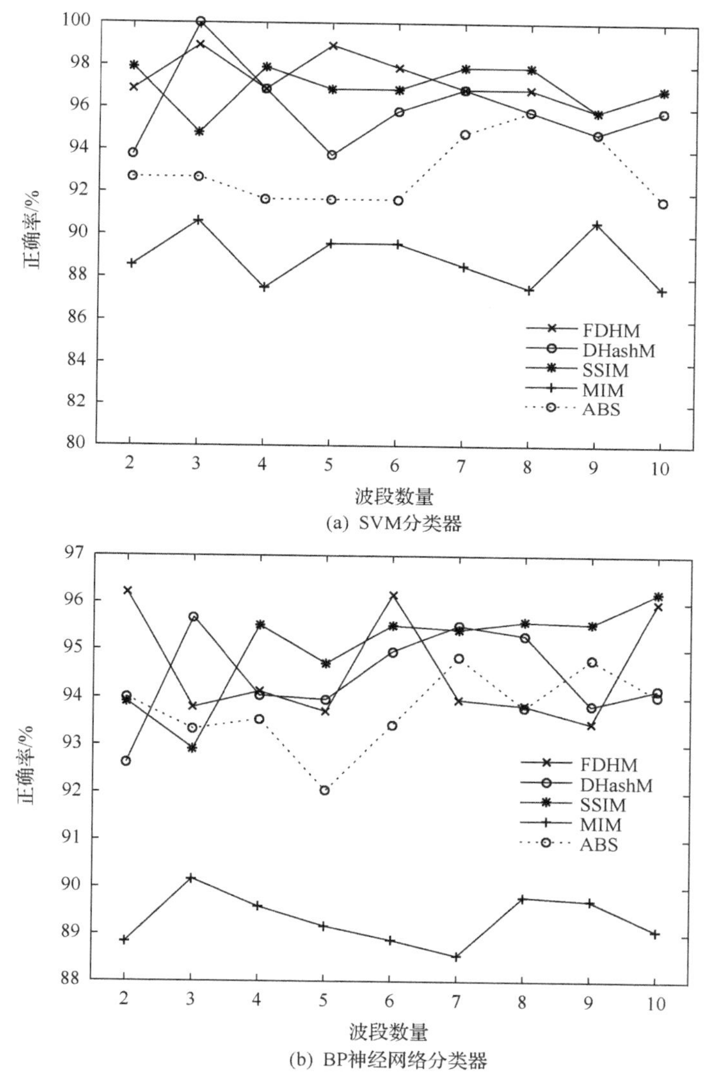

(a) SVM分类器

(b) BP神经网络分类器

图 7-25　多种波段选择的识别正确率

从图 7-25 中可以看出，在使用 SVM 分类器时，所提出的基于图像相似度的波段选择方法比 ABS 波段选择方法正确率高出 5%左右，而使用 BP 神经网络作为分类器时提出的波段选择方法高出 ABS 方法正确率 3%左右。

表 7-12 中给出了上述各种波段选择方法的最高识别正确率所对应的波段数量。DHashM 在波段选择数量为 3 时得到最高识别率 100%，MIM 波段选择方法识别率最低。在使用 BP 神经网络作为分类器时，同样可以得到类似的结论。

表 7-12　最高识别正确率

方法	SVM		BP	
	波段数量	正确率/%	波段数量	正确率/%
FDHM	5	95.83	6	96.42
DHashM	3	100	3	97.81
SSIM	4	97.91	10	96.13
MIM	3	90.62	3	92.24
ABS	7	95.83	7	94.91

从波段选择来看，并非波段选择数量越多，识别正确率越高。反而在融合某些波段后识别正确率不升反降。但是使用单个波段图像也不会得到较高的识别正确率，图 7-26 中给出了使用高光谱图像单个波段的 LBP+PLS 特征下的识别正确率。从图 7-26 中可以看出，在高光谱图像的 128 个波段中，只有在波段 450～900nm 拥有较好的识别正确率。故对高光谱图像降维后，如果不能选出高光谱图像中纹理信息较为丰富的波段对其进行融合，是不能得到较好的识别正确率的。

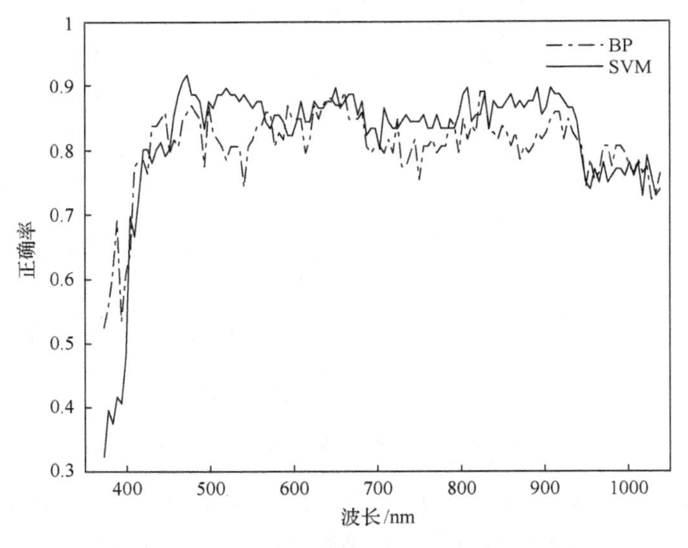

图 7-26　使用单波段图像的识别正确率

将高光谱图像的纹理信息和近红外波段融合后的识别正确率如图 7-27 所示。

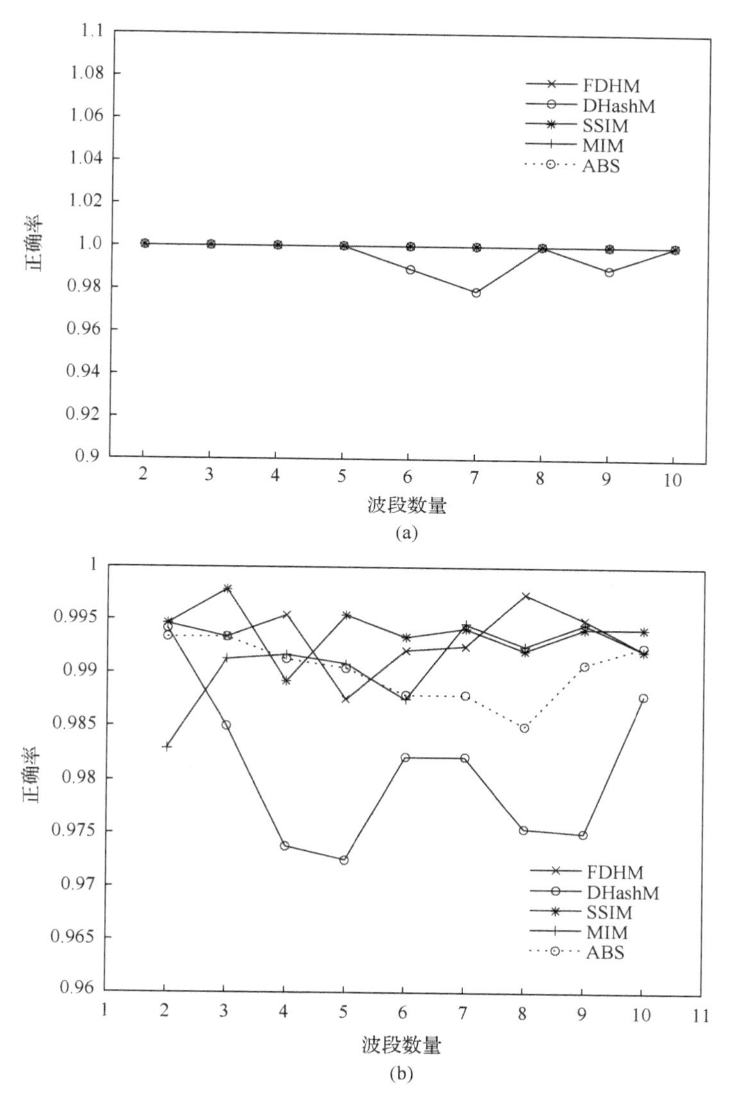

图 7-27　特征融合后的识别正确率

(a) 使用 SVM 分类器；(b) 使用 BP 神经网络分类器

从图 7-27 中可以看出，TF 在 SVM 分类器中识别正确率均为 100%。在利用 BP 神经网络进行识别时，使用 ABS 和 MIM 的波段选择方法的正确率依然低于使用 FDHM、DHashM、SSIM 的正确率，但无论使用哪一种方法正确率均接近于 100%。通过上述分析可以得到使用融合后特征识别正确率要优于只使用纹理信息进行识别的正确率。

3. 与其他文献方法的比较

在本节我们将本节的算法与经典算法 ASC(average spectral classification)、PCA+GLCM 以及文献(Ibrahim et al., 2017; Zamri et al., 2016; Yusof et al., 2013b)三种最新算法做正确率对比。ASC 算法大致思想是对高光谱图像上所有像素点所对应的光谱取均值，其目的在于得到整幅高光谱图像的平均光谱。PCA+GLCM (principal component analysis+gray-level co-occurrence matrix)的主要思想是对高光谱图像做 PCA 降维，提取第一主成分所对应的灰度图像，并对此灰度图像提取其 GLCM 纹理特征。文献(Ibrahim et al., 2017; Zamri et al., 2016; Yusof et al., 2013b)算法详见参考文献，这里不再赘述。表 7-13 中给出了以上这些算法处理一个样本所花费的时间。

表 7-13　各个算法所需花费时间

方法		时间/s	方法		时间/s
ASC		0.305	Zamri(2016)	IBGLAM	0.315
PCA+GLCM	PCA	0.295	Ibrahim(2017)	IBGLAM	0.315
	GLCM	0.232		SPPD	0.011
	Total	0.535		合计	0.415
LBP+PLS		3.613～4.212	Yusof(2013)	GA(1 次)	5.824
				KDA/GSVD	0.460
				合计(100 次)	596.251

从表 7-13 中可以发现，耗时最多的是文献 Yusof(2013)的方法，该方法需要使用遗传算法对特征向量进行降维，其运行时间和循环次数有关，该表中给出的是循环 100 次所需要的总时间。另外耗时最少的是 ASC、PCA+GLCM、文献 Zamri 等(2016)和 Ibrahim 等(2017)，这四种算法处理一个样本的时间都在 1s 以内。

表 7-14 中给出了各个算法的识别正确率。从表 7-14 中可以看出，本节算法的识别正确率可达 100%，是所有方法中识别正确率最高的。其次是文献三中 SPDD 和 IBGLAM 特征融合后的正确率以及文献 Zamri 等(2016)的识别正确率。识别正确率偏低的是 PCA+GLCM 和 Ibrahim 等(2017)中的模糊识别以及文献 Yusof(2013)的 GA/KDA 识别。

表 7-14　各个算法的识别正确率

方法		正确率/%	方法		正确率/%
ASC		90.63	Ibrahim(2017)	SPPD	73.95
PCA+GLCM		72.91		SPPD+IBGLAM	91.67
Zamri(2016)		89.58		Fuzzy+SPPD+IBGLAM	56.25
LBP+PLS	TF	100	Yusof(2013)	GA	82.29
	FF	100		GA+KDA	51.04

注：FF，fusion feature，融合特征。

通过实验我们发现，按照 Ibrahim 等(2017)中的方法使用模糊分类方式进行识别，识别正确率不升反而会大幅度下降。造成这一种现象的主要原因是本节所使用的 8 种木材有一部分是温带木材，管孔分布并不像 Ibrahim 等(2017)中的热带木材样本那样有规律，温带木材管孔通常较小，但也有可能因季度雨量充足造成某些管孔较大，使得管孔大小分布并不均匀，从而使得前期模糊预分类极易造成分类出错。文献 Yusof(2013)中使用 LDA 线性分类器作为分类器对木材进行识别。虽然文献 Yusof(2013)中使用 KDA/GSVD 将非线性特征转换为线性特征，但是 LDA 很容易出现欠拟合导致分类精度大幅度下降。

4. 光照对识别正确率的影响

目前已有学者通过高光谱图像的光谱信息对木材进行识别，并获得了良好的识别正确率，其最为简单实用的方法便是 ASC，但是在受到光照影响后该方法的正确率将急剧下降。

图 7-28 中给出了以 ASC 光谱曲线为特征向量，使用 SVM 分类时，强度 I 对识别正确率的影响。通过图 7-28 可以明显地看出，I 值越大，识别正确率越低。当 I=125 时识别正确率已经低于 75%，当 I=175 时识别正确率已经低于 65%。

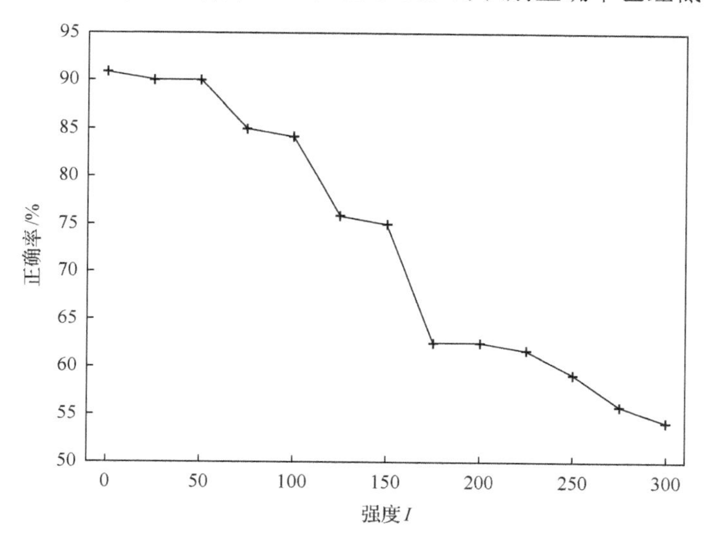

图 7-28　光照强度对识别正确率的影响

需要说明的是，我们只对测试样本加入了光照的影响，原因在于训练集样本往往我们是在测试条件较好的室内完成的，但是测试样本的采集却往往不得不在室外进行。接下来我们讨论在光照变化下 TF 的分类正确率。图 7-29 和图 7-30 中给出了 TF(降维方法：SSIM，下同)和 FF 在不同光照强度下的识别正确率。

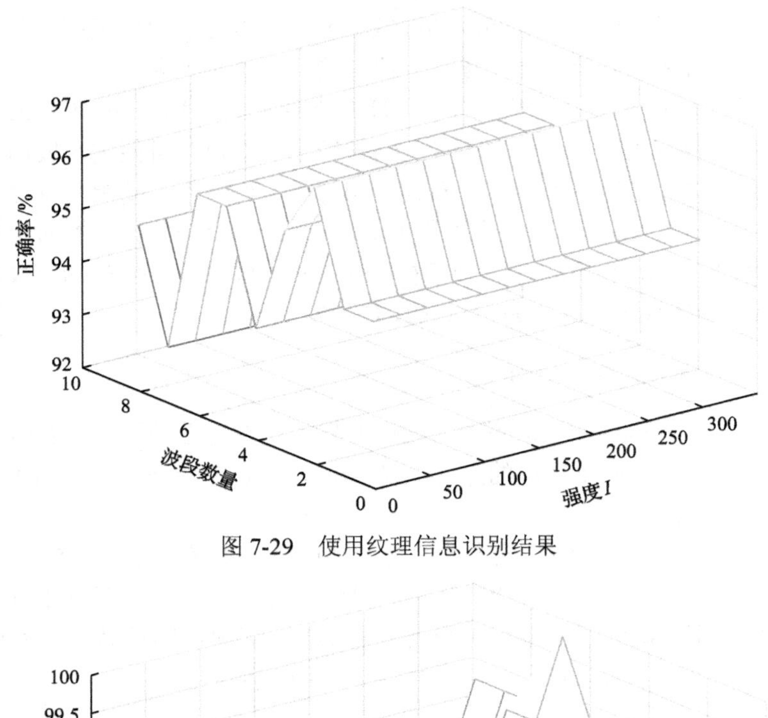

图 7-29　使用纹理信息识别结果

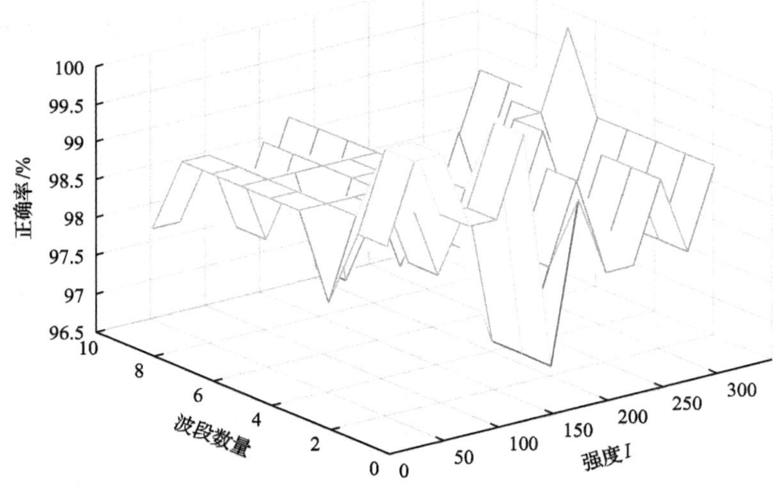

图 7-30　特征融合后的识别结果

表 7-15 通过表格的形式列出了在不同光照强度 I 下的 ASC、TF、FF、IBGLAM、SPPD+IBGLAM 的正确率的变化规律，其中 TF 和 FF 是在波段选择数量为 5 时的正确率。

综合图 7-29、图 7-30 和表 7-15 可以得出光照强度 I 的增加会大幅度降低 ASC、IBGLAM 和 SPPD+IBGLAM 的识别正确率，本节所述的高光谱图像纹理特征并不会因 I 的强度变化而发生变化，另外 FF 识别效果最好。

表 7-15　不同 I 值下的正确率　（单位：%）

I	50	100	150	200	250	300
ASC	90.00	85.00	75.83	62.50	59.16	54.16
IBGLAM	82.29	78.12	73.95	65.62	65.62	65.62
SPPD+IBGLAM	86.45	82.29	79.16	78.12	76.04	72.91
TF	96.88	96.88	96.88	96.88	96.88	96.88
FF	100	98.95	98.95	97.91	98.95	97.91

5. 纹理结构相似树种的识别正确率

在本节我们将讨论一些纹理相似的树种在使用本算法时的识别正确率。图 7-31 中给出了金丝柚、克隆木以及香樟木的横截面图像和具体信息。通过图 7-31 可以看出，这三种木材横截面的纹理结构较为相似，并且在拍摄和制作样本时故意加入了一些影响图像纹理稳定性的因素(横截面并不绝对平整、相机有抖动等情况)。

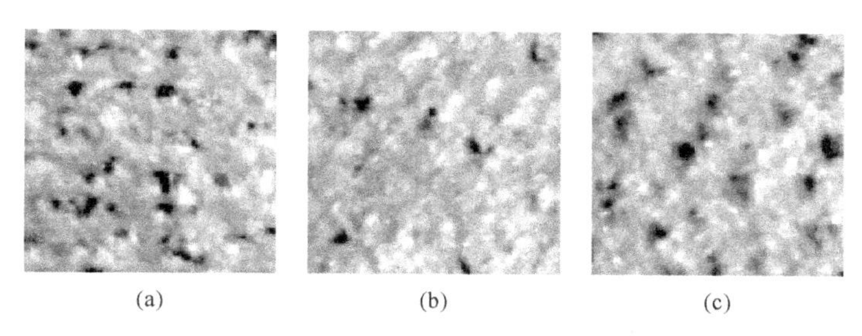

(a)　(b)　(c)

图 7-31　纹理相似的木材横截面

(a) 金丝柚；(b) 克隆木；(c) 香樟木

表 7-16 中给出了上述三种木材在只使用纹理信息、特征融合后以及 PCA-GLCM 算法的识别正确率。从表 7-16 中可以看出，在纹理结构较为相似的情况下，利用纹理进行识别的正确率明显低于之前的样本，但是本节所描述的纹理识别方法正确率仍高于 PCA-GLCM 纹理识别方法正确率 30%以上。使用特征融合后的正确率超过 97%，所以可以区分这三种木材。

表 7-16　三种相似木材的识别正确率

方法	TF		FF		PCA+GLCM	IBGLAM
	FDHM	DHashM	FDHM	DHashM		
波段数量	3	3	2	2	—	—
正确率/%	75.56	80.56	97.22	94.44	41.67	55.55

注：一表示无意义。

最后我们再看一下受到光照影响后，使用融合特征的识别正确率，如图 7-32

所示。结果显示即使在纹理结构相似和光谱曲线受到干扰的情况下，使用本节所述的方法依然可以取得较高的正确率。

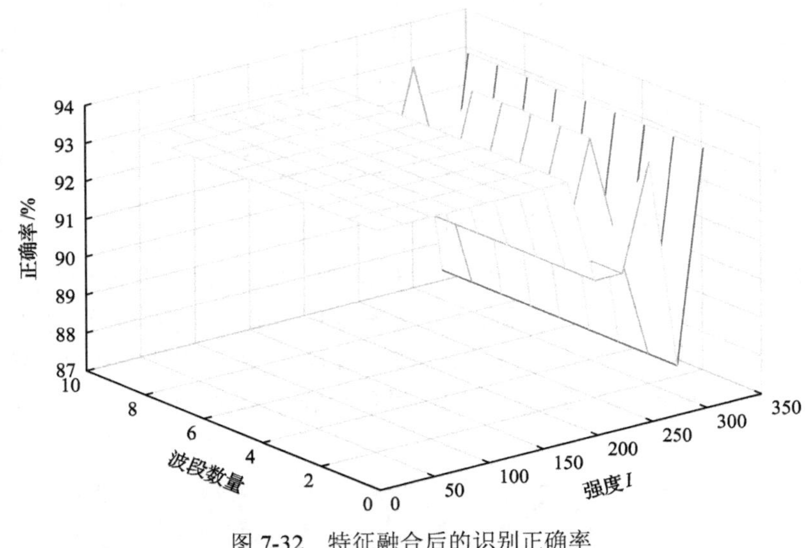

图 7-32　特征融合后的识别正确率

7.3.4　结论

在本节我们利用 LBP 和 PLS 提取了高光谱图像横截面的纹理特征，该特征可以在图像亮度发生变化的情况下保持不变，这样就可以有效抵御光照变化对高光谱图像采集的影响。另外该特征与以往的常用特征相比识别正确率更高。为了能够进一步提高识别正确率，我们还将纹理特征与近红外光谱特征进行了融合，得到识别正确率最高可达 100%。即使在对高光谱图像受到光照影响后依旧可以得到最高 100%的识别正确率。除此之外我们还对比了相似树种的树种识别率，结果显示该方法依旧可以对相似树种进行识别(王承琨和赵鹏，2019)。

参 考 文 献

邓小琴, 朱启兵, 黄敏. 2015. 融合光谱, 纹理及形态特征的水稻种子品种高光谱图像单粒鉴别. 激光与光电子学进展, 52(2): 021001.

窦刚, 陈广胜, 赵鹏. 2016. 基于近红外光谱反射率特征的木材树种分类识别系统的研究与实现. 光谱学与光谱分析, 36(8): 2425-2429.

刘平, 马美湖. 2018. 基于高光谱技术检测全蛋粉掺假的研究. 光谱学与光谱分析, 38(1): 246-252.

刘雪松, 葛亮, 王斌, 等. 2012. 基于最大信息量的高光谱遥感图像无监督波段选择方法. 红外与毫米波学报, 31(2): 166-170.

刘子豪, 祁亨年, 张广群, 等. 2013. 基于横切面微观构造图像的木材识别方法. 林业科学, 49(11): 116-121.

师文, 朱学芳, 朱光. 2013. 基于形态学的 MRI 图像自适应边缘检测算法. 仪器仪表学报, 34(2): 408-414.

孙俊，金夏明，毛罕平，等. 2014. 高光谱图像技术在掺假大米检测中的应用. 农业工程学报, 30(21): 301-307.
王斌，薛建新，张淑娟. 2013. 基于高光谱成像技术的腐烂，病害梨枣检测. 农业机械学报, (S1): 205-209.
王承琨，赵鹏. 2020. 对光照变化不敏感的微观高光谱图像木材树种识别算法研究. 红外与毫米波学报, 39(01): 72-85.
杨希峰，刘涛，赵友博，等. 2004. 太阳光和天空光的光谱测量分析. 南开大学学报(自然科学版), 37(4): 69-74.
杨忠，江泽慧，吕斌. 2012. 红木的近红外光谱分析. 光谱学与光谱分析, 32(9): 2405-2408.
赵鹏，唐艳慧，李振宇. 2019. 基于支持向量机复合核函数的高光谱显微成像木材树种分类. 光谱学与光谱分析, 39(12): 3776-3782.
Brunelli R, Mich O. 2001. Histograms analysis for image retrieval. Pattern Recognition, 34(8): 1625-1637.
Camps-Valls G, Gomez-Chova L, Muñoz-Marí J, et al. 2006. Composite kernels for hyperspectral image classification. IEEE Geoscience and Remote Sensing Letters, 3(1): 93-97.
Cortes C, Vapnik V. 1995. Support-vector networks. Machine Learning, 20(3): 273-297.
Du Q, Yang H. 2008. Similarity-Based Unsupervised Band Selection for Hyperspectral Image Analysis. IEEE Geosci Remote Sensing Lett, 5(4): 564-568.
Fauvel M, Tarabalka Y, Benediktsson J A, et al. 2012. Advances in spectral-spatial classification of hyperspectral images. Proceedings of the IEEE, 101(3): 652-675.
Gueymard C A. 2004. The sun's total and spectral irradiance for solar energy applications and solar radiation models. Solar Energy, 76(4): 423-453.
Ibrahim I, Khairuddin A S M, Talip M S A, et al. 2017. Tree species recognition system based on macroscopic image analysis. Wood Science and Technology, 51(2): 431-444.
Kang X, Li S, Benediktsson J A. 2013. Spectral-spatial hyperspectral image classification with edge-preserving filtering. IEEE Transactions on Geoscience and Remote Sensing, 52(5): 2666-2677.
Li H, Liang Y, Xu Q, et al. 2009. Key wavelengths screening using competitive adaptive reweighted sampling method for multivariate calibration. Analytica Chimica Acta, 648(1): 77-84.
Li H, Song Y, Chen C P. 2017. Hyperspectral image classification based on multiscale spatial information fusion. IEEE Transactions on Geoscience and Remote Sensing, 55(9): 5302-5312.
Maharana A. 2016. Application of Digital Fingerprinting: Duplicate Image Detection. Odisha: National Institute of Technology Rourkela.
Ojala T, Pietikäinen M, Harwood D. 1996. A comparative study of texture measures with classification based on featured distributions. Pattern Recognition, 29(1): 51-59.
Ojala T, Pietikäinen M, Mäenpää T. 2000. Gray scale and rotation invariant texture classification with local binary patterns. In European Conference on Computer Vision. Berlin, Heidelberg: Springer: 404-420.
Ojala T, Pietikäinen M, Mäenpää T. 2002. Multiresolution gray-scale and rotation invariant texture classification with local binary patterns. IEEE Transactions on Pattern Analysis & Machine Intelligence, (7): 971-987.
Pan S, Kudo M. 2011. Segmentation of pores in wood microscopic images based on mathematical morphology with a variable structuring element. Computers and Electronics in Agriculture, 75(2): 250-260.
Piuri V, Scotti F. 2010. Design of an automatic wood types classification system by using fluorescence spectra. IEEE Transactions on Systems, Man, and Cybernetics, Part C (Applications and Reviews), 40(3): 358-366.
Pontes M J C, Galvao R K H, Araújo M C U, et al. 2005. The successive projections algorithm for spectral variable selection in classification problems. Chemometrics and Intelligent Laboratory Systems, 78(1-2): 11-18.

Quan Y, Xu Y, Sun Y, et al. 2014. Lacunarity analysis on image patterns for texture classification. Columbia: In Proceedings of the IEEE Conference on Computer Vision and Pattern Recognition: 160-167.

Russakoff D B, Tomasi C, Rohlfing T, et al. 2004. Image similarity using mutual information of regions. In European Conference on Computer Vision. Berlin, Heidelberg: Springer: 596-607.

Saranwong I, Sornsrivichai J, Kawano S. 2003. On-tree evaluation of harvesting quality of mango fruit using a hand-held NIR instrument. Journal of Near Infrared Spectroscopy, 11 (4) : 283-293.

Shu L, McIsaac K, Osinski G R. 2018. Learning Spatial-Spectral Features for Hyperspectral Image Classification. IEEE Transactions on Geoscience and Remote Sensing, 56 (9) : 5138-5147.

Valls G C, Chova L G, Mari J M, et al. 2006. Composite kernels for hyper-spectral image classification. IEEE Geoscience and Remote Sensing Letters, 3 (1) : 93-97.

Wang Y, She S, Zhou N, et al. 2018. Wood Species Identification Using Terahertz Time-domain Spectroscopy. BioResources, 14 (1) : 1033-1048.

Wang Z, Bovik A C, Sheikh H R, et al. 2004. Image quality assessment: from error visibility to structural similarity. IEEE Transactions on Image Processing, 13 (4) : 600-612.

Wei H, Chen L, Guo L. 2018. KL divergence-based fuzzy cluster ensemble for image segmentation. Entropy, 20 (4) : 273.

Xiang S, Nie F, Zhang C. 2008. Learning a Mahalanobis distance metric for data clustering and classification. Pattern Recognition, 41 (12) : 3600-3612.

Xu Y, Ji H, Fermüller C. 2009. Viewpoint invariant texture description using fractal analysis. International Journal of Computer Vision, 83 (1) : 85-100.

Yusof R, Khalid M, Khairuddin A S M. 2013a. Application of kernel-genetic algorithm as nonlinear feature selection in tropical wood species recognition system. Computers and Electronics in Agriculture, 93: 68-77.

Yusof R, Khalid M, Khairuddin A S M. 2013b. Fuzzy logic-based pre-classifier for tropical wood species recognition system. Machine Vision and Applications, 24 (8) : 1589-1604.

Zamri M I A P, Cordova F, Khairuddin A S M, et al. 2016. Tree species classification based on image analysis using Improved-Basic Gray Level Aura Matrix. Computers and Electronics in Agriculture, 124: 227-233.

Zhao P, Wang C K. 2019. Hardwood Species Classification with Hyperspectral Microscopic Images. Journal of Spectroscopy, 2019: 2039453.

第 8 章　基于声波处理的木材树种分类识别

8.1　基于超声波信号的木材树种分类识别

超声波技术最早应用到木材检测中是用来估计木材的一些物理特征参数，如弹性常量，基本思路是测量超声波在木材内部的传播规律，如传播和衰减特性(Kahle and Woodhouse，1994；Bucur and Feeney，1992；Lee，1958)。

在使用声波进行木材树种分类识别时，Jordan 等(1998)较早地使用超声波进行了常见的 4 种木材树种(栎树、赤杨、枫树、松树)的分类识别探索性研究。该方法的基本原理是超声波通过不同树种木材内部时具有不同的传播速度和衰减速度，这样就可以利用这两类速度差异进行木材树种分类识别。对于被测的木材样本来说，其横切面上具有径向轴和切向轴两个方向，而沿树干的生长方向还具有纵轴方向。

在前端的超声波测量中，一般是选取样本的纵轴方向进行测量，因为该方向受到木材内部结构组织的影响最小。实际上，沿样本的径向轴方向上，超声波的运动受到年轮周期性影响比较大；沿样本的切向轴方向上，超声波传播也受到年轮曲率影响。这两种影响都将对木材树种分类识别产生一定的干扰性，从而降低分类精度。实验中使用了两个 0.5MHz 的宽带纵轴向探针作为信号的发射器和接收器，对于被测样本，需要测量超声波脉冲的速度和幅度两项指标。

在分类器设计中，Jordan 使用了神经网络分类器中的多层次感知机模型。经过多次验证，发现最优的参数结构设置是隐含层设定 8 个节点及输出层 4 个节点，如图 8-1 所示。实验中采集的超声波信号需要进行[0, 1]区间的归一化处理，以便控制不同树种不同样本间的幅度变化。对于采集的时间序列数据，需要进行调整以便使每条波形中首次出现的极小值点都位于同一点处。实验中每个树种使用了 30 个样本，其中 20 个样本用于分类器训练，其余 10 个样本用于测试，每个样本长度为 3cm。

实验结果表明，尽管各树种样本中采集的超声波信号速度和幅度都存在重叠部分(图 8-2，速度值的变动范围是 3800～4850m/s)，但是超声波的传播和衰减特征却具有较好的可分性信息。在测试的 40 个样本中，有 39 个样本正确地进行了树种分类处理(需要说明，实验样本表面没有节子、裂纹、螺旋状木纹等)。

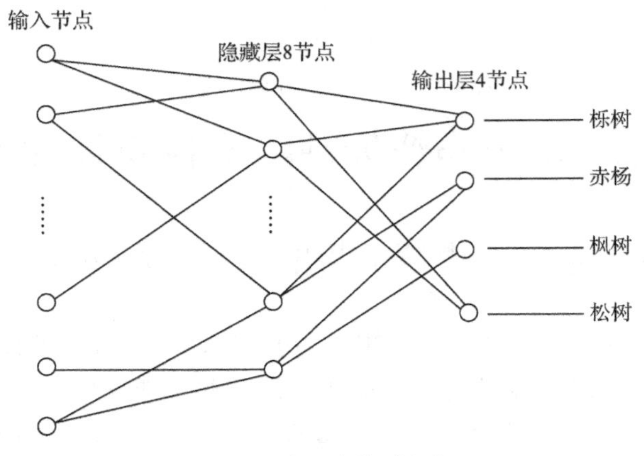

图 8-1　多层次的感知机

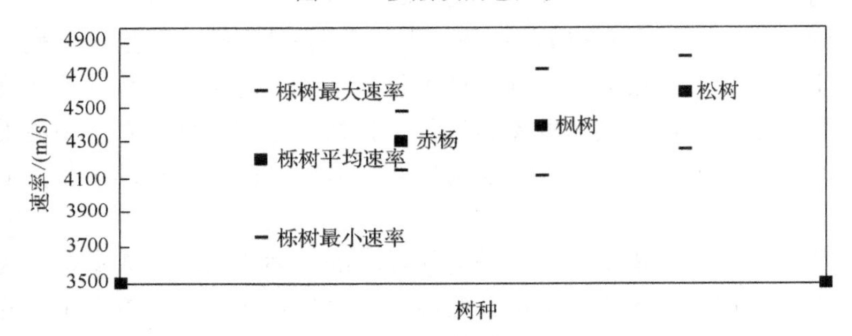

图 8-2　各树种超声波速度变动范围

8.2　基于应力波的木材树种分类识别

在 8.1 节中，介绍了一种典型的超声波木材树种分类方法，这类方法主要是利用了超声波的频率特性，它具有较高的精度。它的缺点是检测设备比较昂贵和穿透深度比较小(Bucur et al.，2002)。

Rojas 等(2011)提出了一种低费用的木材树种应力波分析识别装置，它只需要普通的麦克风和 PC 声卡。在该装置中，当一个较轻的硬塑料单摆撞击某树种制成的方形薄单板的中心处时，生成的应力波波形被记录下来，该波形的重复性和频率谱将用于分类处理中。下面对该装置和分类方法作简单说明。

实验中，麦克风平行于木材单板放置并且距离单摆撞击点尽量近，对于每个树种单板样本，使用单摆撞击 10 次后分别记录下来波形加以分析。较大的单摆角度产生较强的声波，但是重复性较差；因此，综合考虑波形的强度和重复性精度，最终将单摆角度定为 45°。此外，木材的声波特性除了受树种属性影响外，还受到外界环境因素，如湿度和温度影响。因此，实验中始终保持温度为 22℃，木材单板的含水率控制在 13%±2%。此外，同一树种的不同样本都具有相似的表面纹理走势。针对欧洲常见的 7 种树种开展实验，单板加工成的尺寸为 10cm×10cm×0.3mm。这 7 种树种采集的波形图参见图 8-3，图中只显示了前 0.01s 的波形图，大部分信息都包含在该时间段内部。在该时间节点以后，波形严重衰减，其幅度小于波形峰值的 1%。

仔细观察波形图，可以发现如下特点。首先，同一树种内部的不同样本具有相似的波形图，不同树种样本的波形图显著不同，如图 8-3 的(a)～(e)图所示。在这些不同树种样本的波形图中，前 5ms 内的波形幅度峰值是木材树种识别的最重要特征。但是，在(f)图中，两个不同树种样本却具有相似的波形图，这可能是由于样本表面具有纹理和缺陷导致的。此时，应该采用平均法，即多次使用单摆撞击不同部位后取平均值来提高检测精度。

研究中，作者使用了 FFT 变换的频谱分析法，将变换的频谱取对数，只考虑 200～5000Hz 的频带，因为低频带部分的特征相似而高频带部分的特征变化过大不稳定，如图 8-4 的(a)～(e)图所示。作者使用的定量分类特征主要有波形的持续时间、峰值数量、正向最大峰值幅度、反向最大峰值幅度、上升时间(从起点到正向最大峰值)和平均强度。这些指标在声学研究中经常用到。

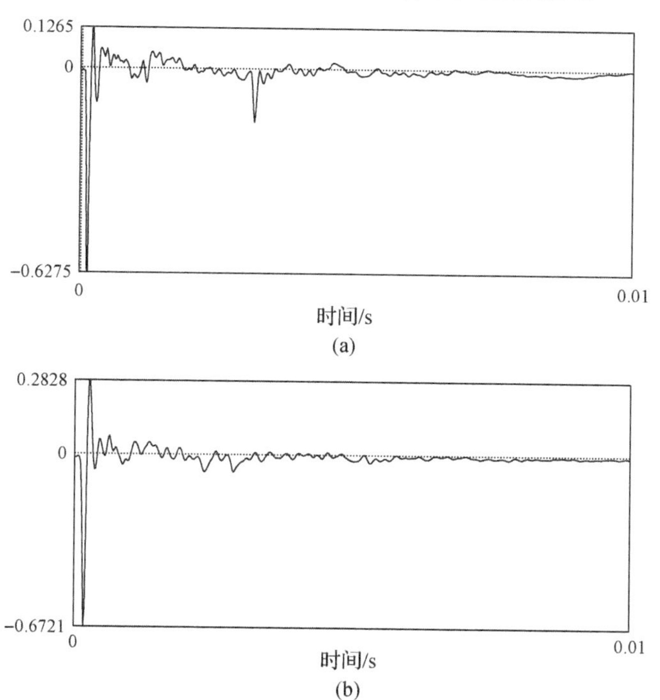

(a)

(b)

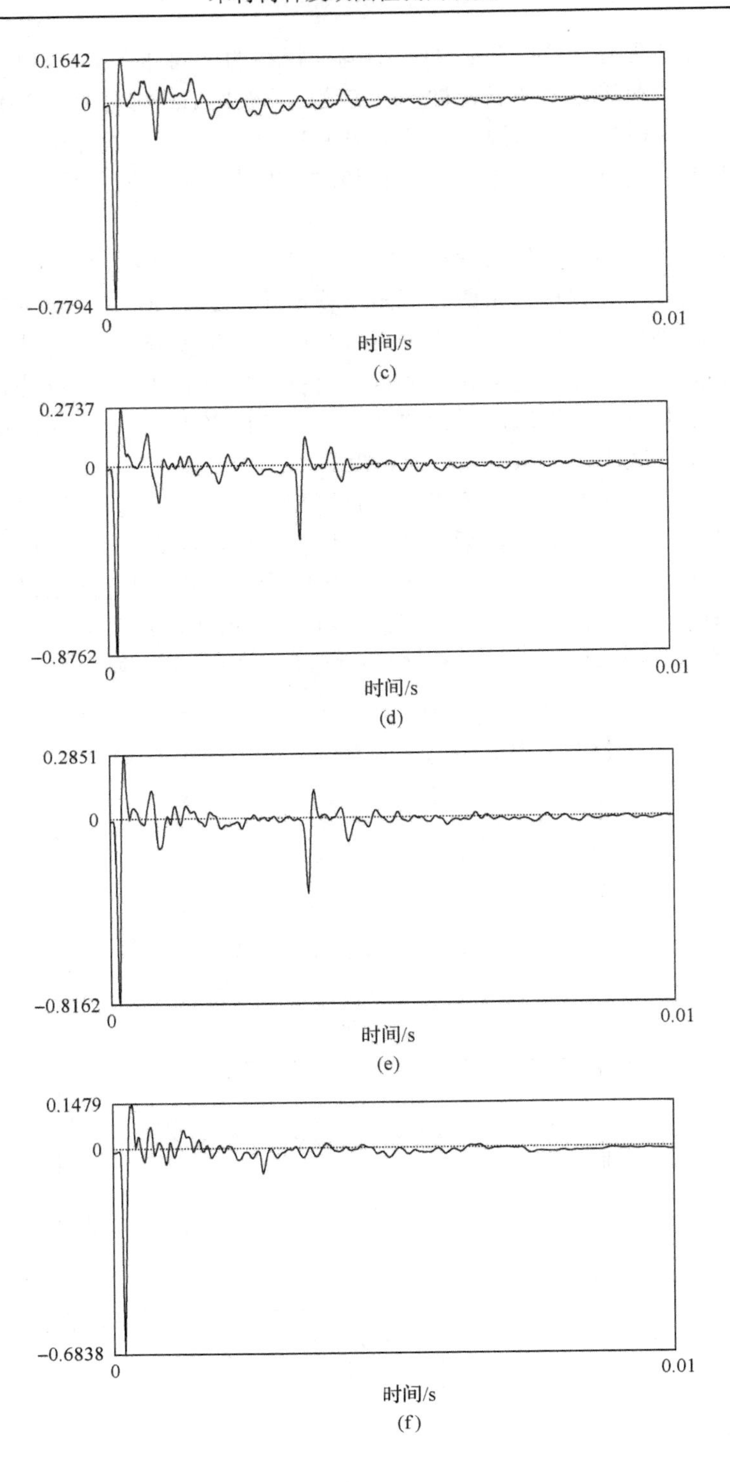
0.1642
0
-0.7794
0
0.01
时间/s
(c)
0.2737
0
-0.8762
0
0.01
时间/s
(d)
0.2851
0
-0.8162
0
0.01
时间/s
(e)
0.1479
0
-0.6838
0
0.01
时间/s
(f)

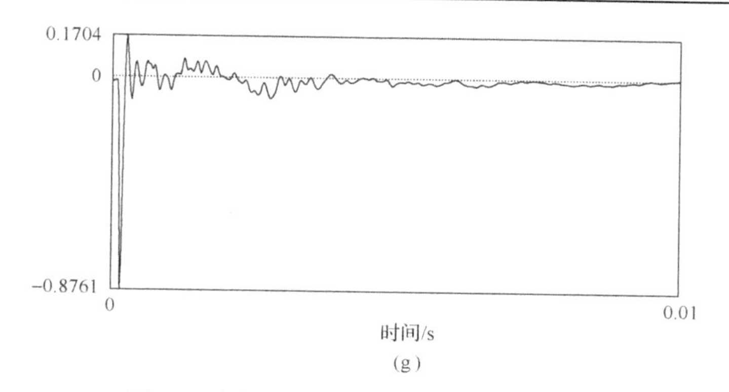

(g)

图 8-3　各树种单板单摆撞击后的声音波形图

(a)～(g)图对应的树种分别为栗树、樱桃树、欧洲山毛榉、梧桐枫、欧洲梨树、火炬松、樟子松

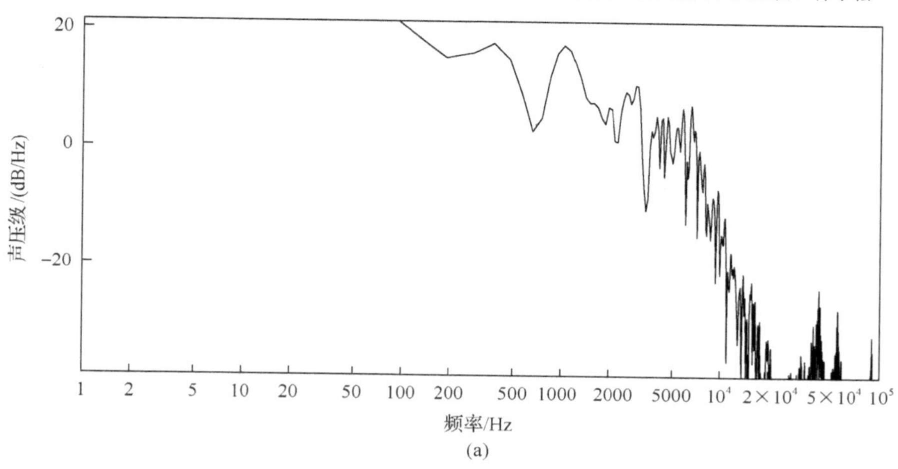

(a)

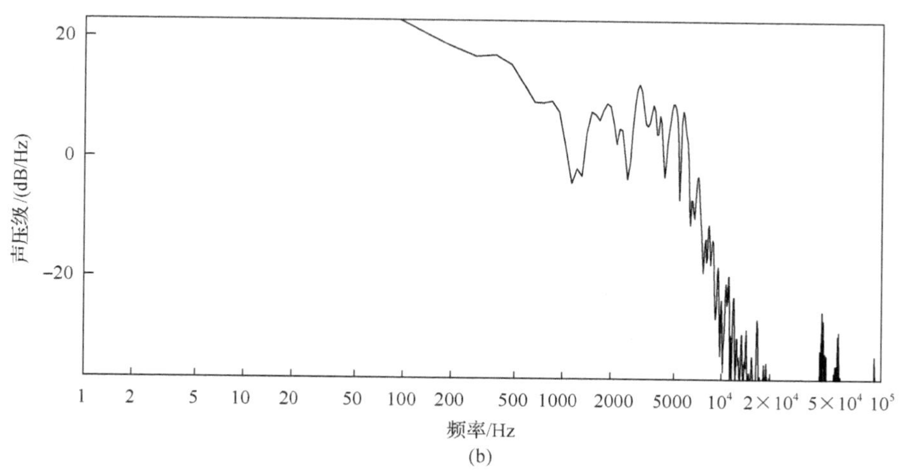

(b)

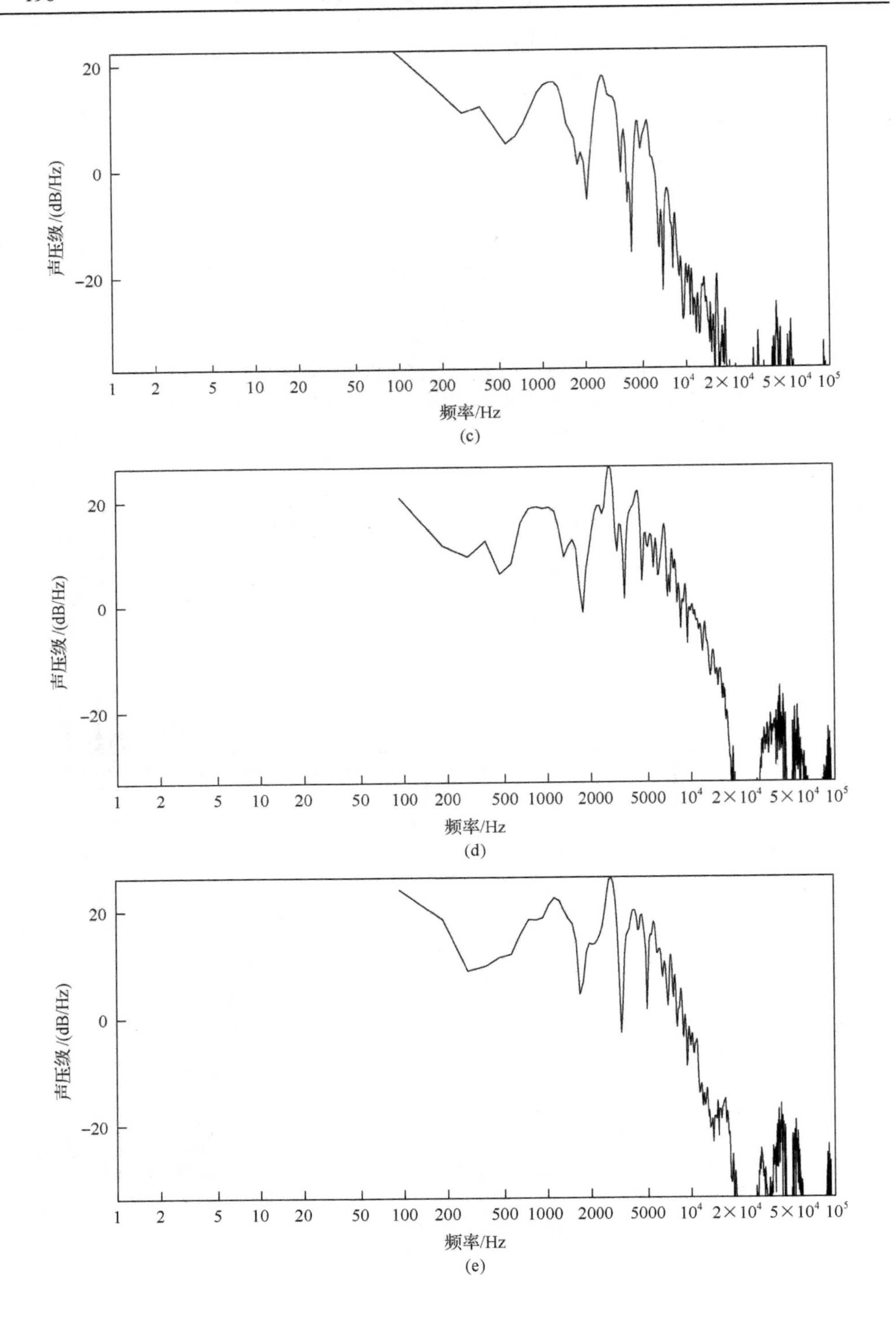
20
0
-20
声压级/(dB/Hz)
1 2 5 10 20 50 100 200 500 1000 2000 5000 10⁴ 2×10⁴ 5×10⁴ 10⁵
频率/Hz

(c)

20
0
-20
声压级/(dB/Hz)
1 2 5 10 20 50 100 200 500 1000 2000 5000 10⁴ 2×10⁴ 5×10⁴ 10⁵
频率/Hz

(d)

20
0
-20
声压级/(dB/Hz)
1 2 5 10 20 50 100 200 500 1000 2000 5000 10⁴ 2×10⁴ 5×10⁴ 10⁵
频率/Hz

(e)

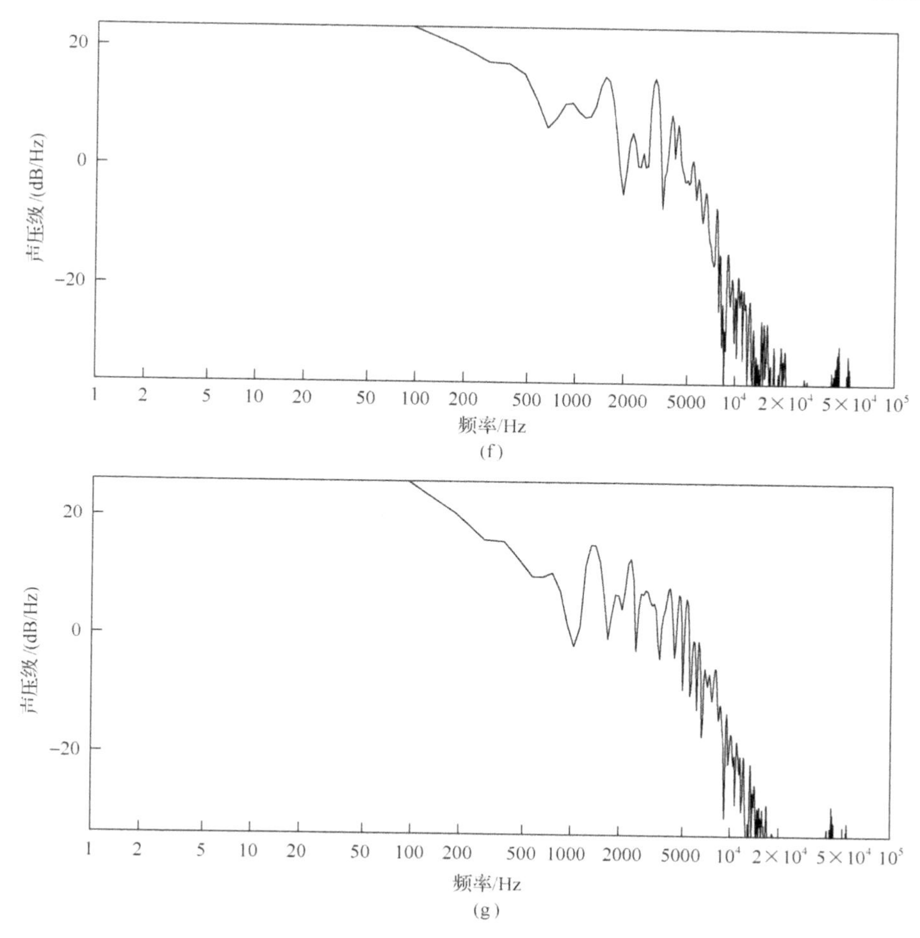

图 8-4　各树种波形图的对数频谱图

(a)～(g)图对应的树种分别为栗树、樱桃树、欧洲山毛榉、梧桐枫、欧洲梨树、火炬松、樟子松

作者计算了这些指标的算术平均值、标准差及其两者的比值，表明波形的持续时间和峰值数量这两项指标对于分类最重要，它们的算术平均值没有种间重叠。但是，图 8-4 的(f)图是个例外情况。

J.A.M.Rojas 等还考虑了单板厚度的影响，他们制作了 1cm 厚的单板样本，树种为 *Pinus sylvestris*。实验表明，样本厚度增加后波形图复杂化了并且衰减得更快了。但是，样本的对数频谱图情况要好些，仍然可以作为分类工具，参见图 8-5。

但是，该方法产生的波形及频谱也会受到木材本身的变异型影响。例如，即使是同一树种甚至是同一棵树，不同取材部位制作的单板也会具有波形和频谱的差异，这就给树种精确分类识别带来了困难。因此，Montero 等(2014)又研究了一种基于高阶谱分析的特征提取和分类识别方法。

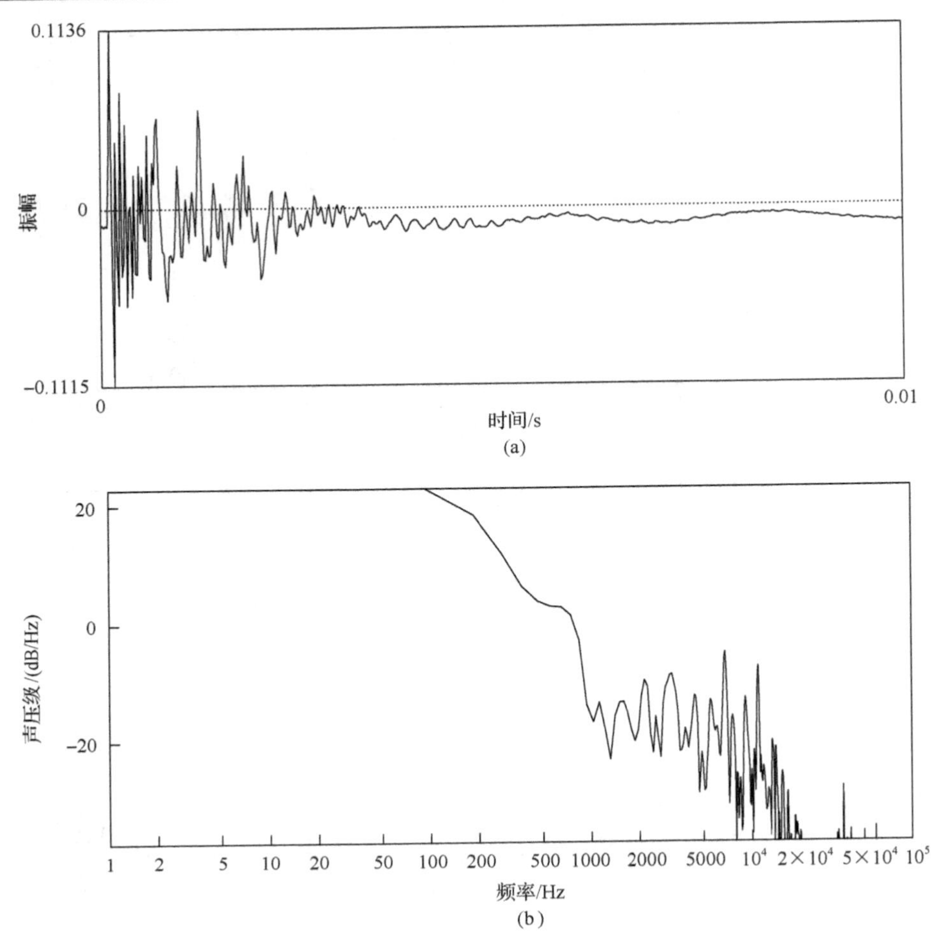

图 8-5　1cm 厚单板产生的波形

(a) 图为波形图；(b) 图为对数频谱图，木材树种是樟子松

在该方法中，他们对实验装置做了一些改进，塑料单摆被一个小型钢锤代替，它可以在电机驱动下产生周期性运动撞击单板从而产生声音信号。这样可以产生更加均匀一致的声音响应，使用的麦克风频率响应区间是 20Hz 至 20kHz，声卡采样频率是 192kHz。对于每个单板样本，使用钢锤撞击 20 次左右；环境温度仍然控制在 22℃，木材单板的含水率仍然控制在 13%±2%。单板样本的尺寸仍然是 10cm×10cm×0.3mm，树种类别数量增加到 19 个。

显然，单板受到冲击后产生的声音信号具有一定的噪声，另外，木材本身物理化学性质的差异也将会给分类特征提取带来干扰。因此，作者采用频谱分析中的高阶谱方法，即双谱法和三谱法。为了减少计算量，提高系统的处理速度，作者对于高阶谱的计算进行了简化，只计算了功率卷积序列；此外，计算了同一树种的多个样本的声音信号的功率卷积序列。理论上讲，计算功率卷积序列时只能使用一个声音信号进行循环卷积；但是，作者发现使用同一树种的不同声音信号计算功率卷积序列时能够有效抑制样本之间的种内差异问题。这样，用于种间分类识别的频谱特征就能够被有效地保留和提取出来了。经过实验验证，作者发现使用同一树种的 4 个声音信号就足够了，并且相应的计算复杂度也比较小。实际上，少于 4 个信号不能保证分类精度，而多于 4 个信号则带来较大的计算复杂度且对分类精度没有显著提升。

实验中采集的 19 个树种的功率卷积谱如图 8-6 所示，可以看出它们具有不同的频谱形状特征，可以应用于这 19 个树种的分类识别处理。在频率轴，可以将其分成 3 个区间段，即[0, 1000Hz]、[1000, 2000Hz]、[2000, 10000Hz]。这 19 个树种的频谱分类参数参见表 8-1，可以看出选择 f_1、f_2 这两个参数就可以进行分类处理了。因此，该方法只需要频域特征提取，不再需要时域特征提取，这对于前述的单摆检测方法来讲是一个进步。因此，作者认为通过高阶谱计算后只需要在频域进行相应的分类特征提取或者分类特征选择，将高阶谱的应用领域从传统的系统辨识和图像分析扩展到声音信号处理中(Tugnait and Ye，1995；Hall and Giannakis，1995)。

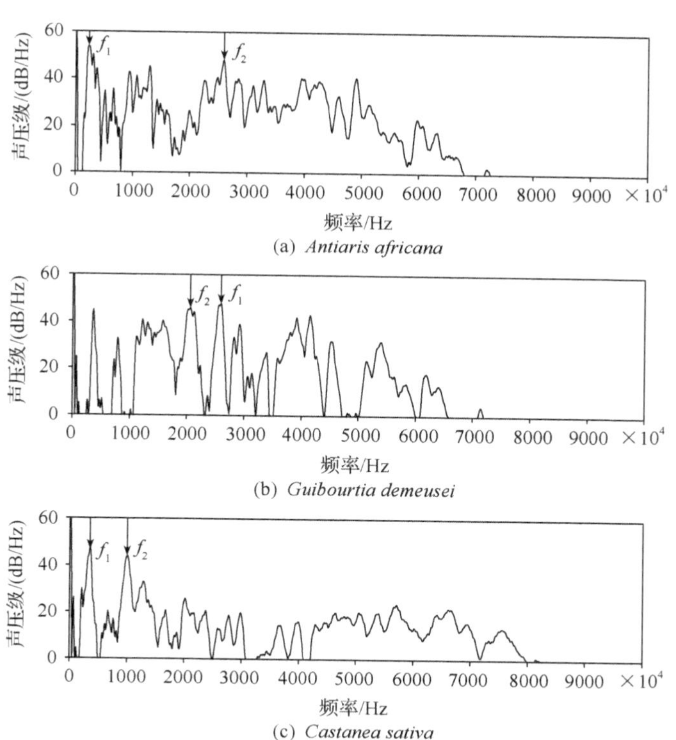

(a) *Antiaris africana*

(b) *Guibourtia demeusei*

(c) *Castanea sativa*

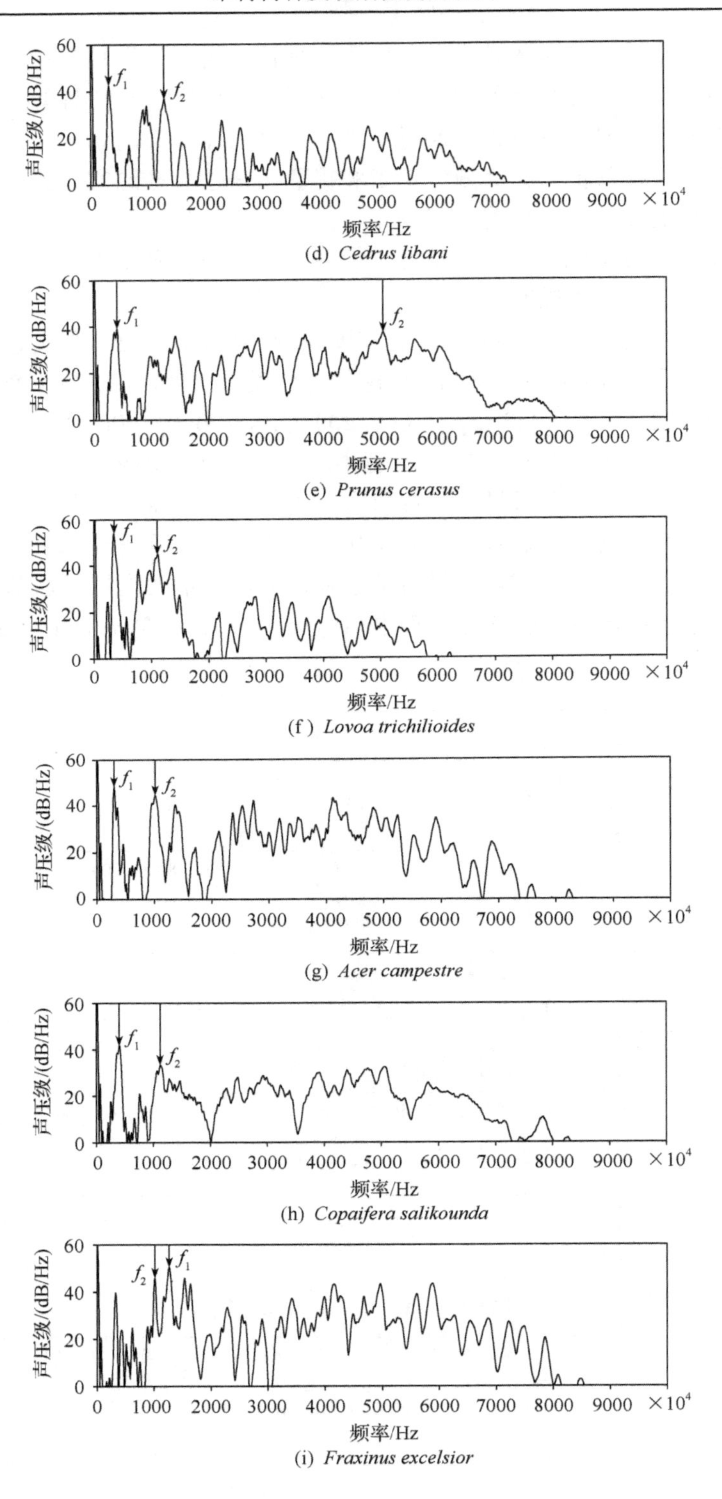

(d) *Cedrus libani*

(e) *Prunus cerasus*

(f) *Lovoa trichilioides*

(g) *Acer campestre*

(h) *Copaifera salikounda*

(i) *Fraxinus excelsior*

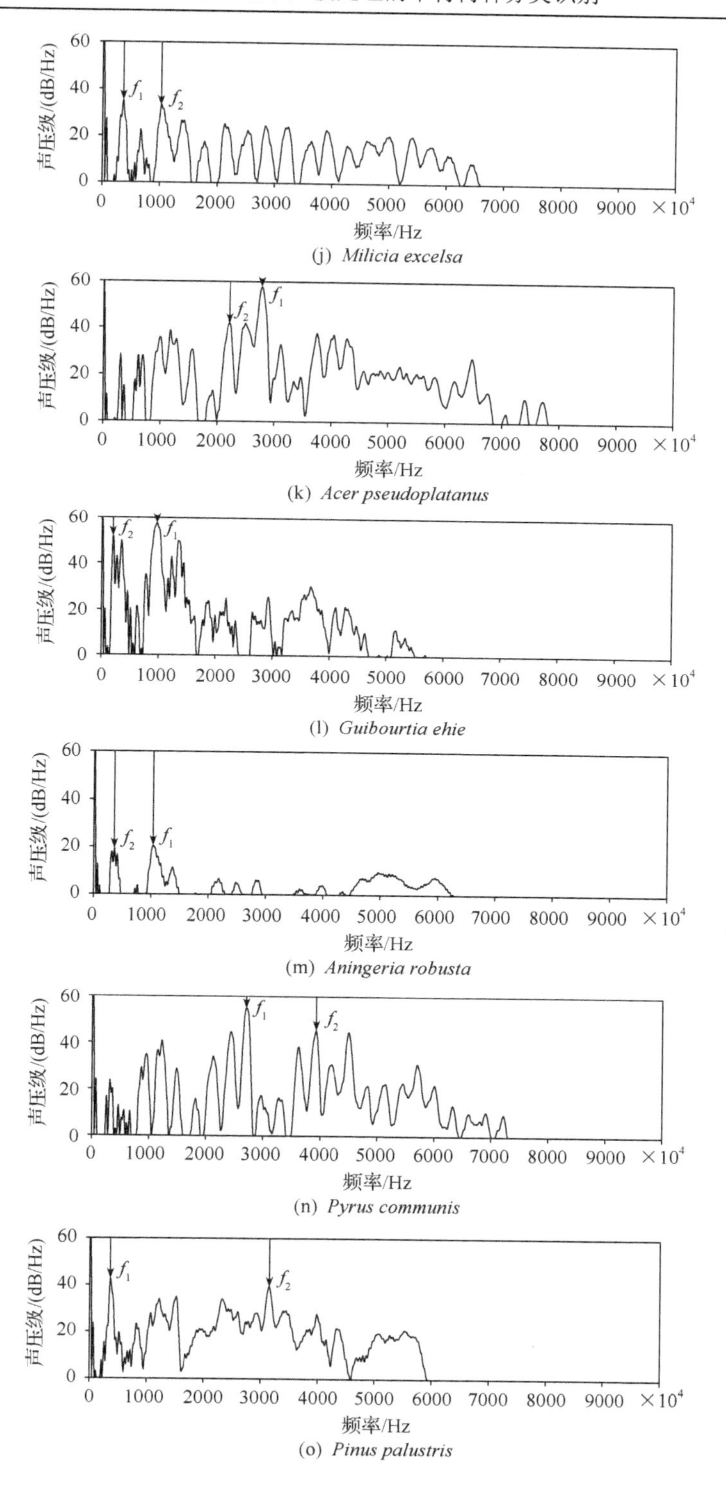

(j) *Milicia excelsa*

(k) *Acer pseudoplatanus*

(l) *Guibourtia ehie*

(m) *Aningeria robusta*

(n) *Pyrus communis*

(o) *Pinus palustris*

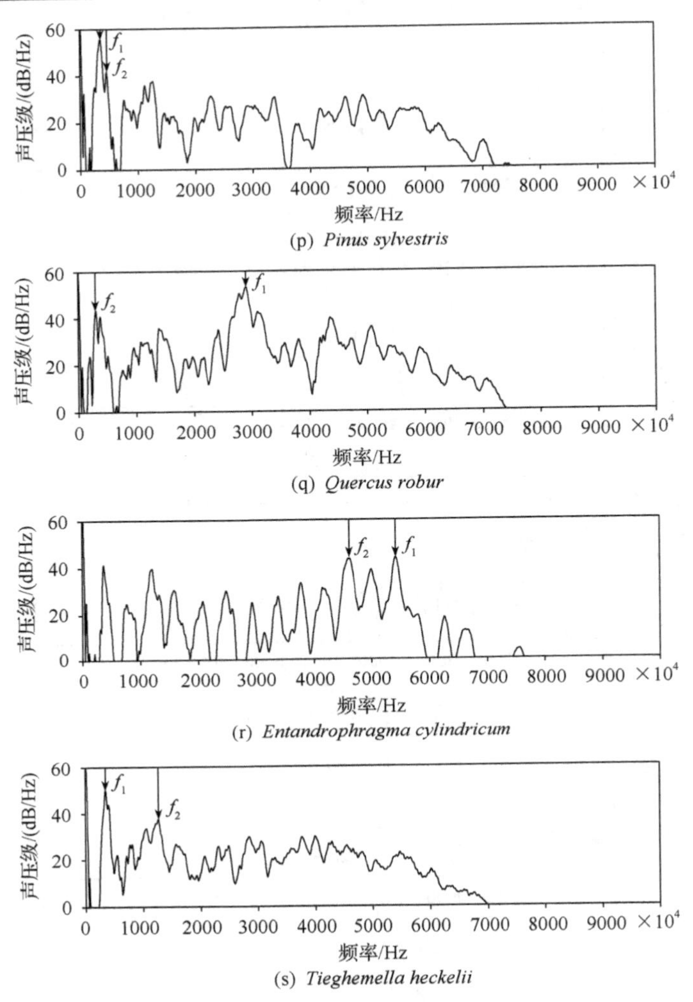

图 8-6　采集的 19 个树种的功率卷积谱

表 8-1　用于木材树种分类识别的频域特征参数

木材名称	序号	f_1/Hz	I_1/dB	f_2/Hz	I_2/dB
Antiaris africana	a	228.30	53.7	2590.83	48.1
Guibourtia demeusei	b	2590.83	48.7	2056.16	45.9
Castanea sativa	c	352.64	46.7	999.23	44.1
Cedrus libani	d	315.34	42.8	1279.01	36.8
Prunus cerasus	e	408.60	39.2	5052.85	37.3
Lovoa trichilioides	f	352.64	54.2	1104.92	45.1
Acer campestre	g	304.79	48.3	1017.88	44.6

续表

木材名称	序号	f_1/Hz	I_1/dB	f_2/Hz	I_2/dB
Copaifera salikounda	h	408.60	41.9	1123.58	33.6
Fraxinus excelsior	i	1266.57	50.6	1017.88	46.1
Milicia excelsa	j	365.08	35.2	1017.88	33.0
Acer pseudoplatanus	k	2777.35	57.9	2211.59	42.0
Guibourtia ehie	l	968.15	57.6	197.21	51.7
Aningeria robusta	m	1036.56	20.6	365.08	19.3
Pyrus communis	n	2702.74	54.9	3927.53	45.6
Pinus palustris	o	365.08	42.9	3150.38	39.5
Pinus sylvestris	p	358.86	55.7	470.77	42.1
Quercus robur	q	2907.91	53.3	302.91	43.6
Entandrophragma cylindricum	r	5425.88	44.1	4617.64	43.6
Tieghemella heckelii	s	352.64	50.1	1272.79	37.7

注：f_1、f_2分别表示最强和次强峰值对应的频率；I_1、I_2分别是f_1、f_2对应的最强和次强峰值。

总的看来，使用音频信号处理进行木材树种分类识别尚处在探索起步阶段，国外研究成果比较少见，国内更是未见有文献报道，这方面研究值得进一步探索。

参 考 文 献

Bucur V, Feeney F. 1992. Attenuation of ultrasound in solid wood. Ultrasonics, 30(2): 76-81.

Bucur V, Lanceleur P, Roge B. 2002. Acoustic properties of wood in tridimensional representation of slowness surfaces. Ultrasonics, 40(1-8): 537-541.

Hall T E, Giannakis G B. 1995. Bispectral analysis and model validation of texture images. IEEE Transactions on Image Processing, 4(7): 996-1009.

Jordan R, Feeney F, Nesbitt N, et al. 1998. Classification of wood species by neural network analysis of ultrasonic signals. Ultrasonics, 36(1-5): 219-222.

Kahle E, Woodhouse J. 1994. The influence of cell geometry on the elasticity of softwood. Journal of Materials Science, 29(5): 1250-1259.

Lee I D G. 1958. A non-destructive method for measuring the elastic anisotropy of wood using an ultrasonic pulse technique. J Inst Wood Sci, 1: 43-57.

Montero R S, Espí P L, Alpuente J, et al. 2014. Polyspectral technique for the analysis of stress-waves characteristics and species recognition in wood veneers. Applied Acoustics, 86: 89-94.

Rojas J A M, Alpuente J, Postigo D, et al. 2011. Wood species identification using stress-wave analysis in the audible range. Applied Acoustics, 72(12): 934-942.

Tugnait J K, Ye Y. 1995. Stochastic system identification with noisy input-output measurements using polyspectra. IEEE Transactions on Automatic Control, 40(4): 670-683.

第9章　木材缺陷的定性检测

9.1　基于光谱特征的木材缺陷种类识别

木材表面的各种缺陷，如节子、裂纹等是决定木材价格和分级的重要因素，人们经常使用颜色来判读识别这些缺陷。但是，众所周知，颜色一般只包含RGB这3个频道的有限的色度信息量。实际上，物体表面的颜色主要是由它的光谱反射率决定的，该光谱反射率通常是在数百个波长点测量得到的，具有大量丰富的信息量。总的看来，视频相机输出的物体颜色主要是由物体表面的光谱反射率决定，此外，也受到另外两项因素的影响，即光源的光谱功率分布状况和传感器的光谱敏感度。因此，将光谱反射率信息转换成颜色信息时，就损失了很多的光谱信息；此外，光源的干扰和传感器的敏感度也掺杂进来了。

Lebow等(2007)初步研究了基于光谱反射率特征的木材表面缺陷识别，使用LI-COR1800型光谱仪采集了400～800nm波段内的光谱反射率曲线，如图9-1所示。

首先，他们使用了主成分分析方法(PCA)进行了光谱数据降维和去相关性处理。这是一种常规的处理方法，在其他的光谱分析与处理中经常用到，这里不作详述。其次，判决函数使用了马氏距离分类器，有线性和二次性两种情况，参见式(9-1)和式(9-2)，其中j是类别索引。如果全部样本具有共同的协方差矩阵$\boldsymbol{S}$，如式(9-1)所示，就是线性分类器；如果各个类别的协方差矩阵$\boldsymbol{S}_j$各不相同，如式(9-2)所示，就是二次性分类器。另外，实验中将样本集分成了训练集和测试集两部分，使用了交叉检验(cross-validation)方法。该方法是一种重复使用方法，先使用训练集训练出分类器函数，然后使用测试集测试分类性能。做完一轮以后，将训练集和测试集的部分样本互换，再进行下一轮的训练和测试。这项工作不断重复，直到所有样本都被分类测试过为止，统计相应的分类错误率和正确率。具体数据参见表9-1和表9-2，表9-2第一列表示主成分编号(如2、3表示第2主成分和第3主成分)。原始的光谱曲线和主成分预测的光谱曲线对比图参见图9-2。总的看来，不论是原始光谱还是主成分光谱，二次判别分析法(quadratic discriminant analysis，QDA)的分类效果要好于线性判别分析法(linear discriminant analysis，LDA)。

$$D^2 = \min_j \left(\boldsymbol{x} - \overline{\boldsymbol{x}}_j\right)^{\mathrm{T}} \boldsymbol{S}^{-1} \left(\boldsymbol{x} - \overline{\boldsymbol{x}}_j\right) \tag{9-1}$$

$$D^2 = \min_j \left(\boldsymbol{x} - \overline{\boldsymbol{x}}_j\right)^{\mathrm{T}} \boldsymbol{S}_j^{-1} \left(\boldsymbol{x} - \overline{\boldsymbol{x}}_j\right) \tag{9-2}$$

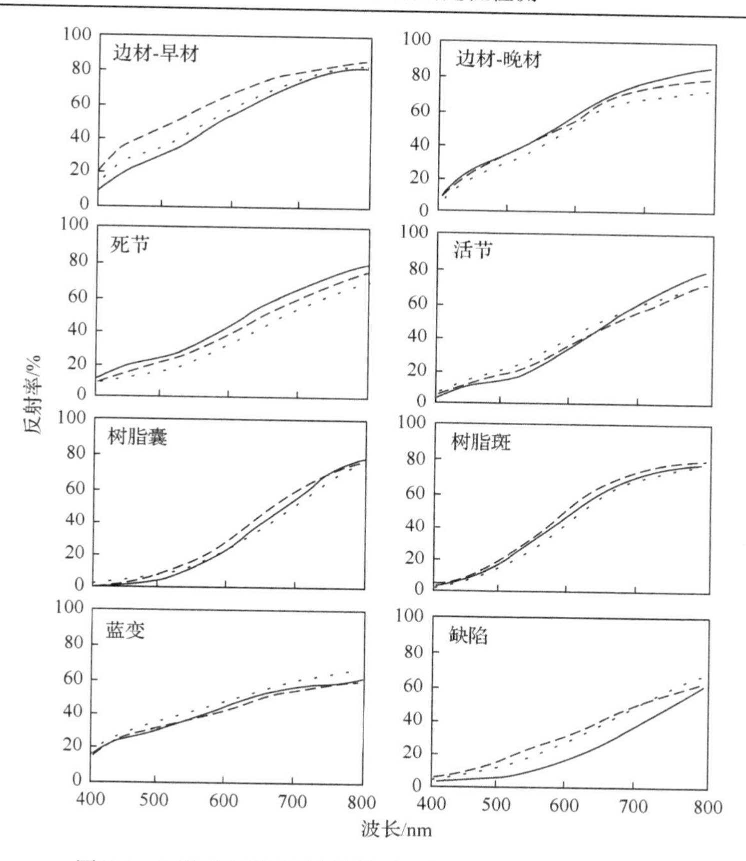

图 9-1 8 种木材特征/缺陷类型下的 3 条光谱反射率曲线

表 9-1 原始光谱曲线的缺陷识别错误率

分类器类型	特征名称						
	边材	节	树脂囊	树脂斑	蓝变	缺陷	总计
线性判别分析法	1.0	2.8	23.0	0.0	8.0	1.5	5.0
二次判别分析法	1.0	0.0	1.0	0.5	1.0	4.5	1.1

表 9-2 主成分预测光谱曲线的缺陷识别错误率

二次判别分析法使用的主成分	特征名称						
	边材	节	树脂囊	树脂斑	蓝变	缺陷	总计
2	26.5	36.0	20.5	96.5	9.5	54.0	38.2
2,3	9.5	20.5	16.0	1.5	29.0	46.0	19.1
2,3,1	1.3	13.5	12.5	3.0	4.6	12.5	7.8
2,3,1,4	1.3	6.5	7.5	1.5	4.5	10.5	5.0
2,3,1,4,5	1.8	3.0	6.5	0.5	5.0	5.5	3.4
2,3,1,4,5,6	1.0	1.3	2.0	1.0	3.0	3.5	1.8
2,3,1,4,5,6,9	0.0	1.0	1.0	0.5	2.5	3.0	1.1

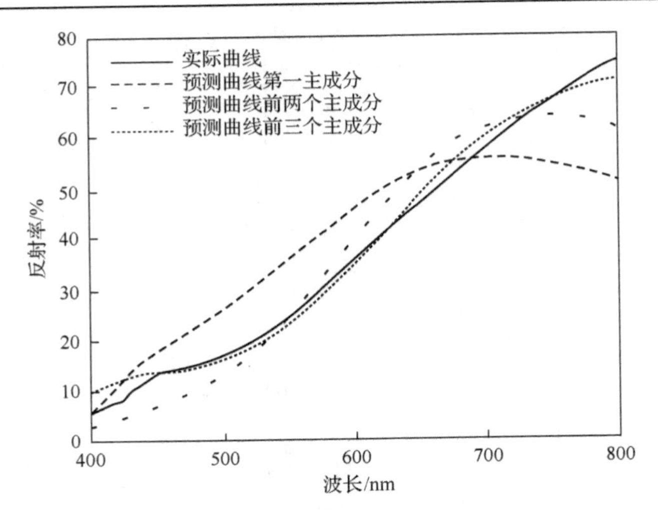

图 9-2　原始的光谱曲线和主成分预测的光谱曲线

此外，Butler 等(2001)等还使用类似的样本和实验装置开展了木材表面缺陷的光谱分析与分类识别，将光谱采样区间设定为 400～1100nm，采样间隔 10nm。光谱仪探头照射范围是直径为 4mm 的圆形区域，图 9-3 显示了木材表面不同缺陷特征平均化后的光谱反射率曲线。

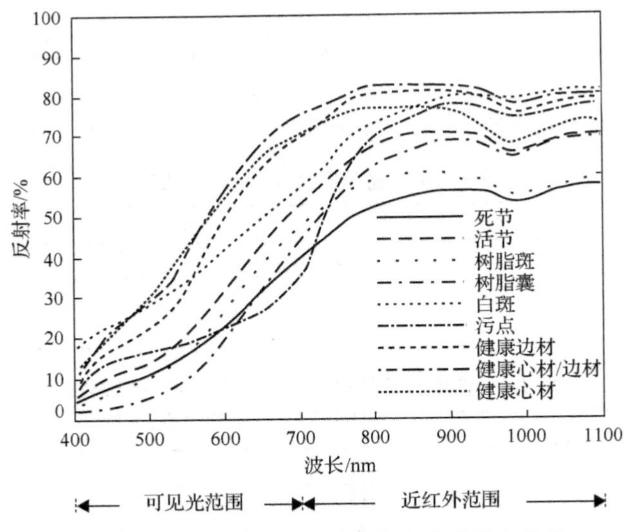

图 9-3　木材表面缺陷及特征的光谱反射率曲线

他们首先使用了 QDA 方法对于原始的光谱曲线进行了分类处理，处理结果参见表 9-3。需要说明的是，如果将死节和活节、树脂斑和树脂囊、健康树脂，健康心材及健康心材/边材分别合并为一类，那么误识率显著下降了，而生产实践中经常需要处理到这 3 种合并类别就满足要求了。另外，使用主成分分析法进行分类处理后的实验结果参见表 9-4，对比这两个表，发现当使用了 6 个主成分处理后总体的误识率 1.4%要小于原始光谱曲线分类的误识率 2.2%。

表 9-3　使用原始光谱曲线及 QDA 方法后的分类处理结果误识率

缺陷类型	整体错误分类/%	合并后缺陷类型	整体错误分类/%
死节	15.0	节	3.5
活节	5.0		
树脂斑	7.0	树脂	5.0
树脂囊	3.0		
白斑	1.0	白斑	1.0
污点	0.0	污点	0.0
健康边材	4.1	健康木材	0.7
健康心材/边材	90.2		
健康心材	3.7		
合计	8.7	合计	2.2

表 9-4　使用主成分分析法及 QDA 方法后的分类处理结果误识率（单位：%）

主成分	节	树脂	白斑	污点	健康木材	合计
PC1	31.0	57.5	61.0	95.0	26.7	45.9
PC1,PC3	18.5	50.5	16.0	7.0	9.7	21.1
PC1,PC3,PC2	13.0	18.0	4.0	0.0	2.7	8.2
PC1,PC3,PC2,PC12	7.5	8.0	5.0	1.0	2.0	4.8
PC1,PC3,PC2,PC12,PC14	4.0	3.5	1.0	0.0	1.3	2.2
PC1,PC3,PC2,PC12,PC14,PC15	2.5	1.0	2.0	0.0	1.3	1.4

最后，他们还创新性地使用了多光谱成像仿真算法进行了木材表面缺陷分类处理，光源是 Oriel[R] 6315 型卤素灯，相机是 Pulnix[R] TM-7CM 型号，使用 14 个带通滤光片(中心波长 400～1000nm)，使用式(9-3)进行木材表面成像像素值的仿真计算，积分区间是 400～1100nm；$L(\lambda),R(\lambda),S(\lambda)$ 分别是光源、物体表面和相机的光谱特性分布曲线，其中光源和相机的光谱特性可以参照产品手册获得，$R(\lambda)$ 就是光谱仪采集的光谱反射率曲线，实验数据结果参见表 9-5。

$$p=\int_{400}^{1100}L(\lambda)R(\lambda)S(\lambda)\mathrm{d}\lambda \tag{9-3}$$

表 9-5 使用多光谱成像仿真法及 QDA 方法后的分类处理结果误识率（单位：%）

QDA 波段	节	树脂	白斑	污点	健康木材	合计
400nm	29.5	10.0	17.0	100.0	49.0	38.1
400nm,650nm	21.0	16.0	3.0	7.0	6.0	11.3
400nm,650nm	9.0	14.5	0.0	0.0	4.3	6.7
400nm,650nm,950nm	10.0	6.5	0.0	0.0	2.0	4.3
400nm,650nm,800nm,950nm	9.0	4.5	0.0	0.0	2.3	3.8
400nm,650nm,800nm,950nm,1000nm	6.5	4.0	0.0	0.0	0.7	2.6

9.2 采用层析成像法进行木材缺陷检测

声波和超声波层析成像法是比较新颖的新型无损检测技术，它特别适用于木材内部腐朽缺陷的检测处理。它将波形传播通过树干横切面时的传播速度分布进行可视化图像显示。因为波形速度直接和木材密度和动态弹性模量关联，所以波形速度分布图就能够反映木材内部的组织结构状况。当前，已经有许多研究致力于应用该项技术进行树干内部腐朽的检测处理(Li et al.，2012；Lin et al.，2008)，下面仅举两例说明。

Lin 等(2008)使用了超声波成像法研究了活立木内部缺陷位置和面积的仿真性检测，选取日本某树种胸高位置处的横切面圆盘(直径为 30～35cm；厚度为 10cm)，将这些圆盘分成两部分，一部分在圆盘中央区域用电钻钻出不同大小的圆形孔洞(孔洞直径变化范围 1～23cm，步长是 2cm)；另外一部分在圆盘边缘位置处钻出不同大小的圆形孔洞(孔洞直径变化范围 1～10cm，步长是 1cm)，如图 9-4 所示。实验中在圆盘边界上等距设定了 8 个采样点，这些点用来发射和接收超声波信号，测量相应的运行时间。这样，对于每个圆盘样本，总共测量了 56 个超声波运行时间。

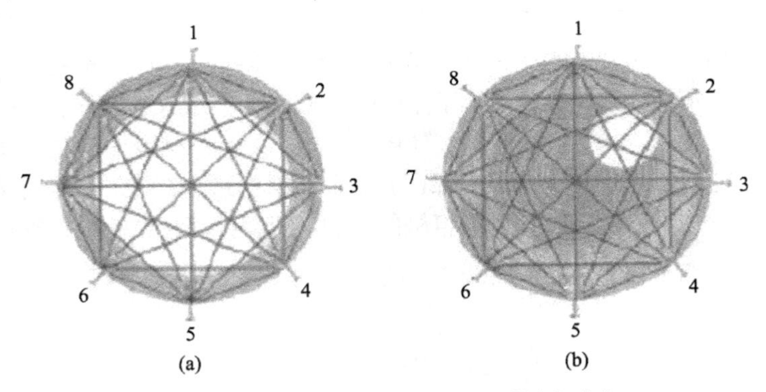

图 9-4 超声波测量的 8 个等距采样点分布

(a) 中央孔洞缺陷；(b) 边缘孔洞缺陷(白色区域表示孔洞)

如图 9-5 所示，彩色图中蓝色越深表示超声波速度越大，其最大速度是 1600m/s；而粉红色越深表示速度越小，其最小速度是 600m/s。可以看出，随着中央孔洞逐渐加大，超声波成像彩色图逐渐由蓝色转变为粉红色。例如，当孔洞直径为 5cm 时，中央孔洞和其周围区域的色差隐约可见。类似的，图 9-6 显示了边缘孔洞情况下生成的超声波速度映射图像，彩色图中蓝色越深表示超声波速度越大，其最大速度是 1900m/s；而粉红色越深表示速度越小，其最小速度是 1400m/s。可以看出，随着孔洞增大，彩色图中的缺陷区域逐渐转为绿色和红色。

图 9-7 展示了野外环境下 3 株树木胸高位置处的树干横截面图及相应的超声波检测图，树木 A 和树木 C 具有中心区域腐朽(质量损失率分别为 32%和 59%)，树木 B 产生了边缘区域腐朽(质量损失率为 28%)。

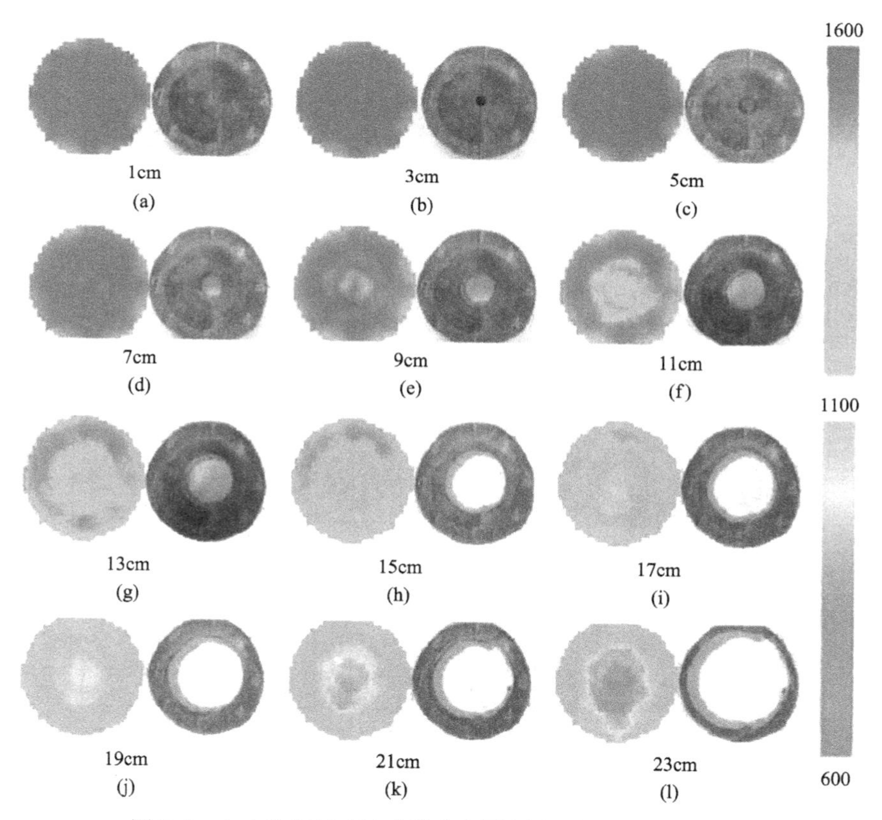

图 9-5　中央孔洞超声波成像分布图(彩图请扫封底二维码)

缺陷是中央孔洞，直径逐渐增加。每个子图中右侧图是原始圆盘，左侧图是超声波成像图，该彩色图使用德国 Arbotom Software 生成

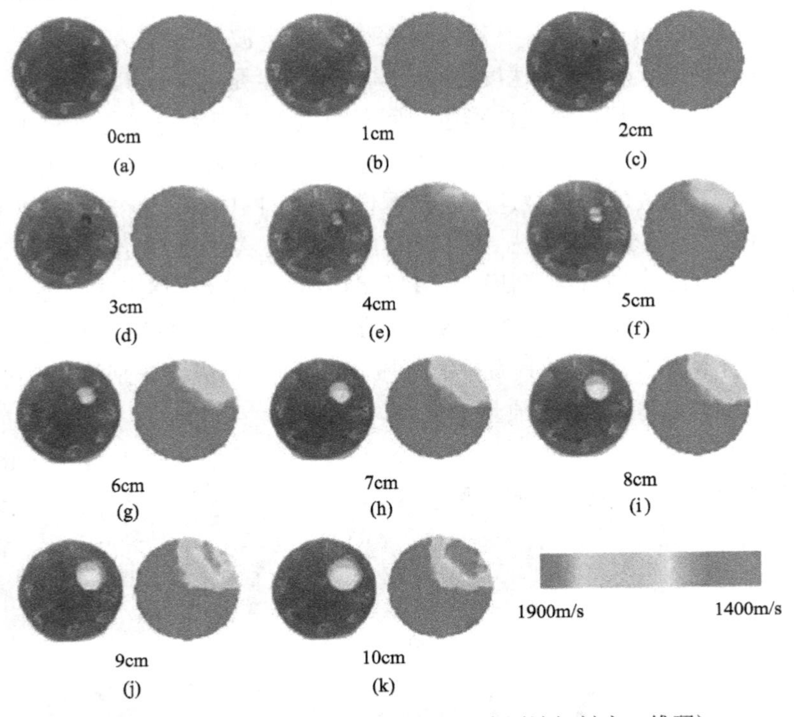

图 9-6　边缘孔洞超声波成像分布图(彩图请扫封底二维码)

缺陷是边缘孔洞。每个子图中左侧图是原始圆盘，右侧图是超声波成像图

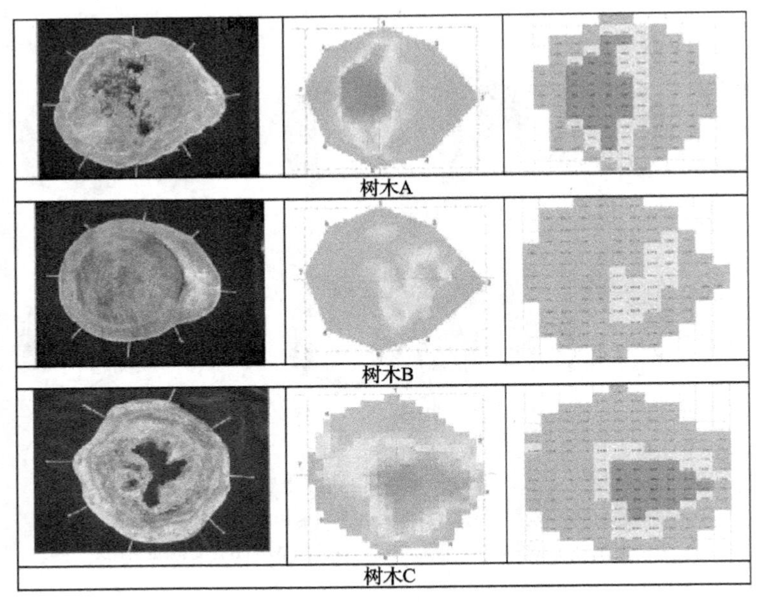

图 9-7　野外树木超声波成像检测结果(彩图请扫封底二维码)

每个子图中左侧图是树干横切面图，中间图是超声波成像图，右侧图是速度图

Li 等(2012)针对木材内部腐朽性缺陷开展了对比性研究和分析，分别使用了声波成像法、超声波速度测量法及断面硬度检测法 3 类方法。实验对象是 1.2m 长的黑樱桃木，在空调室放置保持 24℃恒温和 66%湿度。实验分成 3 个步骤，首先，在树高 10cm、30cm、50cm 处分别进行声波成像实验；其次，在这 3 种树高位置处分别割取 5cm 厚的圆盘，进行断面硬度测量；最后，再将这些圆盘切割成 3cm×3cm×5cm 的立方体，进行超声波速度测量，下面分别简单说明实验过程。

在声波成像实验中，使用了德国 PICUS Sonic Tomograph 仪器，在某高度的树干平面周围设置 12 个传感器，使用卷尺和卡规测量相应的横截面周长以及任意两个传感器的距离。完成测量后，使用仪器自带的 PICUS Q70 软件包将速度分布图生成相应 2D 图像，实验装置参见图 9-8。

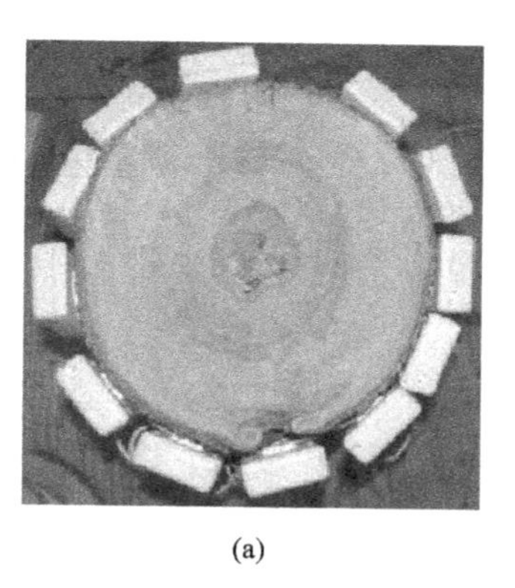

(a)

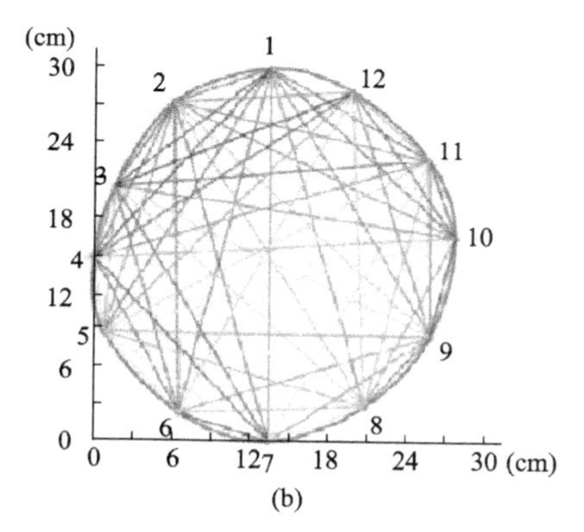

(b)

图 9-8　黑樱桃木声波成像检测

(a)实验装置图；(b)测量路径图(12 个传感器测量点)

进行断面硬度测量时(原因是在木材腐朽早期，硬度是对腐朽最为敏感的一项指标)，将圆盘表面标记成 3cm×3cm 的网格线，使用了 ASTM D143-94 的硬度测试标准。将被测圆盘放置在检测床上，针对每个网格进行硬度测量。最后，将每个网格的硬度值组合成断面硬度映射图，测量装置图参见图 9-9。

图 9-9　断面硬度测量示意图

在超声波速度测量中，使用图 9-10 的装置测量每个立方体。测量时在水平和垂直两个方向上进行，时间测量精度保持在±1μs，每个方向测量 5 次，取平均值。这样，根据立方体的尺寸和测量时间，就可以求出超声波传播速度，进而生成超声波速度映射图。

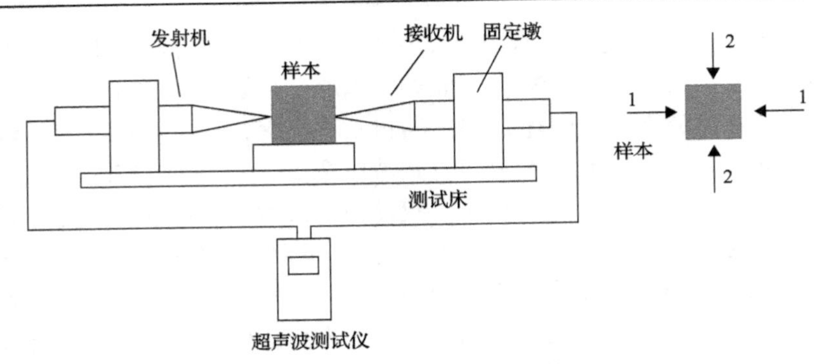

图 9-10　针对立方体木块的超声波测量装置

观察图 9-11 的(i)，黑棕色区域表示较高的波形速度和较高的木材密度，紫色、

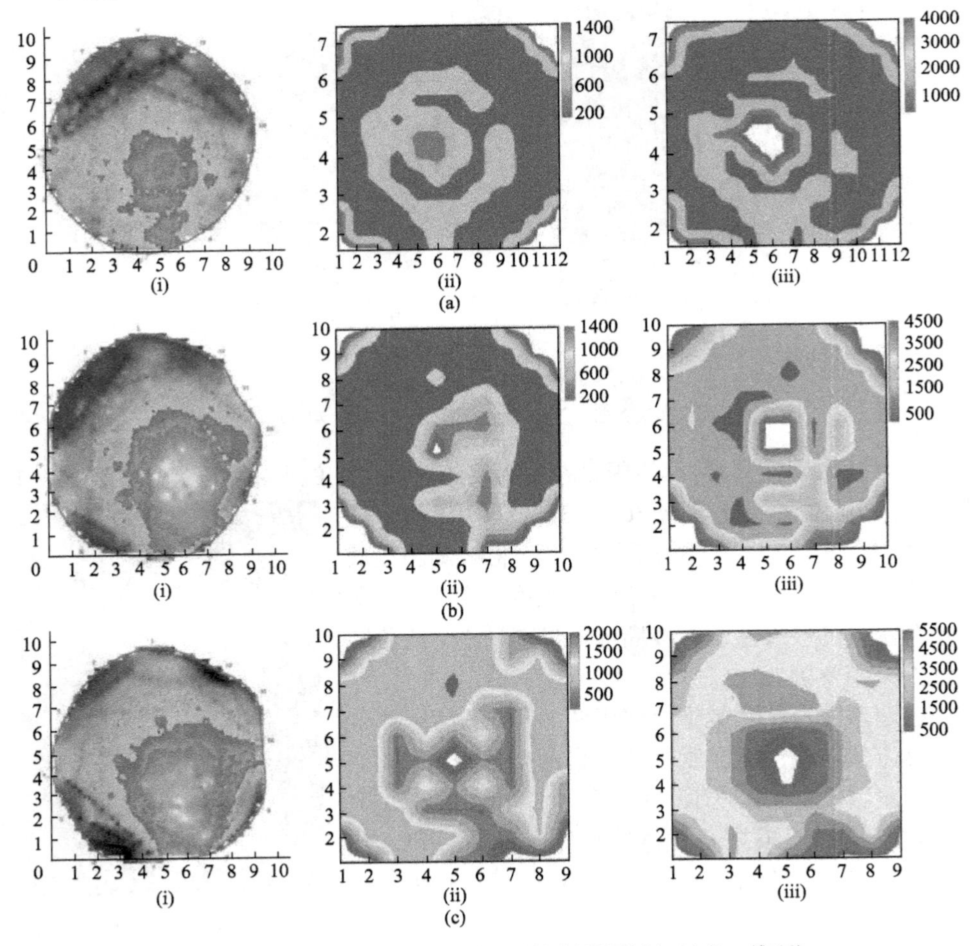

图 9-11　3 种测量方法生成的对比图(彩图请扫封底二维码)

(a) 50cm 高度；(b) 30cm 高度；(c) 10cm 高度。(i) 表示声波成像；(ii) 表示超声波速度成像；(iii) 表示断面硬度成像

蓝色、白色表示较低的波形速度和较低的木材密度，绿色表示过渡区域；可以看出蓝色白色区域较好地反映了圆盘的孔洞裂缝等缺陷部分。但是，声波成像的精度和分辨率都比较低，经常受到木材树种内部结构差异的影响。相比较而言，其他两种方法获得的图像准确性更好些。观察图 9-11 的(ii)和(iii)，深蓝色区域表示较低的超声波速度和表面硬度；深红色区域表示较高的超声波速度和表面硬度，其他颜色区域表示过渡性区域。这两类图比较准确客观地表示了圆盘的组织结构特征。

针对这 3 种方法生成图做相关性分析，发现 30cm 树高的圆盘相关性最好，测量的声波速度和超声波速度相关系数为 0.61。总体看来，声波速度和其他两种方法测量值的相关性比较差，表明它的测量误差比较大。

9.3　基于图像处理的木材缺陷检测识别

在 9.1 节中，重点介绍了一些典型的基于光谱分析技术的木材表面缺陷的分类识别处理，本节将介绍基于图像处理算法的木材缺陷检测识别。需要说明，这里的木材缺陷图像都是指使用普通相机采集的可见光波段下的彩色图像/灰度图像，而不包含多光谱图像或者高光谱图像。

这类方法主要是使用图像分割技术来进行表面的缺陷提取。例如，Conners 等利用木材缺陷的彩色图像的 R 和 B 两频道信息，创建 2D 直方图，利用直方图中的峰值分割出木材图像中的正常区域(clearwood)。接着，对分割出的这些区域应用区域生长算法，以便填充其中产生的孔洞；其他未标记为“clearwood”的区域被送入到分类器中，进行缺陷类别的判决计算(Conners et al.，1989)。关于分割阈值的设定，这是一个关键的步骤环节，直接影响到后续的木材表面正常区域和缺陷区域的分割和识别。文献中报道有基于统计分析的阈值方法，它使用统计矩特征和概率估计进行阈值估计；还有双阈值方法，该方法可以进一步提高区域分割精度(Forrer et al.，1988；Forrer et al.，1989)。又如，Lepage 等使用了多分辨率的木材表面灰度级图像，运用四个方向上的 Sobel 掩模算子进行边缘提取，将提取结果再送入到神经网络中进行分类计算(Lepage et al.，1992)。后来，研究者开始利用木材表面颜色特征进行缺陷检测和识别，Brunner 等(1992)指出，使用 RGB 频道中的两个就可以较好地分割出木材表面的缺陷，还可以将 RGB 空间转换到其他的颜色空间进行缺陷分类处理。

图像分割可分为如下几种类型，基于边缘检测的分割方法、基于阈值的分割方法、基于区域的分割方法、基于小波变换的分割方法和基于神经网络的分割方法等，下面分别简单论述。

基于边缘检测的分割法是目前图像分析领域中的基础技术方法，一般是图像识别和分析过程中的第一步。它利用图像一阶导数的极值或者二阶导数的过零点信息来提取边缘。典型的一阶导数边缘算子有 Roberts 算子、Sobel 算子、Prewitt 算子、Krisch 算子等，二阶导数边缘算子有 Laplacian 算子以及 Gauss-Laplacian 算子等。因为运用边缘检测法不能够得到连续的完整的单像素边缘，所以还需要进一步对边缘进行修正，如边缘去除毛刺、边缘校正方法、修正和删除虚假边缘。

基于阈值的分割方法是最常用的同时也是最简单的图像分割方法，尤其适用于目标、背景占据不同灰度级别和范围的图像。其基本原理是：通过选取或设定不同的特征阈值，把图像像素点的集合分为若干类，常用的特征有的直接来自原始图像的灰度或彩色特征，还有的来自于原始灰度或彩色值变换得到的特征。

基于区域的分割方法是根据常见的图像属性，从而将目标物体划分进入同一区域。这些图像的属性包括原图像的操作计算值，每个区域独有的纹理或图案和具有的多维图像数据的光谱剖面等。一般我们经常运用的区域分割法有区域生长法、区域分裂合并法和分水岭分割法等。区域生长法和分裂合并法是两种典型的串行区域技术，其分割过程后续步骤的处理要根据前面步骤的结果进行判断而确定。

基于小波变换的分割方法基本过程是：首先要获得小波系数，这些小波系数是通过将图像的每个像素点绘制成灰度值直方图，进一步经由二进小波变换分解而得到；接着按照已有规定的分割准则和得到的小波系数选择合适的阈值门限；最后利用该阈值划分出不同的图像区域。这个分割方法的精度粗细、变化范围是可以调整控制的，若分割结果不够理想，则还可以进一步利用灰度值直方图在子空间上再次进行二进小波变换分解获得小波系数，进而逐步细化分割图像。小波变换法是近些年来人们认可并且广泛应用到各个领域的数学方法，它良好的局部化特性表现在时域和频域等众多方面，并且其可调整精度层次的多尺度特性是鲜有的，能够在不同尺度上对信号进行分析，因此在图像处理和分析等许多方面得到应用。

人工神经网络是一种模拟仿真人类神经系统的运算模型，是由大量的类似神经元的部分结构相互链接而组成的处理高度非线性数据及自身具有自适应能力的信息系统。它有意识地建立在了解认识、分析理解人类脑部组织结构及其运行模式的基础上，模拟其网状结构和智能行为反应，形成其特有的并行分布式网络工程系统。伴随着人工神经网络识别技术在人工智能方向的不断迅速发展，它也正在逐步应用于图像分割方法中。基于神经网络的分割方法的基本思想是：进行以决策机制为标准的线性函数的多层次人工智能感知训练，然后利用获得的决策函数对像素集进行分类，以最终达到分割的目的。如今有很多神经网络算法，如 Hopfield 神经网络、细胞神经网络、概率自适应神经网络等都是以像素作基本单位来进行图像分割的，也有基于特征数据值的神经网络算法，即特征空间的聚类分割方法。基于神经网络的图像分割方法能较好地降低图像中的噪声和解决分布不均匀等问题。

任重昕等(2014)使用了 Isodata 聚类迭代法、Otsu 最大方差法、最大熵法和

Sobel 边缘检测分割法这四种图像分割方法，对木材表面常见的多种缺陷进行了分割提取和效果对比。下面对这四种方法先做简单说明，然后再分析对比实验效果。

1. Isodata 聚类迭代分割方法

Isodata 聚类方法是在没有先验知识的情况下进行的一种无监督分类。首先，它选择若干样本作为聚类中心，再按照某种聚类准则，使其余样本归入最近的聚类中心，得到初始聚类。然后判断初始聚类结果是否合理，若不合理则按照特定规则将聚类集合进行分裂或合并，以获得新的聚类中心，再判断聚类结果是否符合要求。如此反复迭代，直到聚类划分符合要求为止，相应流程图参见图 9-12。

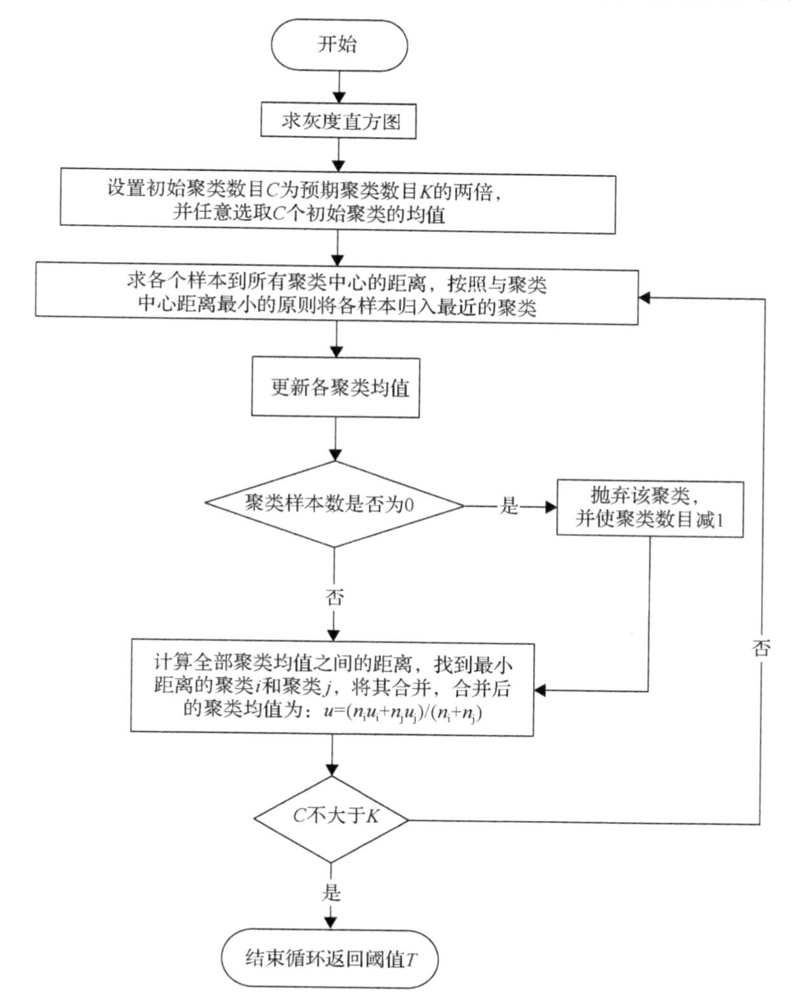

图 9-12　采取的 Isodata 图像分割法流程图

2. Otsu 最大方差分割方法

它是一种全局化通过计算类间最大方差从而自动确定阈值的方法。该算法的基本思想是：设使用某一个阈值将灰度图像分成目标部分和背景部分两类，在这两类的类内方差最小和类间方差最大的时候，得到的阈值是最优的二值化阈值。

3. 最大熵分割方法

基于图像的灰度级分布的熵，通常称为熵函数。熵是度量均匀性的一个属性，使用熵来度量图像灰度值分布均匀性，我们就可以采用基于最大熵的阈值分割法。鉴于最大熵原则选择图像阈值的方法的目的是通过观察图像的灰度直方图来分割成不同集合，使得在各个集合的总熵最大；从信息理论的角度来讲，就是选择合适的图像阈值使获得图像中最大的信息量，流程图参见图 9-13。

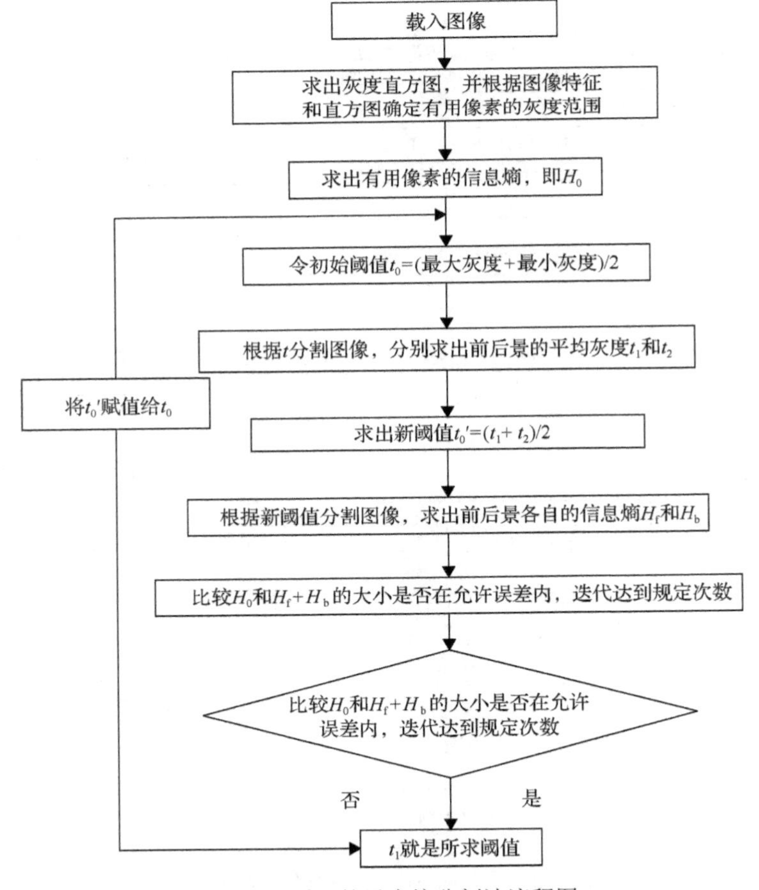

图 9-13　采取的最大熵分割法流程图

4. Sobel 边缘检测分割方法

在边缘检测中，Sobel 算子是常用的一种模板。Sobel 算子有两个，一个是检测水平边缘的；另一个是检测垂直边缘的。Sobel 算子对于像素位置的影响做了加权，因此效果更好。Sobel 算子另一种形式是各向同性 Sobel(isotropic Sobel) 算子，也有两个，一个是检测水平边缘的，另一个是检测垂直边缘的。各向同性 Sobel 算子和普通 Sobel 算子相比，它的位置加权系数更为准确，在检测不同方向的边缘时梯度的幅度一致。

由于 Sobel 算子是滤波算子的形式，用于提取边缘，可以利用快速卷积函数，简单有效，因此应用广泛。美中不足的是，Sobel 算子并没有将图像的主体与背景严格地区分开来，换言之就是 Sobel 算子没有基于图像灰度进行处理，由于 Sobel 算子没有严格地模拟人的视觉生理特征，所以提取的图像轮廓有时并不能令人满意。

5. 实验结果与对比分析

选取了死节、活节、掌状节、腐朽节、条形节、虫眼、双心、裂节和径裂这 9 种典型木材缺陷图像作为原始输入图像，且均为 jpg 格式。输入到木材缺陷检测系统后，得到以下 9 组对比图像，如图 9-14～图 9-22 所示。

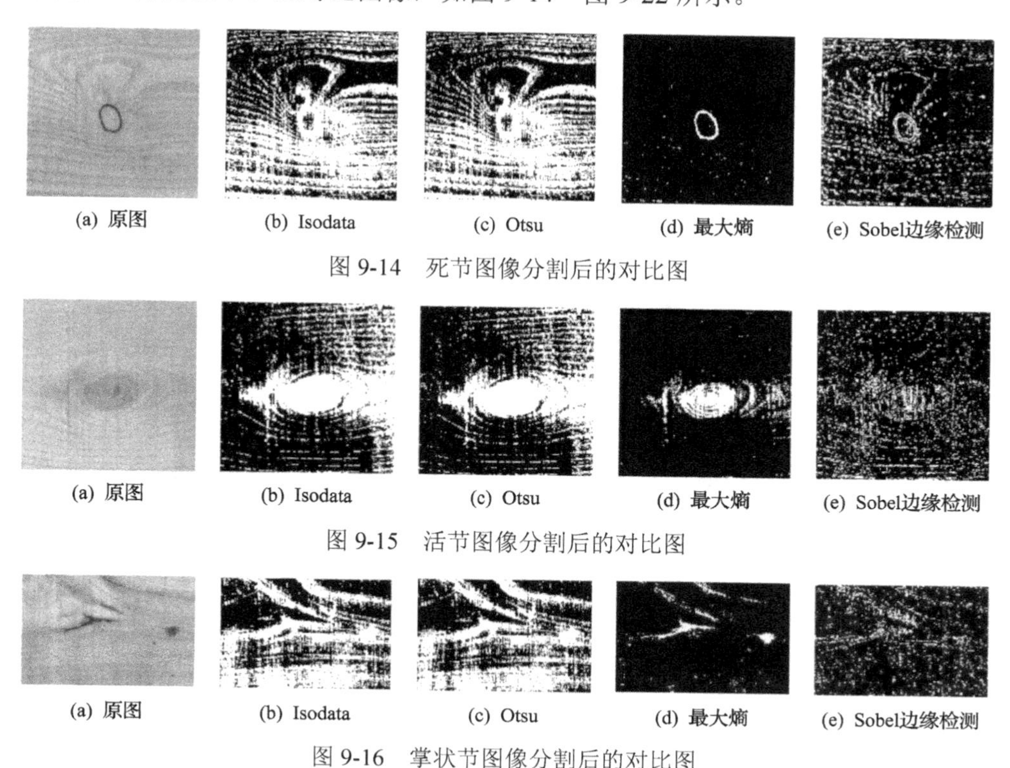

(a) 原图　(b) Isodata　(c) Otsu　(d) 最大熵　(e) Sobel边缘检测

图 9-14　死节图像分割后的对比图

(a) 原图　(b) Isodata　(c) Otsu　(d) 最大熵　(e) Sobel边缘检测

图 9-15　活节图像分割后的对比图

(a) 原图　(b) Isodata　(c) Otsu　(d) 最大熵　(e) Sobel边缘检测

图 9-16　掌状节图像分割后的对比图

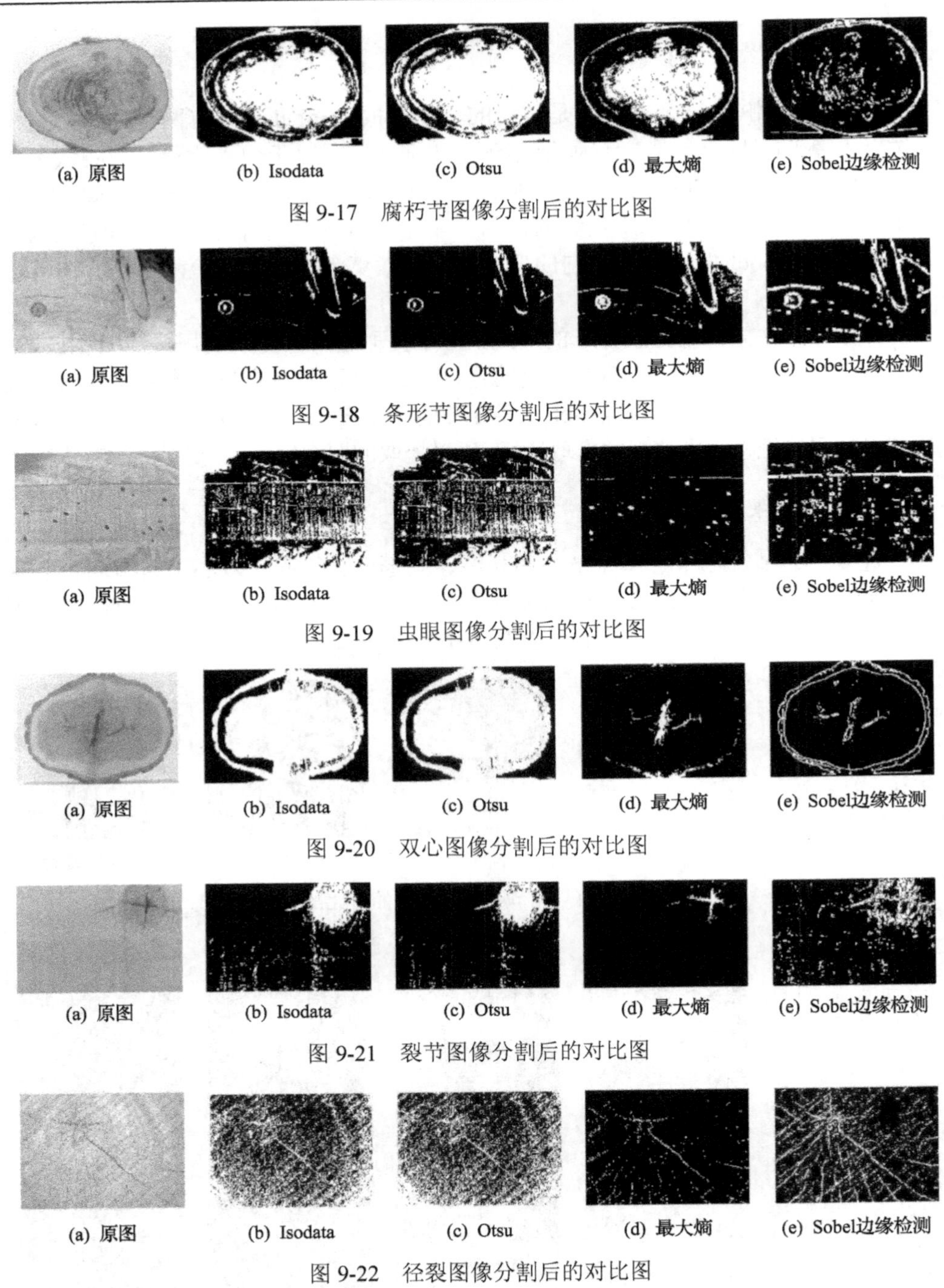

图 9-17　腐朽节图像分割后的对比图

图 9-18　条形节图像分割后的对比图

图 9-19　虫眼图像分割后的对比图

图 9-20　双心图像分割后的对比图

图 9-21　裂节图像分割后的对比图

图 9-22　径裂图像分割后的对比图

同时，也得到各图像的分割阈值，如表 9-6 所示。其中 Sobel 边缘检测法的阈值是预先设定的，通过实验比较将其设定为 135。对比分析分割效果来看，总的来说最大熵方法分割效果明显清晰，Otsu 和 Isodata 聚类迭代法所得的结果图差别并不大且均可以大致分割出轮廓，边缘检测法的分割效果较差。针对不同的缺陷，各分割方法也有不同的分割效果。Otsu 和 Isodata 聚类迭代法对条形节的分割效果较好，最大熵法对腐朽节和虫眼的分割效果表现显著。

表 9-6　各木材表面缺陷图像分割阈值

图像编号	Isodata	Otsu	最大熵	边缘检测
图 9-14	139	139	78	135
图 9-15	154	153	126	135
图 9-16	139	138	86	135
图 9-17	159	165	143	135
图 9-18	107	107	133	135
图 9-19	155	154	89	135
图 9-20	169	172	81	135
图 9-21	137	134	85	135
图 9-22	178	177	107	135

注：Isodata、Otsu、最大熵、边缘检测为分割方法。

整理各算法运行的平均时间如表 9-7 所示，通过纵向对比分析，可以得到分割速度随着图像尺寸的减小而增大。同时我们还能够得到 Isodata 聚类算法在所有算法里的分割时间为最小，这说明其具有高效的分割速度。

表 9-7　各木材缺陷图像的检测程序运行平均时间　（单位：s）

图像像素	Isodata	Otsu	最大熵	边缘检测
1024×1024	0.1980	2.088	0.7070	6.045
512×512	0.0774	0.311	0.2120	1.647
256×256	0.0438	0.111	0.0945	0.413

参 考 文 献

任重昕，毕剑华，谢琳，等. 2014. 采用图像分割方法进行木材表面缺陷的定量检测. 液晶与显示, 029(5): 785-792.

Brunner C C, Maristany A G, Butler D A, et al. 1992. An evaluation of color spaces fordetecting defects in Douglas-fir veneer. Industrial Metrology, 2(3-4): 169-184.

Butler D A, Brunner C C, Funck J W. 2001. Wood-surface feature classification using extended-color information. Holz als Roh-und Werkstoff, 59(6): 475-482.

Conners R W, Ng C T, Cho T H, et al. 1989. Computer vision system for locating and identifying defects in hardwood lumber. In Applications of Artificial Intelligence, 1095: 48-65.

Forrer J B, Butler D A, Brunner C C, et al. 1989. Image sweep-and-mark algorithms. 2. Performance evaluations. Forest Products Journal (USA), 39: 39-42.

Forrer J B, Butler D A, Funck J W, et al. 1988. Image sweep-and-mark algorithms. 1. Basic algorithms. Forest Products Journal (USA), 38: 75-79.

Lebow P K, Brunner C C, Maristany A G, et al. 2007. Classification of wood surface features by spectral reflectance. Wood and Fiber Science, 28 (1): 74-90.

Lepage R, Laurendeau D, Gagnon R A. 1992. Extraction of texture features with a multiresolution neural network. In Applications of Artificial Neural Networks III, 1709: 64-75.

Li L, Wang X, Wang L, et al. 2012. Acoustic tomography in relation to 2D ultrasonic velocity and hardness mappings. Wood Science and Technology, 46 (1-3): 551-561.

Lin C J, Kao Y C, Lin T T, et al. 2008. Application of an ultrasonic tomographic technique for detecting defects in standing trees. International Biodeterioration & Biodegradation, 62 (4): 434-441.

Tomikawa Y O S H I R O, Iwase Y, Arita K, et al. 1986. Nondestructive inspection of a wooden pole using ultrasonic computed tomography. IEEE Transactions on Ultrasonics, Ferroelectrics, and Frequency Control, 33 (4): 354-358.

第 10 章　木材缺陷的定量检测

10.1　采用 3D 扫描技术进行木材凹陷类缺陷的定量检测

木材的生长周期缓慢，需求量较大，使用范围较广，而木材缺陷在一定程度上使木材质量受到影响，降低其使用率和加工效率，因而如何快速准确地对木材缺陷进行检测成为国内外学者研究的重要课题之一。对木材缺陷进行检测主要有定性和定量两类方法，定性方法多数采用人工法，检测人员通过观察木材表面纹理、色泽、构造特性、缺陷的类型等来进行木材分级(Kline et al.，2003)。但是，人眼主观的检测存在较大的主观误差与效率低等缺点，远远不能满足木材生产加工中缺陷检测质量分级的需要。21 世纪以来，先进的自动化检测技术开始应用于木材加工的各个领域，探测木材缺陷的方法出现了核磁共振法、图像分析法、光谱分析法等。在第 9 章中，对这 3 类缺陷定性检测方法进行了分析和介绍。

本章将介绍木材缺陷定量检测的一些研究进展。东北林业大学的赵鹏等(2017)提出了一种针对常见的凹陷类缺陷(如孔洞)进行定量测量的方法。首先将木材表面进行 3D 激光扫描，针对 3D 点云数据进行筛选和缺陷分割后，采用积分方式计算缺陷处所占表面积和体积，从而精确定量地测量出木材表面凹陷类缺陷的大小。

10.1.1　木材缺陷的 3D 扫描和处理

1. 3D 扫描

3D 扫描技术以非接触式激光等方式为主，同时具有较高的测量精度与较快的扫描速度，能获取物体大量的点云数据，对物体的 3D 重建有很大的作用(Remondino，2011；Montagnat et al.，2001)。在本节中，使用 Artec 3D Scanner 手持光栅扫描仪(图 10-1)获取物体表面的 3D 点云数据，它利用光栅发出的激光来完成扫描。它的原理和拍摄三维物体的设备相似，只需要对目标物体扫描一圈就能得到目标物体的三维信息，同时对物体的外形和表面纹理信息进行捕获。而且在扫描前不需要对物体表面轮廓进行标记和电磁跟踪定位，3D 扫描分辨率达到 0.5mm，同时带有可调节闪光灯，重量轻且便于携带，还具有数据存储格式丰富等优点。

2. 数据处理

本实验使用仪器配备的软件系统 Artec Studio 9 读取扫描仪的数据，并展示还原后的木材表面，然后把木材表面与坐标轴 XOY 平面校准，将木材表面存储成 obj 格式的文件，方便后续处理。图 10-2 为木板经过手持光栅扫描仪进行扫描后，使用 Artec Studio 9 读取扫描数据后的预览展示。

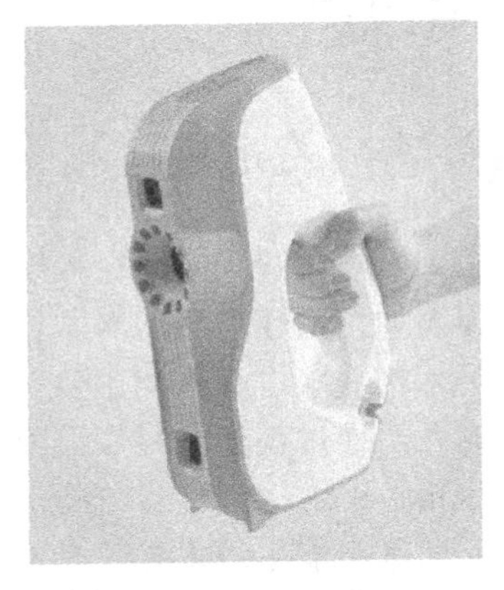

图 10-1　Artec 3D Scanner 手持光栅扫描仪

图 10-2　Artec Studio 9 对木材表面的展示

此外，使用 Geomagic Studio 2013 读取 Artec Studio 9 生成的 obj 文件，并将 obj 文件转换成按点坐标等性质输出的 txt 格式的文件(图 10-3)。再使用 Cyclone 对处理程序输出的点云数据 txt 文件还原成三维模型进行展示，该软件读入点坐标 X、Y、Z 值、RGB 值，在展示时起到测试程序正确性的作用，可以直观观察处理后点云数据的相关特征。

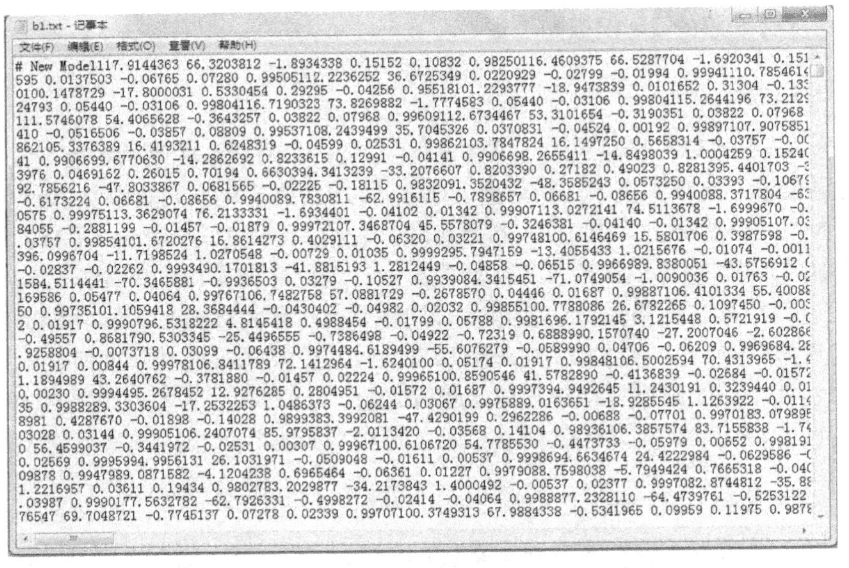

图 10-3　Geomagic Studio 2013 导出 txt 格式的文件

10.1.2　缺陷分割

采用深度优先搜索方法对缺陷点进行区域分割，对已经通过点坐标 Z 值与阈值进行判定后筛选保留的点按照每个缺陷处进行划分标号，使构成同一个形如孔洞、裂缝等缺陷处的点被标记成相同序号，其算法流程图如图 10-4 所示。构成同一个缺陷处的点标记成同一序号后，选取不同的颜色对各个缺陷处进行染色，使同一个缺陷处内的缺陷点都使用同一种颜色进行标记，方便 Cyclone 软件进行直观显示以及后续缺陷处的定量计算。图 10-5 展示了分割后的不同缺陷处的不同颜色。

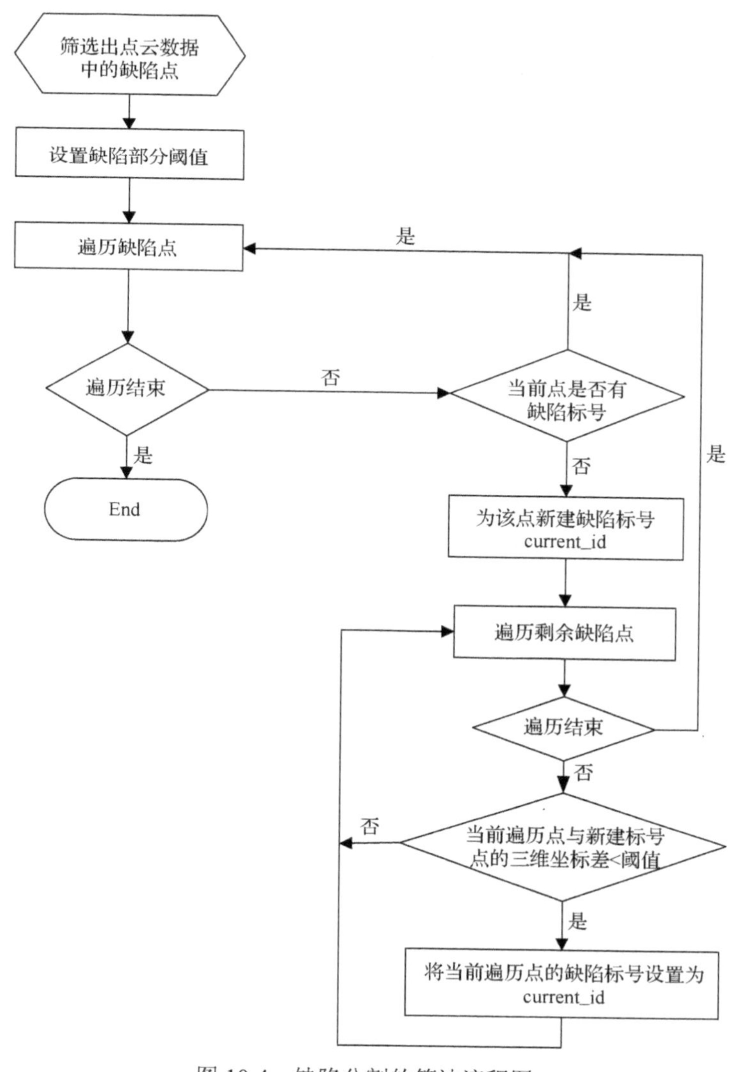

图 10-4　缺陷分割的算法流程图

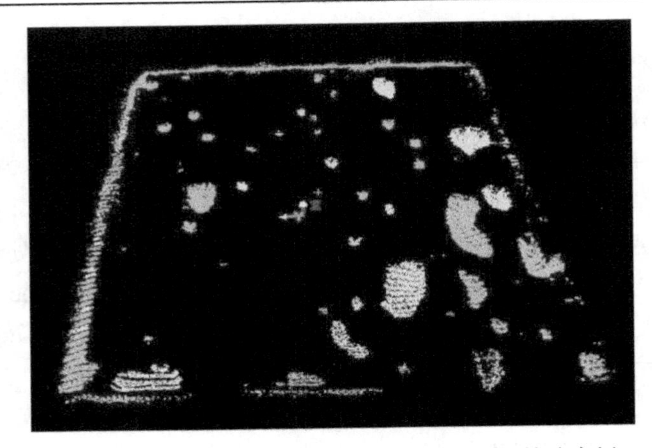

图 10-5　Cyclone 软件展示处理后的木板孔洞缺陷实例

10.1.3　木材缺陷定量计算

采用积分法计算缺陷处的体积和表面积，需要将构成缺陷处的缺陷点扩张至一个表面，每个缺陷点都是组成一个缺陷处的小三角面的顶点，如图 10-6 所示。近距离观察构成缺陷处的缺陷点，可以得出每三个相邻缺陷点组成一个三角面，其中每个缺陷点又是六个三角形的顶点，所以表面模型选用正六边形，如图 10-7 所示。对于任意一缺陷点 O，四周有 A、B、C、D、E、F 六个缺陷点与缺陷点 O 相邻。

关于表面模型的选择方式，这里分别对线段 OA、线段 OB、线段 OC、线段 OD、线段 OE、线段 OF 做垂直平分线，两两交于点 P、点 Q、点 R、点 S、点 N、点 T，连接 PQ、QR、RS、SN、NT、TP 形成如图 10-8 所示的小六边形。假设点

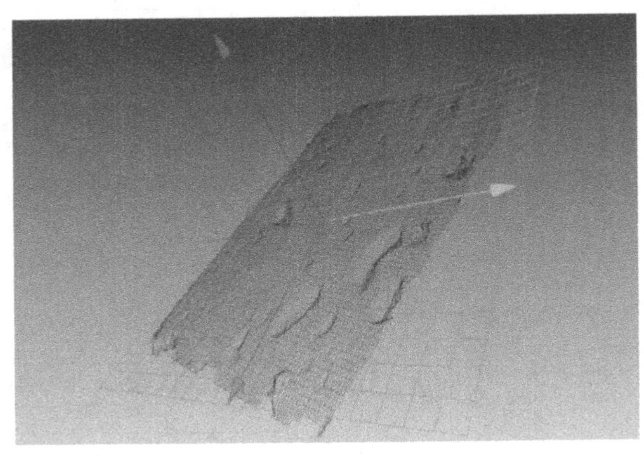

图 10-6　木板表面在 Artec Studio 9 中忽略 RGB、反射率的效果图

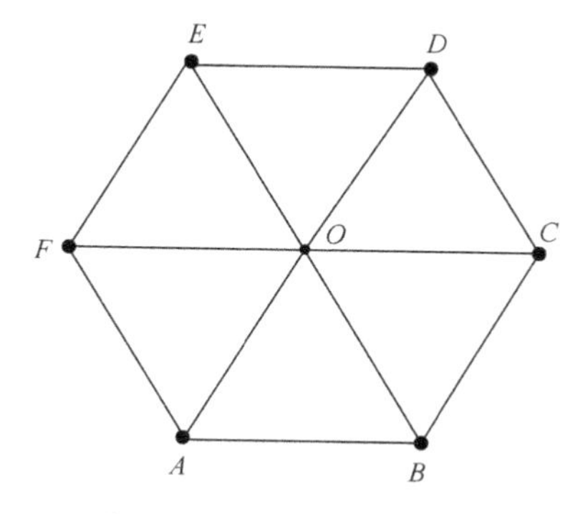

图 10-7　将一个缺陷点抽象出的六个三角形

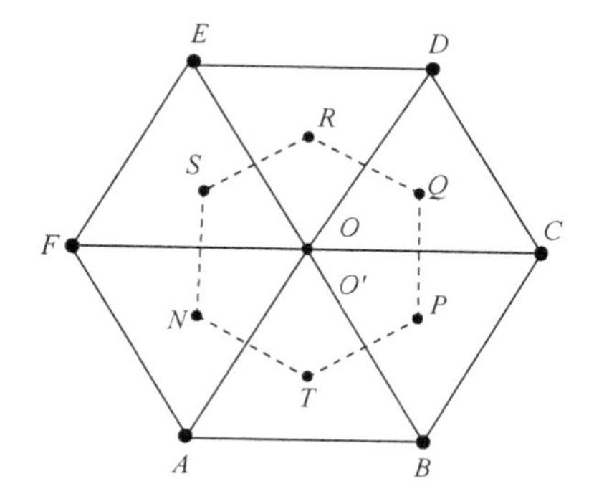

图 10-8　通过作图得到的小六边形

O 为构成木板表面缺陷处的一个缺陷点，那么将该点扩大成图 10-8 中的虚线小六边形最为准确。同样的，与缺陷点 O 构成缺陷三角面的点 A、点 B、点 C、点 D、点 E、点 F 都可遵循缺陷点 O 的方式将一个点扩至一个小六边形。

式(10-1)为缺陷点扩张至正六边形表面的面积(图 10-8 中的虚线小正六边形的面积)，其中 L 为虚线小正六边形平行对边距离的平均值，它实际是当前缺陷点 O 与其周围的点 A～F 距离的平均值。这样，各缺陷的表面积即可通过累加的方式求出，如式(10-2)所示。

如果以积分的方式来求体积，需要将点 O 扩张成一个底面来进行体积的计算，扩张方法与上面的表面积计算方法类似，只是图 10-8 中的点 O 及周围点 A～F 都要求是各缺陷点在 XOY 平面上的投影点。当前点 O 形成的正六棱柱与相邻点 A～F 形成的正六棱柱不会存在重合部分，在两个正六棱柱之间也不会出现间隙，用于体积计算具有较高精度(图 10-9)。正六棱柱的体积公式如式(10-3)所示，其中正六棱柱的高 h 就是该缺陷点三维坐标中的 Z 值的绝对值。各缺陷处的体积也是通过累加的方式求出，如式(10-4)所示。

$$S_{底} = \frac{\sqrt{3}}{2} \cdot L^2 \tag{10-1}$$

$$S = \sum_{i=1}^{n} \frac{\sqrt{3}}{2} \cdot L_i^2 \tag{10-2}$$

$$V_{正六棱柱} = S_{PQRSNT} \cdot h \tag{10-3}$$

$$V_{总} = \sum_{i=1}^{n} \left(\frac{\sqrt{3}}{2} \cdot L_i^2 \cdot Z_i \right) \tag{10-4}$$

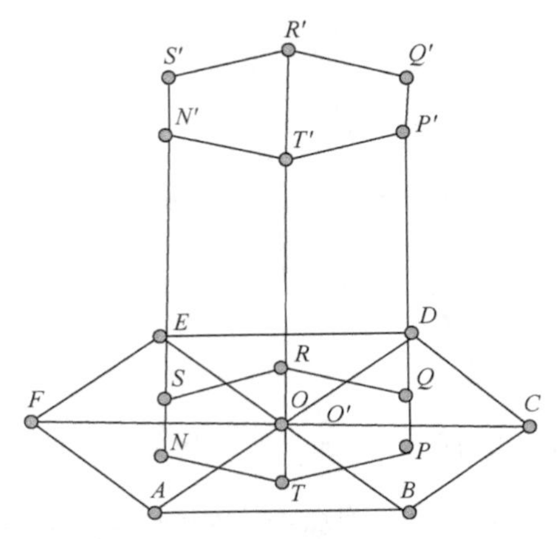

图 10-9　缺陷点 O 形成的正六棱柱

10.1.4　实验结果与分析

1. 实际实验

实验中，选取了大量的木材表面孔洞等凹陷类缺陷进行测量实验，参见图 10-10。首先，使用 Artec 3D Scanner 扫描仪获取木材表面 3D 点云数据，再通过上述算法计算得出各个缺陷处的体积、表面积等信息，最后使用 Visual C++ 2005 的控制台框架结构进行可视化显示，具体界面演示结果如图 10-11 所示。

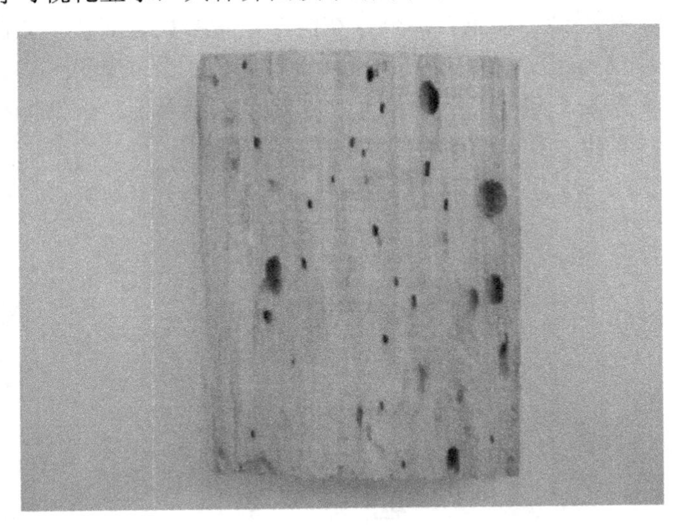

图 10-10　处理的木材样本

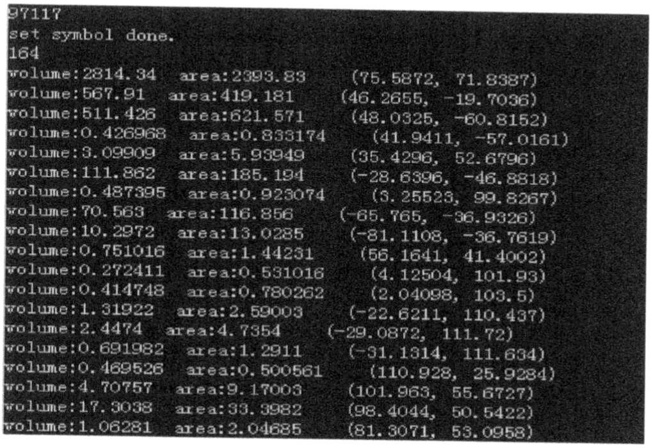

```
97117
set symbol done.
164
volume:2814.34   area:2393.83    (75.5872, 71.8387)
volume:567.91   area:419.181    (46.2655, -19.7036)
volume:511.426   area:621.571    (48.0325, -60.8152)
volume:0.426968   area:0.833174    (41.9411, -57.0161)
volume:3.09909   area:5.93949    (35.4296, 52.6796)
volume:111.862   area:185.194    (-28.6396, -46.8818)
volume:0.487395   area:0.923074    (3.25523, 99.8267)
volume:70.563   area:116.856    (-65.765, -36.9326)
volume:10.2972   area:13.0285    (-81.1108, -36.7619)
volume:0.751016   area:1.44231    (56.1641, 41.4002)
volume:0.272411   area:0.531016    (4.12504, 101.93)
volume:0.414748   area:0.780262    (2.04098, 103.5)
volume:1.31922   area:2.59003    (-22.6211, 110.437)
volume:2.4474   area:4.7354    (-29.0872, 111.72)
volume:0.691982   area:1.2911    (-31.1314, 111.634)
volume:0.469526   area:0.500561    (110.928, 25.9284)
volume:4.70757   area:9.17003    (101.963, 55.6727)
volume:17.3038   area:33.3982    (98.4044, 50.5422)
volume:1.06281   area:2.04685    (81.3071, 53.0958)
```

图 10-11　各缺陷处的体积、表面积、坐标点输出

2. 仿真实验

为了客观地评价本文方法的测量精度，这里还进行了测量精度测试的仿真实验。选取表面无缺陷的标准优等木材，使用电钻在表面钻孔，钻出各种规格大小的圆柱形孔洞(其直径 D 为 4～20mm，深度 H 为 1～7mm)。使用本文方法进行扫描处理和数据计算，然后和标准的圆柱体表面积和体积公式算出的结果作比较。这样，就可以客观地求出本文方法的测量精度，具体结果参见表 10-1 和表 10-2。可以看出，本文的测量精度随着圆柱形孔洞的深度增加而逐渐降低。这是因为误

表 10-1　圆柱形孔洞体积测量的相对误差

相对误差	D=4mm	D=6mm	D=8mm	D=10mm	D=13mm	D=16mm	D=19mm
H=1.0mm	3.0	3.0	3.0	3.0	3.0	3.0	3.0
H=1.5mm	3.2	3.2	3.2	3.2	3.2	3.2	3.2
H=2.0mm	3.5	3.5	3.5	3.5	3.5	3.4	3.5
H=2.5mm	3.9	3.9	3.9	3.9	4.0	3.8	3.8
H=3.0mm	4.8	5.0	4.8	4.8	4.8	4.9	5.0

表 10-2　圆柱形孔洞表面积测量的相对误差

相对误差	D=4mm	D=6mm	D=8mm	D=10mm	D=13mm	D=16mm	D=19mm
H=1.0mm	2.7	2.9	2.7	2.7	2.7	2.7	2.7
H=1.5mm	2.9	2.9	2.9	2.9	2.9	2.8	2.9
H=2.0mm	3.3	3.5	3.3	3.3	3.3	3.3	3.3
H=2.5mm	3.8	3.8	3.8	3.8	3.7	3.7	3.7
H=3.0mm	4.5	4.5	4.7	4.8	4.8	4.9	4.8

差主要来源于 Artec 3D Scanner 扫描仪的扫描误差，该仪器主要是进行物体表面的点云数据扫描。如果凹陷类缺陷的深度过大，则产生的扫描误差将增大，从而对后续的测量结果产生影响。但是，在 3mm 深度以内，测量精度还是比较好的，相对误差能够控制在 5%以内。

3. 实验讨论

在影响木材缺陷测量精度的因素中，除了前面提到的缺陷深度外，还应该注意木材表面与坐标轴 XOY 平面校准问题。读入 Artec Scanner 扫描的数据后，正确的操作方式是在木板表面无缺陷处任意选三个点，尽量保证每两点距离足够远，防止三点形成面较小并且与坐标轴 XOY 面夹角过大从而造成误差。Artec Studio 9 会根据选取的三点所构成的平面旋转至与坐标轴 XOY 面重合(图 10-2)。

图 10-11 中的每一行记录是一个缺陷的体积、表面积和中心点坐标，如果把每行记录累加，就可以求出全部缺陷的总体积和总表面积。此外，需要进一步估算出被测木材的体积和表面积(如果被测木材是标准的长方体形状，那么表面积和体积可以使用简单的公式计算出来；如果被测木材形状不规则，那么可以用扫描仪扫描后得到的三角网模型，使用三棱柱体积公式和海伦面积公式计算并且累加求出被测木材的体积和表面积)。这样，就可以求出缺陷的表面积和体积所占的百分比。

实际上，Artec Scanner 扫描获取的每一个数据点格式为(X,Y,Z,R,G,B,S)，其中的 R,G,B,S 分别表示该点的红绿蓝颜色分量及反射率。因此，我们还可以使用 R、G、B 颜色信息进行木材表面的颜色分类，采用主流的颜色矩特征、模糊分类特征等方法(Bombardier et al.，2007，2009)。具体的方法可参考相关文献，这里不再论述。但是，在进行颜色分类时应该剔除掉木材表面的缺陷点，这样能够提高颜色分类精度。幸运的是，利用本文提出的凹陷类缺陷检测方法，可以准确地检测出孔洞等缺陷并且剔除掉它们，这样就排除了木材缺陷带来的干扰；这也是本文方法对于木材其他指标检测的贡献。

10.2 基于超声和小波变换的木材缺陷定性和定量检测

Wang 等(2009)使用超声波技术对于木材常见的几种缺陷进行了定性和定量研究。实验中选取了榆木样本总计 275 个，每个样本都加工成固定尺寸的大小 420mm×50mm×50mm。这其中的 150 个样本用于缺陷类型的定性识别，将样本分成 6 种类型，分别是无缺陷样本、单孔洞样本、双孔洞样本、三孔洞样本、裂缝样本、节子样本；每种类型样本数量是 25 个。孔洞的大小是直径 20mm，它们沿轴向均匀分布；裂缝大小是 150mm×2mm×10mm。剩下的 125 个样本用于缺陷孔洞的定量测量，这些样本分成 5 组，每组是 25 个样本，分别具有不同尺寸的两个孔洞，尺寸分别是 8mm、18mm、35mm、38mm、42mm。

使用的超声波仪器是 RSM-SY5 型非金属超声探测装置，它具有 50mm 直径的超声波传感器和 30kHz 的频率，采样周期 1μs，脉冲宽度 100μs，实验装置图参见图 10-12。检测时仪器产生高电压电子脉冲，驱动转换器生成高频超声波能量，它在木材样本中以波形传播；途中遇到间断处就会有部分能量从缺陷表面反射回来，反射波信号再变成电信号显示在屏幕中。作者使用了 Matlab 来分析波形，使用了小波变换和人工神经网络来分析识别不同的缺陷类型及测量相应尺寸。

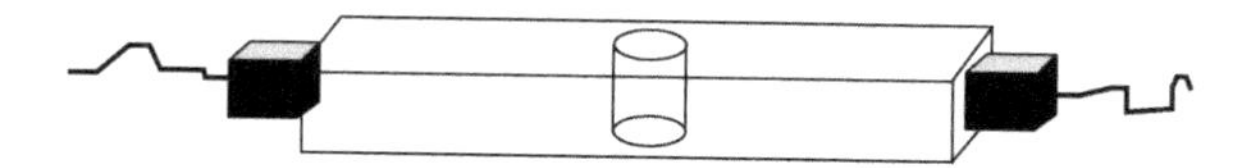

图 10-12　使用超声波传感器检测单孔洞样本

首先，使用小波变换对原始信号进行处理，借用 Matlab 的小波处理工具箱，应用式(10-5)进行小波包分解：

$$T = wpdec(a,5',db5') \tag{10-5}$$

式中，$5'$为小波分解层数；$db5'$为小波类型；第 5 层的节点数为 32，对应的小波包重建公式如下：

$$S_{5j} = wprcoef(T,[5,j]) \tag{10-6}$$

式中，$[5,j]$ 为第 5 分解层的第 j 个节点；$S_{5j}\left(j=0,1,2,\cdots,31\right)$ 是重建系数，它对应的能量定义为 $E_{5j}\left(j=0,1,2,\cdots,31\right)$：

$$E_{5j} = \int \left|S_{5j}(t)\right|^2 \mathrm{d}t \tag{10-7}$$

还可以构建下面的索引向量：

$$V_d = \left\{A_0, A_1, A_2, \cdots, A_{31}\right\} \tag{10-8}$$

$$A_j = \left(E_{5j}^0 - E_{5j}\right) / E_{5j}^0, j = 0,1,2,\cdots,31 \tag{10-9}$$

式中，E_{5j}^0 为第 5 分解层相应节点处的无缺陷样本的能量值。

在使用小波分析提取了上述的特征向量之后，可以将它们送入到 BP 神经网络进行训练、验证和测试了。将样本集分为 5 部分，一部分用于验证，一部分用于测试，剩下 3 部分用于训练。初始的训练样本是 32×45 矩阵，这里 32 是输入节点数，45 是训练样本数。使用主成分分析进行筛选后，训练样本变成 16×45。使用的神经网络隐含层节点数是 30，具有 5 个输出节点，分别对应 5 个不同的缺陷类型。

首先，每类缺陷样本选取 10 个，进行超声信号采集和小波分解，得到了如表 10-3 所示的能量差值，其中的较大值用黑体显示。观察表 10-3，发现节点(5,0)

表 10-3　各缺陷类型样本各节点处的能量差值

小波节点	含有 1 个孔洞的样本	含有 2 个孔洞的样本	含有 3 个孔洞的样本	含有裂缝样本	含有节子样本
(5,0)	**0.531 442**	**0.535 278**	**3.386 698**	**1.201 251**	**0.903 096**
(5,1)	−0.121 02	0.308 917	−0.059 1	0.077 771	−0.181 53
(5,2)	**−0.738 6**	−0.028 65	**−0.845 43**	**−0.491 71**	−0.381 77
(5,3)	−0.191 96	0.138 393	−0.037 74	−0.047 14	−0.258 93
(5,4)	−0.628 19	−0.687 49	0.617 533	−0.412 77	−0.569 63
(5,5)	−0.177 49	0.1425 37	−0.020 93	−0.040 1	−0.260 67
(5,6)	**−0.791 35**	0.142 537	**−0.845 43**	**−0.548 31**	**−0.444 19**
(5,7)	−0.065 57	0.383 136	−0.006 55	0.135 359	−0.125 57
(5,8)	−0.433 76	−0.354 77	−0.349 77	−0.381 18	**−0.436 49**
(5,9)	−0.207 13	−0.162 92	−0.306 17	−0.109 54	−0.292 82
(5,10)	−0.425 27	−0.065 31	−0.193 79	0.092 094	−0.193 94
(5,11)	−0.128 76	−0.049 25	0.119 421	−0.009 65	−0.081 47
(5,12)	−0.548 83	**−0.577 5**	**0.442 571**	**−0.418 74**	**−0.491 07**
(5,13)	−0.310 02	**−0.570 52**	0.383 955	−0.207 58	**−0.455 57**
(5,14)	−0.319 11	0.038 74	0.044 62	−0.018 75	−0.075 79
(5,15)	0.059 667	−0.135 39	0.001 243	0.298 792	−0.020 2
(5,16)	**0.583 358**	0.379 342	0.292 346	0.293 066	**0.409 799**
(5,17)	−0.0202	0.044 595	0.181 61	−0.183 48	0.049 091
(5,18)	−0.107 05	−0.027 16	−0.081 81	−0.141 98	−0.157 04
(5,19)	−0.390 69	**−0.562 38**	**−0.518 05**	−0.013 89	**−0.444 1**
(5,20)	0.116 932	−0.080 02	0.033 038	0.192 666	−0.048 83
(5,21)	−0.453 94	−0.285 53	−0.122 75	−0.287 38	−0.356 25
(5,22)	−0.146 18	−0.162 57	−0.059 13	−0.177 15	−0.122 24
(5,23)	−0.319 74	−0.264 4	−0.213 16	−0.366 7	−0.157 4
(5,24)	−0.213 41	−0.251 34	−0.161	−0.312 8	−0.185 17
(5,25)	−0.169 38	−0.119 78	−0.328 47	−0.159 19	−0.147 22
(5,26)	−0.046 16	−0.016 66	0.077 186	−0.110 71	−0.021 43
(5,27)	−0.357 74	−0.271 16	−0.143 6	−0.159 73	−0.228 89
(5,28)	0.184 653	−0.085 69	−0.002 52	**0.528 612**	−0.060 05
(5,29)	−0.077 04	0.206 84	0.303 698	−0.333 83	0.222 953
(5,30)	0.276 216	−0.007 27	−0.066 06	0.2115 51	−0.001 86
(5,31)	0.394 556	0.195 799	0.193 147	0.027 327	0.176776

对应的能量差值的绝对值都比较大，这表明了该节点用于 5 个类型缺陷分类时具有更多的可分性信息。因此，最终选取该节点的能量差值送入神经网络分类处理。作为对比，表 10-4 和表 10-5 分别给出了两种输入值情况下网络训练的效果，第一种情况下输入全部节点能量差值，此时的相关系数的单孔洞样本为 0.748，双孔洞样本为 0.890，参见表 10-4。第二种情况下输入节点(5,0)对应的能量差值，此时的相关系数都接近于 1，显示出了更好的训练效果，参见表 10-5。

表 10-4　全部节点输入时的检测结果和预期结果之间的关联度

缺陷类型	检测结果	目标输出	相关系数
含有 1 个孔洞的样本	[0.5255 0.0200 0.0401 0.0301 0.3990]	[1 0 0 0 0]	0.748
含有 2 个孔洞的样本	[0.0004 0.8311 0.0002 0.0000 0.3881]	[0 1 0 0 0]	0.890
含有 3 个孔洞的样本	[0.0001 0.0000 0.9998 0.0000 0.0012]	[0 0 1 0 0]	0.998
含有裂缝样本	[0.0040 0.0000 0.0001 0.2061 0.0003]	[0 0 0 1 0]	0.973
含有节子样本	[0.3326 0.0004 0.0003 0.0000 0.9933]	[0 0 0 0 1]	0.931

表 10-5　(5,0)节点输入时的检测结果和预期结果之间的关联度

缺陷类型	检测结果	目标输出	相关系数
含有 1 个孔洞的样本	[1.0046 0.0037 –0.0024 0.0063 –0.0094]	[1 0 0 0 0]	1.000
含有 2 个孔洞的样本	[0.0012 1.0083 0.0119 –0.0072 0.0059]	[0 1 0 0 0]	1.000
含有 3 个孔洞的样本	[–0.0102 0.0067 0.9959 0.0017 –0.0114]	[0 0 1 0 0]	1.000
含有裂缝样本	[–0.0378 0.0070 0.0052 0.9845 0.0076]	[0 0 0 1 0]	0.999
含有节子样本	[–0.033 –0.0080 0.0081 0.0011 0.9990]	[0 0 0 0 1]	1.000

剩下的 125 个样本分成了 5 组，每组 25 个样本，每组中使用电钻钻出了不同大小的孔洞。这 5 组样本钻孔时产生的圆柱形孔洞直径分别是 8mm、18mm、35mm、38mm、42mm。仍然使用小波分析提取了 32D[即(5,0)节点～(5,31)节点]的能量差值，然后送入 BP 神经网络进行训练和测试(每组 25 个样本中 20 个样本用于分类器训练和学习，5 个样本用于分类器测试)。最终的测试结果如表 10-6 所示，5 种直径 8mm、18mm、35mm、38mm、42mm 对应的网络输出分别表示为[1,0,0,0,0]、[0,1,0,0,0]、[0,0,1,0,0]、[0,0,0,1,0]、[0,0,0,0,1]。

表 10-6　5 种缺陷直径的定量分类结果

孔圆径/mm	学习结果	目标结果	测试结果	识别率/%	相关系数
8	[0.7927 –0.2727 0.1576 0.2325 0.1482]	[1 0 0 0 0]	[1 0 0 0 0]	80	0.815
	[0.7025 0.0205 –0.0092 0.2373 –0.1121]	[1 0 0 0 0]	[1 0 0 0 0]		
	[1.2308 0.3059 –0.4079 0.3334 0.1332]	[1 0 0 0 0]	[1 2 0 0 0]		
	[0.8096 0.1066 0.1199 0.0393 0.2067]	[1 0 0 0 0]	[1 0 0 0 0]		
	[0.9013 –0.1067 0.2065 0.1924 0.0640]	[1 0 0 0 0]	[1 0 0 0 0]		

续表

孔圆径/mm	学习结果	目标结果	测试结果	识别率/%	相关系数
18	[0.0060 0.6944 –0.105 0.0620 0.137]	[0 1 0 0 0]	[0 1 0 0 0]	100	0.959
	[0.2890 0.9981 –0.030 –0.159 0.2118]	[0 1 0 0 0]	[0 1 0 0 0]		
	[–0.017 0.8556 0.1227 0.1859 –0.1432]	[0 1 0 0 0]	[0 1 0 0 0]		
	[0.2378 0.7012 –0.1303 –0.0380 0.2540]	[0 1 0 0 0]	[0 1 0 0 0]		
	[0.1580 1.0757 0.2004 –0.2206 –0.2679]	[0 1 0 0 0]	[0 1 0 0 0]		
35	[0.2035 –0.1376 0.9192 –0.2050 0.0088]	[0 0 1 0 0]	[0 0 1 0 0]	80	0.939
	[0.1253 –0.0380 0.9675 0.3289 –0.2125]	[0 0 1 0 0]	[0 0 1 0 0]		
	[0.0840 –0.0742 0.5788 0.1273 0.1401]	[0 0 1 0 0]	[0 0 2 0 0]		
	[0.1235 –0.1604 0.9576 0.2357 0.1203]	[0 0 1 0 0]	[0 0 1 0 0]		
	[0.2275 –0.1248 1.0718 0.2046 0.1514]	[0 0 1 0 0]	[0 0 1 0 0]		
38	[0.2325 –0.0566 0.3916 1.0143 –0.418]	[0 0 0 1 0]	[0 0 0 1 0]	100	0.779
	[–0.082 0.2649 0.1669 –0.9491 0.2126]	[0 0 0 1 0]	[0 0 0 1 0]		
	[0.2485 0.0886 –0.1699 1.0527 0.0467]	[0 0 0 1 0]	[0 0 0 1 0]		
	[–0.1332 0.2509 0.0796 0.8962 0.1035]	[0 0 0 1 0]	[0 0 0 1 0]		
	[0.1881 –0.0096 0.1502 0.8416 0.2862]	[0 0 0 1 0]	[0 0 0 1 0]		
42	[–0.0626 –0.1067 0.064 0.0592 0.4263]	[0 0 0 0 1]	[0 0 0 0 2]	80	0.934
	[0.1149 0.1596 0.0326 –0.2148 –0.993]	[0 0 0 0 1]	[0 0 0 0 1]		
	[–0.1023 0.2517 –0.183 0.2431 0.8557]	[0 0 0 0 1]	[0 0 0 0 1]		
	[0.2906 –0.1615 0.3021 0.1052 0.8692]	[0 0 0 0 1]	[0 0 0 0 1]		
	[0.1580 0.1369 0.2009 –0.2679 0.7716]	[0 0 0 0 1]	[0 0 0 0 1]		

10.3 采用超声波传播场进行木材缺陷定量检测

近年来，超声波技术已经广泛地应用到木材内部缺陷检测中，这项技术主要是考虑波形沿径向或者切向方向的传播速度或者时间的测量，它可以应用到活立木、原木、木材样本、复合木材及木质工艺品等中(Gao et al.，2012，2013)。此外，超声 CT 层析成像法也被用到木材内部缺陷及腐朽检测处理中，该项技术将波形传播通过木材样本横截面时的速度可视化显示。因为波形传播直接关联到木材内部的机械属性，因此速度分布情况可以间接反映出木材内部的情况(Li et al.，2012)。

高姗等使用了超声波传播场方法进行了原木孔洞缺陷的定量检测，还对检测效果进行了分析和解释(Gao et al.，2014)。使用了体声波来测量木材内部构造，主要特征是波形传播方向和粒子运动方向。对于纵波来说，粒子运动沿波形传播方向；对于横波来说，粒子运动垂直于波形传播方向。这样，超声波速度就用来表示木材内部的结构特征，或者用传播时间(从超声波信号发射到接收的时间)来表征，该时间可以用示波器表示出来。

在超声波传播过程中，如果遭遇到不同介质(如孔洞这种缺陷等)，那么它的传播路径就会改变。如果把不同方向的超声波传播曲线重叠在一起，就形成了超声波传播场。在具有孔洞等缺陷位置处，相应的超声波传播曲线就会产生扭曲变形。这样，缺陷的边缘、位置和尺寸等信息就可以被表征出来。

实验中，将原木锯成 10cm 厚的圆盘，直径为 38cm，温度是 20℃，湿度是 68%，密度大约是 880kg/m^3，该圆盘是标准的均匀的无缺陷木材样本，使用超声波对它进行测量生成传播场。然后，在圆盘中心位置立刻使用电钻钻出不同尺寸大小的圆柱形孔洞，其直径分别是 4cm、8cm、12cm、16cm、20cm；仍然使用 RSM-SY5 型非金属超声探测装置。

检测时圆盘中心坐标定义为(0,0,0)，其表面用 4cm×4cm 的网格线标记。再定义 4 个超声波触发点用来发射超声波，这 4 个点坐标分别是 1#(0,–16,–1)、2#(–16,0,–1)、3#(0,16,–1)、4#(16,0,–1)。首先，进行了标准无缺陷圆盘检测实验；将发射点设置在 1#点位置，将接收器探针接触在不同的网格交点处，测量出超声波从发射点到接收器的运行时间(简记为 UPT)，这样就测量了不同网格交点处的 UPT。然后，执行类似的操作，将发射点设置在 2#、3#、4#点位置处，再次测量不同网格交点处的 UPT。完成此轮步骤后，接着选用具有上述尺寸的孔洞(孔洞直径分别是 4cm、8cm、12cm、16cm、20cm)圆盘，重复上述步骤；参见图 10-13。

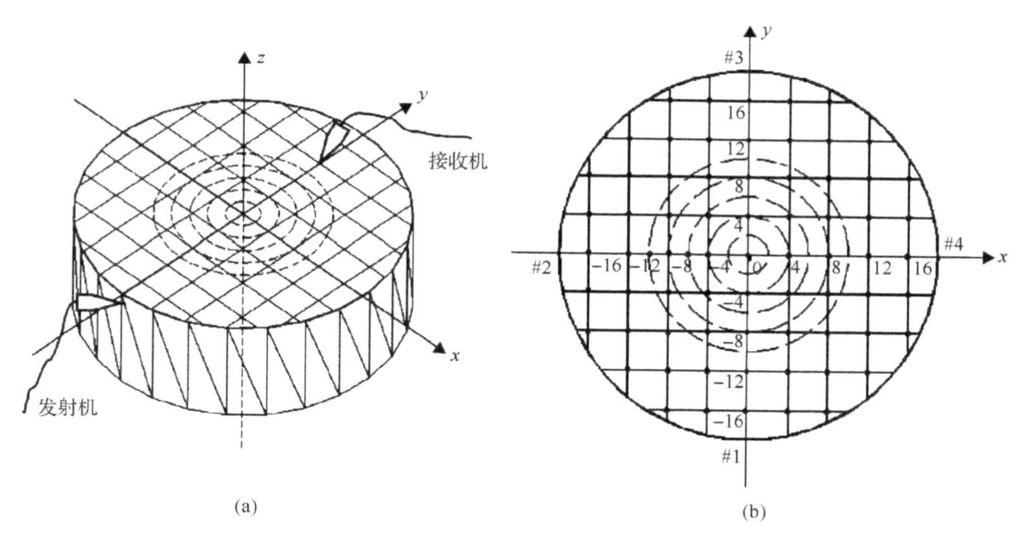

图 10-13　UPT 测量装置图

(a)测量系统示意图；(b)测量点网格分布坐标图

表 10-7 列举了标准无缺陷圆盘各个网格点的 UPT 值(发射点是 1#)，据此画

出了相应的等值线，两条等值线的差值是 20μs，还可以使用插值算法仿真求出传播场，即加密的等值线图，如图 10-14 所示；可以看出这些等值线基本呈左右对称分布。类似的，图 10-15 展示了各尺寸孔洞型圆盘样本的 UPT 等值线图(发射点是 1#)，可以看出这些图有很大的区别。

表 10-7　标准无缺陷圆盘各个网格点的 UPT 值(发射点是 1#)

探针位置坐标	UPT(10^{-6}s)	探针位置坐标	UPT(10^{-6}s)	探针位置坐标	UPT(10^{-6}s)	探针位置坐标	UPT(10^{-6}s)
(8,−16)	145	(−4,−8)	153	(0,0)	182	(4,8)	280
(4,−16)	103	(−8,−8)	173	(−4,0)	212	(0,8)	260
(0,−16)	78	(−12,−8)	201	(−8,0)	228	(−4,8)	280
(−4,−16)	102	(−16,−8)	276	(−12,0)	255	(−8,8)	281
(−8,−16)	150	(16,−4)	266	(−16,0)	271	(−12,8)	293
(−12,−12)	189	(12,−4)	235	(16,4)	308	(−16,8)	321
(−8,−12)	164	(−8,−4)	196	(12,4)	286	(12,12)	339
(−4,−12)	138	(4,−4)	180	(8,4)	265	(8,12)	327
(0,−12)	95	(0,−4)	153	(4,4)	250	(4,12)	314
(4,−12)	132	(−4,−4)	184	(0,4)	229	(0,12)	299
(8,−12)	166	(−8,−4)	203	(−4,4)	244	(−4,12)	315
(12,−12)	190	(−12,−4)	228	(−8,4)	246	(−8,12)	326
(16,−8)	265	(−16,−4)	254	(−12,4)	269	(−12,12)	338
(12,−8)	201	(16,0)	282	(−16,4)	295	(4,16)	351
(8,−8)	173	(12,0)	256	(16,8)	326	(0,16)	345
(4,−8)	155	(8,0)	238	(12,8)	299	(−4,16)	349
(0,−8)	126	(4,0)	216	(8,8)	287		

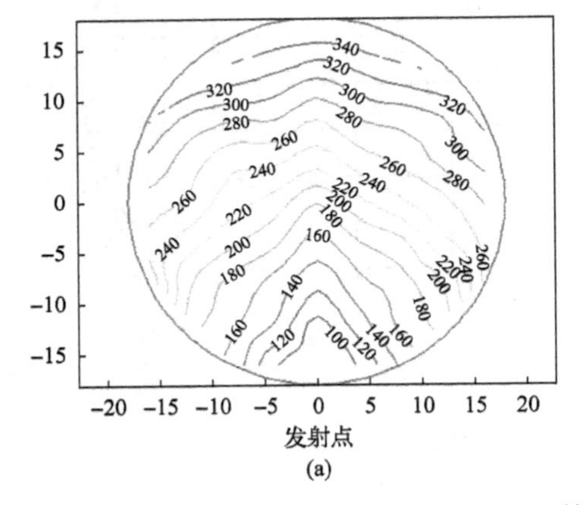

(a)

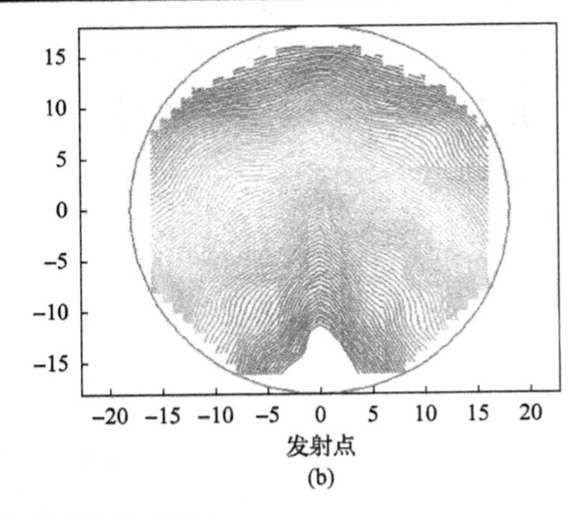

(b)

图 10-14　UPT 等值线(无缺陷样本)

(a)原始的等值线(间距 20μs)；(b)插值加密等值线图(传播场)

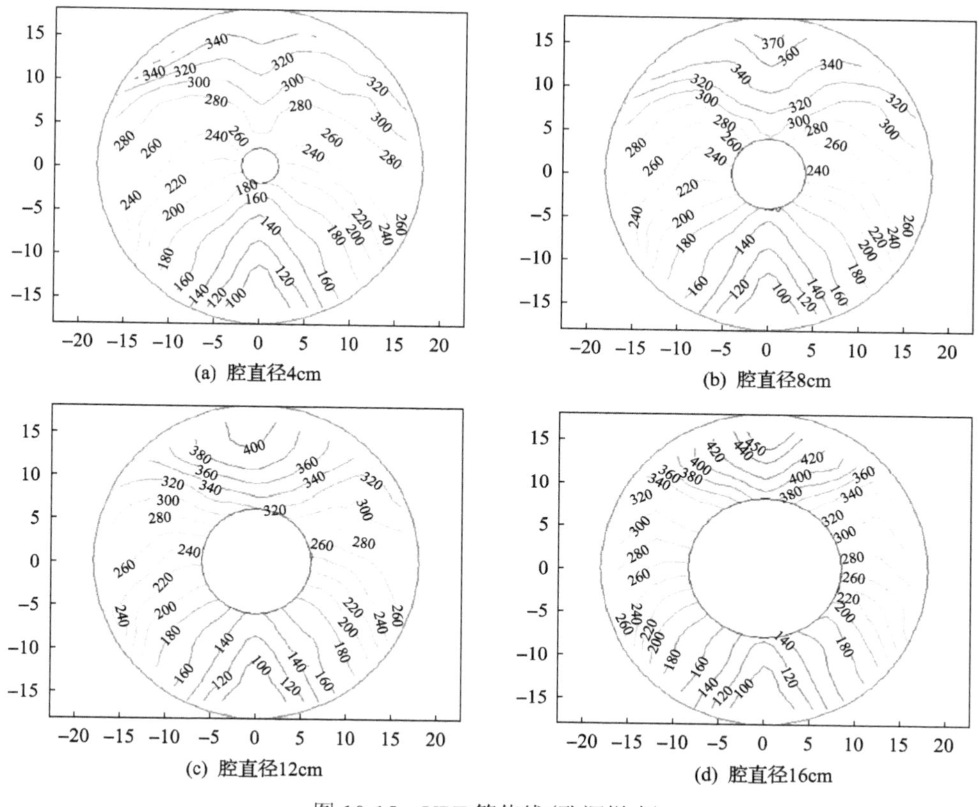

(a) 腔直径4cm　(b) 腔直径8cm

(c) 腔直径12cm　(d) 腔直径16cm

图 10-15　UPT 等值线(孔洞样本)

在进行孔洞辨识时，将四个发射点生成的 UPT 等值线图叠加在一起，如图 10-16 所示。选取每条变形曲线的中间点作为孔洞的一个边缘点，再连接每个边缘点就

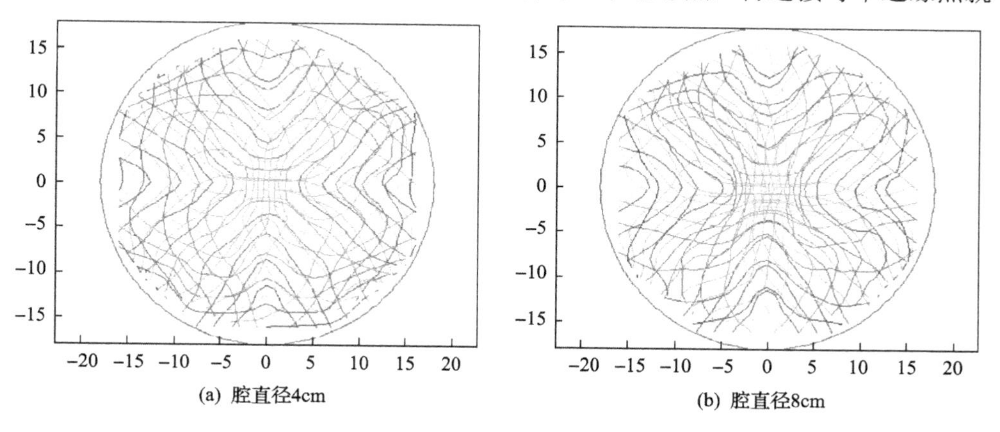

(a) 腔直径4cm　(b) 腔直径8cm

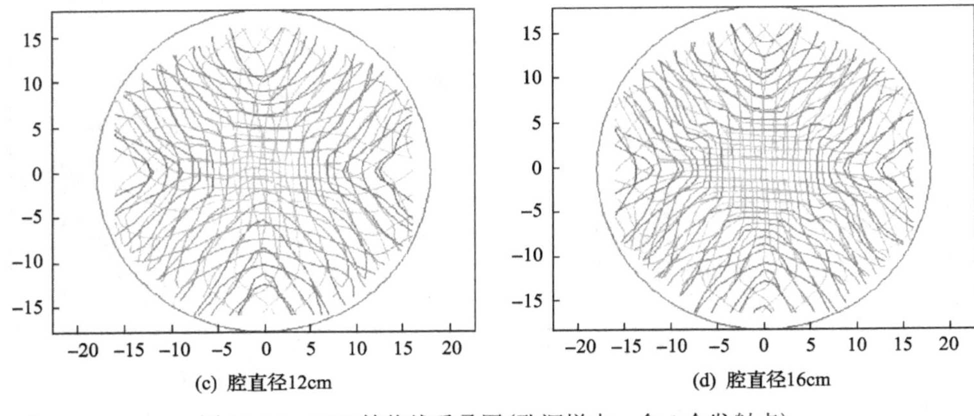

图 10-16　UPT 等值线重叠图(孔洞样本，含 4 个发射点)

形成了孔洞的边界线，将边界线做圆拟合后计算圆面积；这样孔洞的位置和尺寸就确定了。为了定量评价该方法的测量精度，使用下面公式计算误差项，具体结果参见表 10-8，该表格显示随着孔洞尺寸增加，检测精度有所提高。

$$\Delta=\left|\frac{S_1-S_0}{S_1}\right|\times 100\% \qquad \Delta_0=(1-\Delta) \tag{10-10}$$

表 10-8　孔洞实际面积与检测面积对比表

腔直径 d/cm	缺陷预测面积 S_0/cm^2	实际缺陷面积 S_1/cm^2	错误率 Δ/%	精确度 Δ_0/%
4	14.69	12.57	16.8	83.2
8	57.89	50.24	15.2	84.8
12	106.31	113.10	6.0	94.0
16	192.62	201.06	4.2	95.8
20	326.61	314.15	3.8	96.2

10.4　木材树种及缺陷检测的总结与展望

近年来，我国木材工业迅猛发展，随之也带来了对各种木材自动化检测的迫切需求。木材质量的自动化检测的两项重要内容即是木材树种及缺陷的检测，它们是木材质量分级、合理定价及高效利用的重要依据。木材树种检测是定性分类识别问题，而木材缺陷检测则包括定性和定量检测两个方面。

本书系统全面地总结和阐述了木材树种及缺陷的自动化检测的基本原理和基本方法。综合来看，对于木材树种的分类识别检测问题，主流方法有两大类，即基于机器视觉的木材显微构造特征分类识别技术和基于近红外光谱分析的分类识别技术。虽然这两类方法都具有较高的分类检测精度，但是具有一定的局限性，一般只能应用在实验室中，并且需要配备光学显微镜或者近红外光谱仪等精密仪器。对于木材缺陷的定性定量检测，主流方法是超声波检测技术，但是在木材缺陷定量计算方面仍然需要进一步改进和提高精度。

综合分析，现有的木材树种及缺陷自动化检测还不能实际推广应用到木材企业(如木材加工厂、家具厂和木材进出口企业)中，因为在仪器成本和检测技术两个方面都很难做到实用化。因此，作者认为，研发一种价格相对低廉、携带方便、检测效率较高的木材质量检测仪器，实现对木材树种的定性分类及缺陷的高精度定量检测，将具有重要的实用价值，也是我们今后的研究方向。

参考文献

赵鹏, 赵匀, 陈广胜. 2017. 基于 3D 扫描技术的木材缺陷定量化分析. 农业工程学报, 33(7): 178-183.

Bombardier V, Mazaud C, Lhoste P, et al. 2007. Contribution of fuzzy reasoning method to knowledge integration in a defect recognition system. Computers in Industry, 58(4): 355-366.

Bombardier V, Schmitt E, Charpentier P. 2009. A fuzzy sensor for color matching vision system. Measurement, 42(2): 189-201.

Gao S, Wang N, Wang L, et al. 2014. Application of an ultrasonic wave propagation field in the quantitative identification of cavity defect of log disc. Computers and Electronics in Agriculture, 108: 123-129.

Gao S, Wang X, Wang L, et al. 2012. Effect of temperature on acoustic evaluation of standing trees and logs: Part 1. Wood and Fiber Science, 44(3): 286-297.

Gao S, Wang X, Wang L, et al. 2013. Effect of temperature on acoustic evaluation of standing trees and logs: Part 2: Field investigation. Wood and Fiber Science, 45(1): 15-25.

Kline D E, Surak C, Araman P A. 2003. Automated hardwood lumber grading utilizing a multiple sensor machine vision technology. Computers and Electronics in Agriculture, 41(1-3): 139-155.

Li L, Wang X, Wang L, et al. 2012. Acoustic tomography in relation to 2D ultrasonic velocity and hardness mappings. Wood Science and Technology, 46(1-3): 551-561.

Montagnat J, Delingette H, Ayache N. 2001. A review of deformable surfaces: topology, geometry and deformation. Image and Vision Computing, 19(14): 1023-1040.

Remondino F. 2011. Heritage recording and 3D modeling with photogrammetry and 3D scanning. Remote Sensing, 3(6): 1104-1138.

Wang L, Li L, Qi W, et al. 2009. Pattern recognition and size determination of internal wood defects based on wavelet neural networks. Computers and Electronics in Agriculture, 69(2): 142-148.